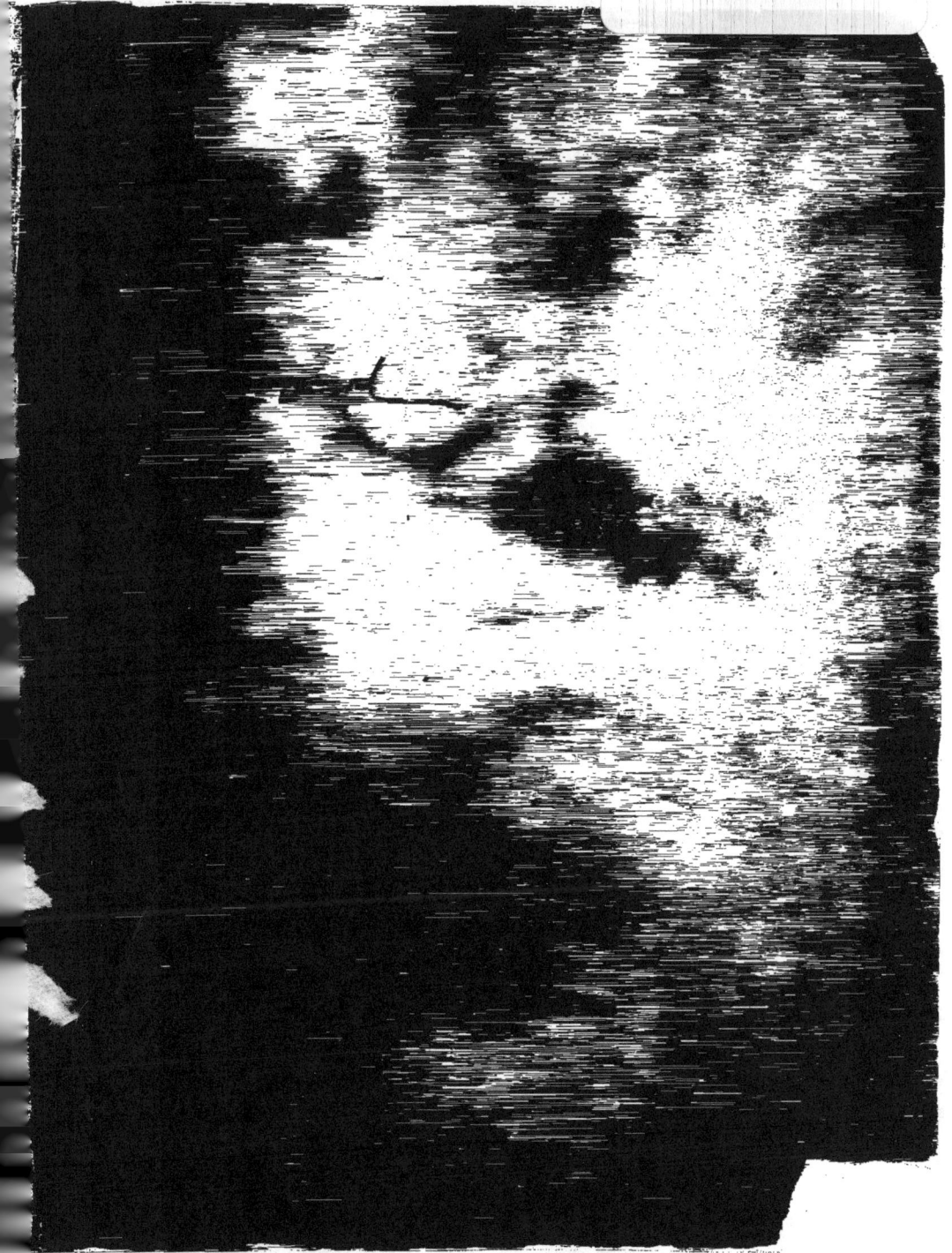

MATÉRIAUX

POUR LA

ARTE GÉOLOGIQUE DE LA SUISSE

PUBLIÉS PAR LA COMMISSION GÉOLOGIQUE DE LA
SOCIÉTÉ HELVÉTIQUE DES SCIENCES NATURELLES, AUX FRAIS DE LA CONFÉDÉRATION

SEPTIÈME LIVRAISON

DEUXIÈME SUPPLÉMENT A LA

DESCRIPTION GÉOLOGIQUE

DU

..IATELOIS, VAUDOIS, DES DISTRICTS ADJACENTS DU JURA FRANÇAIS

ET DE LA PLAINE SUISSE

DEUXIÈME ÉDITION DE LA FEUILLE XI. QUATRE PROFILS ET QUATRE PLANCHES

PAR M. LE PROFESSEUR

AUGUSTE JACCARD

BERNE.
EN COMMISSION CHEZ SCHMID, FRANCKE ET Cie (ANCIENNE LIBRAIRIE J. DALP)
1893

Bis Juni 1893 ist im Kommissionsverlag von **Schmid, Francke & Co.**, ehemals J. Dalpsche Buchhandlung, in **Bern** erschienen:

BEITRÆGE ZUR GEOLOGISCHEN KARTE DER SCHWEIZ

HERAUSGEGEBEN VON DER

geologischen Commission der schweizerischen naturforschenden Gesellschaft.

Text in 4°

MATÉRIAUX

POUR LA

CARTE GÉOLOGIQUE DE LA SUISSE

PUBLIÉS PAR LA COMMISSION GÉOLOGIQUE DE LA
SOCIÉTÉ HELVÉTIQUE DES SCIENCES NATURELLES, AUX FRAIS DE LA CONFÉDÉRATION

SEPTIÈME LIVRAISON

DEUXIÈME SUPPLÉMENT A LA

DESCRIPTION GÉOLOGIQUE

DU

JURA NEUCHATELOIS, VAUDOIS, DES DISTRICTS ADJACENTS DU JURA FRANÇAIS

ET DE LA PLAINE SUISSE

AVEC UNE CARTE, DEUXIÈME ÉDITION DE LA FEUILLE XI, QUATRE PHOTOTYPIES ET QUATRE PLANCHES

PAR M. LE PROFESSEUR

AUGUSTE JACCARD

BERNE
EN COMMISSION CHEZ SCHMID, FRANCKE ET Cie (ANCIENNE LIBRAIRIE J. DALP)
1893

NEUCHATEL — IMPRIMERIE ATTINGER FRÈRES

DESCRIPTION GÉOLOGIQUE

DU

JURA NEUCHATELOIS, VAUDOIS, DES DISTRICTS ADJACENTS DU JURA FRANÇAIS

ET DE LA PLAINE SUISSE

AVANT-PROPOS

Plus de vingt ans se sont écoulés depuis la publication de ma *Description géologique du Jura Vaudois et Neuchâtelois* et du *Supplément*, constituant les sixième et septième livraisons des *Matériaux pour la carte géologique de la Suisse*. Ces deux mémoires étaient accompagnés des feuilles VI, XI et XVI de l'Atlas fédéral, coloriées géologiquement d'après les recherches exécutées dans les années 1861 à 1870.

Les feuilles XI et XVI étant épuisées depuis un certain temps, la Commission a songé à en publier une seconde édition et m'a chargé de procéder à une révision des levers géologiques, ainsi que de compléter le coloriage des parties du Jura français, restées en blanc dans la première édition. Cette partie du travail m'a été rendue facile par la publication des feuilles de la *Carte géologique détaillée de la France*. Il m'a suffi de rapporter à la légende de la carte géologique Suisse les couleurs et les signes de cette carte pour donner à l'ensemble de la feuille XI un aspect et une valeur scientifiques dont on pourra aisément se rendre compte en comparant les deux éditions.

De grands progrès ont été réalisés depuis 1870 dans la connaissance de la structure géologique de cette partie du Jura, ainsi que de la formation molassique qui occupe la région au S.-E. Il était utile de les faire connaître aussi bien que de rectifier les erreurs inévitables d'une première élaboration. C'est pourquoi la Commission a désiré qu'une livraison de texte accompagnât la publication de cette seconde édition de la carte.

Il ne pouvait être question dans ce travail, formant *Supplément à la Description géologique*, de reprendre l'étude des terrains dans leur ensemble, mais bien de faire connaître les observations recueillies dans cet espace de temps. Je me mis donc à l'œuvre résolûment, en établissant la liste des publications dispersées dans un grand nombre de Revues, de Bulletins, etc., afin d'en extraire ce qui pouvait convenir ou se rapporter au territoire de la carte. Je ne tardai pas à être effrayé du nombre des documents que je devais enregistrer, si je voulais être tant soit peu complet. Un grand nombre d'entre eux, il est vrai, se rapportaient à des portions de territoire en dehors de la feuille XI, mais ils constituaient néanmoins un tout inséparable pour l'étude de cette région. D'autre part, j'arrivai à constater qu'un grand nombre de publications, antérieures à celles de mes *Recherches*, m'avaient échappé, ce qui m'a conduit à rédiger une *Bibliographie géologique du Jura central* et le *Résumé historique et analytique* qui en est le complément obligé. Celui-ci est donc, en réalité, un texte explicatif des divers travaux sur la stratigraphie, la paléontologie et la géologie du territoire compris dans toute une partie des feuilles VI, VII, XI, XII et XVI de l'atlas fédéral, qui ont fait l'objet de mes levers géologiques depuis l'année 1860.

Cette première partie, à mon grand regret, a pris une extension trop considérable, peut-être. Je m'en console toutefois en pensant que, dans l'avenir, ce travail rendra quelques services à ceux qui seront appelés à me succéder dans l'étude de la géologie de cette région, et qui n'ont pas, comme moi, assisté aux débats sur la nomenclature des terrains, ni profité des occasions favorables pour les découvertes paléontologiques. Je n'ai d'ailleurs fait que suivre l'exemple de mes collègues MM. Gilliéron, Favre et Schardt, Renevier, etc., en même temps que j'accomplissais un acte d'équité envers les nombreux géologues, que j'appellerais volontiers les collaborateurs indirects à la carte géologique du territoire qui m'avait été assigné par la Commission géologique Suisse au début de ses travaux.

Quant à la seconde partie, pour me conformer aux désirs de la Commission, elle se composera du texte explicatif abrégé de la feuille XI, laquelle, d'ailleurs, présente à tous les points de vue l'importance la plus considérable.

Pendant le cours de mes investigations, j'ai eu l'occasion de recueillir une très grande quantité de fossiles des terrains tertiaires, crétacés et jurassiques. Le sort de cette importante collection est maintenant assuré pour l'avenir de la science dans notre pays, par son installation à l'Académie de Neuchâtel. A côté des nombreuses séries d'originaux qui la composent, s'en trouvent d'autres qui, par la suite, pourront être utilisées par les paléontologistes Suisses.

Je dois, en terminant, témoigner à la Commission géologique ma reconnaissance pour la confiance qu'elle m'a témoignée en m'appelant de nouveau à collaborer à son entreprise. Et, je dois le dire aussi, je suis heureux, en approchant du terme de ma carrière scientifique, d'avoir eu la santé et les forces nécessaires pour amener à bonne fin un travail qui m'a procuré les plus douces jouissances et les plus intimes satisfactions.

Le Locle, Août 1893.

**

TABLE DES MATIÈRES

PREMIÈRE PARTIE

GÉOLOGIE DU JURA CENTRAL

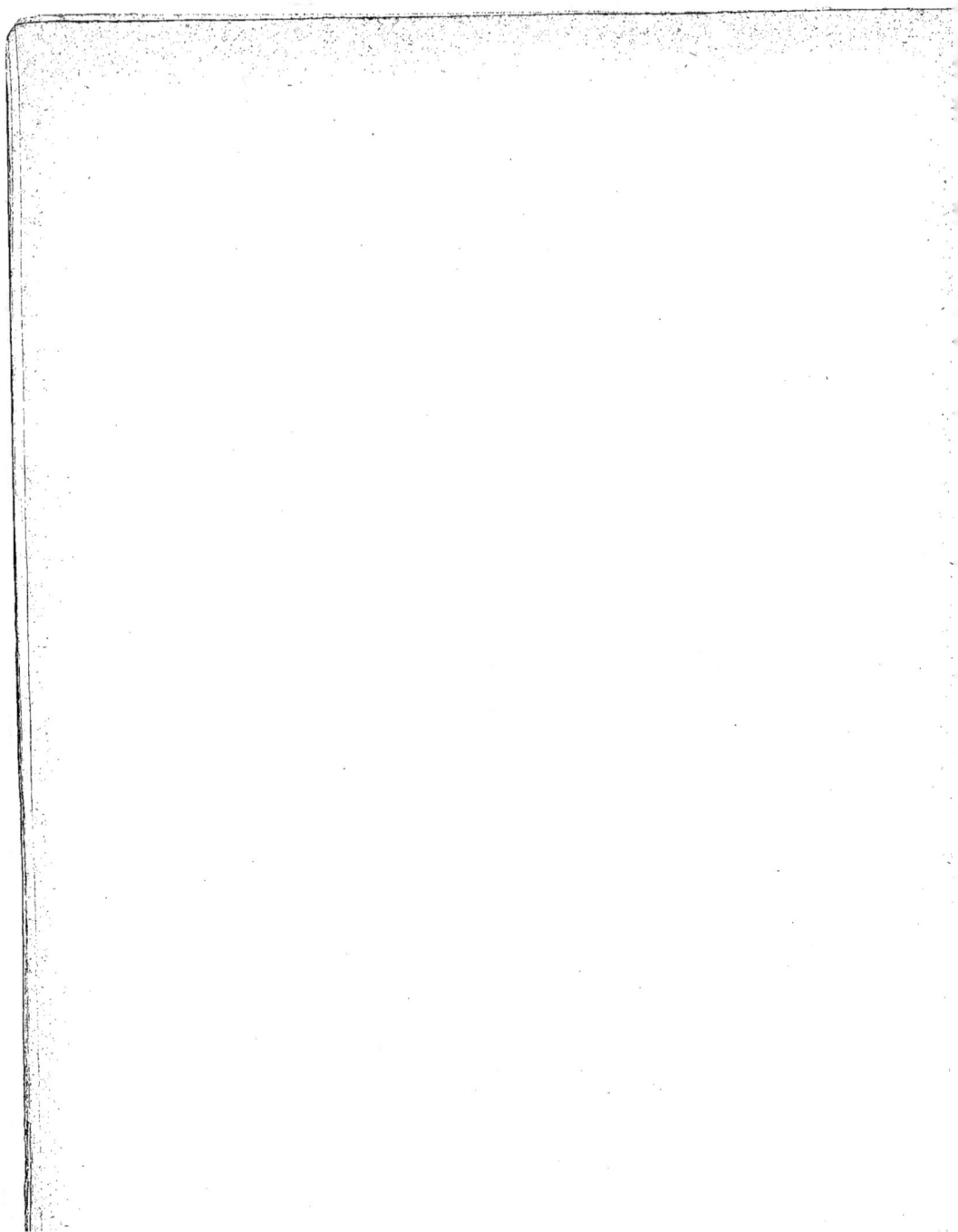

GÉOLOGIE DU JURA CENTRAL

BIBLIOGRAPHIE

Ouvrages, notices, etc., ayant trait à la géologie du Jura central et de la molasse de la Suisse occidentale, cités dans le Résumé historique et analytique.

J'ai donné, dans la sixième livraison des *Matériaux*, une liste bibliographique, très incomplète, des travaux publiés sur la région dont je venais de terminer l'étude. Cette liste, par ordre alphabétique des noms d'auteurs, était loin de répondre aux exigences de la science, aussi ai-je cru devoir la remanier entièrement et adopter l'ordre chronologique, qui se prête bien mieux au *Résumé historique et analytique* qui suit. Dans celui-ci chaque article sera suivi du chiffre de renvoi au numéro d'ordre de la bibliographie, par ex. (76), ou (76ᵃ). Autant que possible, j'ai tenu à indiquer dans celle-ci le volume et la page des *Mémoires* ou *Bulletins* dans lesquels les travaux ont été publiés.

Titres des publications périodiques citées en abrégé dans cette liste.

Act. soc. helv. Actes de la Société helvétique des sciences naturelles.
Arch. sc. Archives des sciences physiques et naturelles de la Bibliothèque universelle de Genève.
Bull. soc. géol. Bulletins de la Société géologique de France.
Bull. Neuch. Bulletins de la Société des sciences naturelles de Neuchâtel.

Bull. soc. Vaud. Bulletins de la Société vaudoise des sciences naturelles à Lausanne.
Mat. cart. géol. suisse. Matériaux pour la carte géologique de la Suisse.
Mat. pal. Matériaux pour la paléontologie Suisse ou Recueil de Monographies. etc.
de Pictet.
Mém. soc. pal. Mémoires de la Société paléontologique suisse.
Mém. soc. helv. Mémoires de la Société helvetique des sciences naturelles.
Mém. soc. Emul. Doubs. Mémoires de la Société d'Émulation du Doubs à Besançon.
Ecl. géol. helv. Eclogæ geologicæ helvetiæ. Recueil périodique de la Société géologique suisse.
Ram. sap. Rameau de sapin, organe du Club Jurassien.
Rev. géol. s. Revue géologique suisse.

Nota. — Les abréviations sont plus ou moins étendues : Ainsi *Bull. soc. Vaud.* — *Mat. pal.* — *Mat. pal. suisse.* — *Bull. Vaud,* etc.

---

1. **1626. Jean Hory.** Description et représentation, etc., de la ville d'Henripolis. 1 vol. Lyon.
2. **1692. Amiet.** Description de la principauté de Neuchâtel et Valangin. 1 vol. Besançon.
3. **1702. J.-J. Scheuchzer.** Spécimen, lithographiæ, helvetiæ curiosæ. Tiguri.
4. — **J.-J. Scheuchzer.** Essai sur les fossiles de Suisse.
5. **1708. C.-N. Lang.** Historia naturalis lapidum, etc. Venise.
6. **1721. Eirini d'Eyrinys.** Dissertation sur l'asphalte ou ciment naturel, découvert depuis quelques années au Val-de-Travers, etc.
7. **1730. G. Kypseler.** L'État et les délices de la Suisse. 3e volume.
8. **1742. L. Bourguet.** Traité des pétrifications, avec figures. A Paris, chez Briaçon, 1 volume.
9. — **P. Cartier.** Lettre sur l'origine des pétrifications qui ressemblent aux corps marins. Dans le Traité des pétrifications, p. 53.
10. **1763. Elie Bertrand.** Dictionnaire universel des fossiles propres et des fossiles accidentels. La Haye.
11. **1766. E. Bertrand.** Mémoire sur la structure intérieure de la terre. Recueil de divers traités, etc. Avignon.
12. — **E. Bertrand.** Essai sur les usages des montagnes. Recueil, etc. Avignon.
13. — **E. Bertrand.** Essai de minérographie. Recueil, etc.
14. — **Osterwald.** Description des montagnes et des vallées qui font partie de la Principauté de Neuchâtel.
15. **1776. Grouner.** Histoire naturelle de la Suisse dans l'ancien monde. Neuchâtel.
16. **1779. De Saussure.** Voyage dans les Alpes. 1er volume.
17. **1789. Razoumowsky.** Histoire naturelle du Jorat.
18. **1792 S. Girardet.** Histoire abrégée de la principauté de Neuchâtel et Valangin. Nouvelle méthode, etc., au Locle.
19. **1799. Louis Bertrand.** Renouvellement périodique des continents terrestres. Paris, an VIII.

20. 1803. **L. de Buch**. Catalogue d'une collection de roches, etc. Gesam. Schrif.
21. — **L. de Buch**. Sur le Jura.   id.
22. — **L. de Buch**. Mémoire sur le Val-de-Travers.   id.
23. — **L. de Buch**. Mémoire sur le gypse de Boudry.   id.
24. 1806. **Péter**. Description topographique, etc., du vallon des Ponts. Société d'Émulation de Neuchâtel.
25. 1818. **Matthey-Doret**. Description, etc., de la mairie de Cortaillod. Neuchâtel.
26. — **Sandoz-Rollin**. Essai statistique sur le canton de Neuchâtel. Zurich.
27. 1819. **Jean Picot**. Statistique de la Suisse. Genève, 1819.
28. 1822. **Depping**. La Suisse ou tableau historique, pittoresque, etc. T. II. Paris.
29. 1825. **B. Studer**. Beiträge zu einer Monographie der Molasse, etc. Berne, 1 vol.
30. 1829. **Venetz**. Sur les blocs de roches alpines du Jura. Act. helv. Saint-Bernard, p. 31.
31. — **Gilliéron**. Sur les couches de pierre à chaux et l'asphalte de Goumoëns. Actes helv. Saint-Bernard, p. 51.
32. — **Correvon de Martines**. Sur les carrières du district d'Yverdon. Actes helv. Saint-Bernard. p. 52.
33. — **Lardy**. Couche de houille à Yverdon. Actes helv. Saint-Bernard. p. 74.
34. 1832. **Delaharpe**. Sur la houille de Paudex. Actes helv. Genève, p. 92.
35. — **Thurmann**. Essai sur les soulèvements jurassiques. Mém. soc. d'hist. nat. Strasbourg.
36. 1833 **A. de Montmollin**. Sur les couches adossées au Jura. Mém. soc. Neuch. I, p. 25.
37. 1834. **J. de Charpentier**. Résultats des recherches de Venetz père sur les glaciers. Act. helv. Lucerne, p. 23.
38. 1835. **Mercanton**. Découverte d'une mine d'asphalte aux environs d'Orbe. Act. helv. Soleure. p. 101.
39. — **Montmollin**. Mémoire sur le terrain crétacé du Jura. Mém. soc. Neuch. I, 49.
40. — **Agassiz**. Notice sur les fossiles du terrain crétacé du Jura. Mém. Neuch. I, p. 126.
41. — **De La Harpe**. Sur les sources de l'Aubonne et les phénomènes de la plaine de Bière. Act. helv. Lucerne, p. 60.
42. — **Lardy**. Sur la Grotte aux fées de Vallorbes. Act. helv. Lucerne, p. 59.
43. 1836. **Thurmann**. La société géologique des Monts Jura. Bull. soc. géol. VII, p. 207.
44. — **Thurmann**. Essai sur les soulèvements jurassiques. 2e cahier.
45. — **Voltz**. Sur l'âge du terrain néocomien. Bull. soc. géol. VII. p. 278.
46. — **Rozet**. Sur les mines d'asphalte de Pyrimont Seyssel. Bull. soc. géol. VII, p. 138.
47. — **Lejeune**. Comparaison des terrains crétacés des environs de Neuchâtel avec ceux du Barrois. Act. helv. Soleure, p. 118.
48. — **Nicolet**. Essai sur le calcaire lithographique des environs de la Chaux-de-Fonds. Mém. Neuch. I.
49. 1837. **L. Agassiz**. Discours d'ouverture à la société helvétique des sciences naturelles à Neuchâtel. Act. helv. 1837.

4   BIBLIOGRAPHIE

50. 1887. L. Agassiz. Sur les blocs erratiques du Jura. Comptes rendus. Acad. des s.
         Paris, V.
51. —   J.-A. Deluc. Examen de la cause probable à laquelle M. de Charpentier
         attribue le transport des blocs erratiques. Act. helv. Neuchâtel,
         p. 29.
52. —   L. Agassiz. Molaire de Dinotherium dans la marne supérieure à la molasse
         au Locle. Act. helv. p. 36.
53. —   F. Dubois. Découverte de la craie à Souaillon près de Saint-Blaise. Act.
         helv. p. 126, et Mém. soc. Neuch. II, p. 15.
54. —   C. Nicolet. Mémoire sur la constitution géologique de la vallée de la Chaux-
         de-Fonds. Mém. Neuch. II, p.
55. —   F. Dubois. Lettre à Élie de Beaumont sur le néocomien et le grès-vert
         aux environs de Neuchâtel. Bull. soc. géol. VIII, p. 388.
56. 1838. J.-A. Deluc. Sur les blocs erratiques alpins épars à de grandes distances
         des Alpes. Bull. soc. géol. IX, p. 365.
57. —   J. de Charpentier. Explication de la théorie des glaciers. Act. helv. Bâle,
         p. 110.
58. —   Thurmann, Nicolet, Voltz. Sur le mélange d'espèces jurassiques et néoco-
         miennes. Bull. soc. géol. T. IX, p. 377.
59. —   Leymerie. Notice sur le terrain crétacé du département de l'Aube. Bull.
         soc. géol. T. IX, p. 381.
60. —   Nicolet. Sur l'influence de la nature des roches dans les formes orographi-
         ques du Jura Neuchâtelois. Bull. soc. géol. IX, p. 403.
61. —   Studer. Sur la cause des premiers soulèvements du Jura. Bull. soc. géol.
         T. IX, p. 424.
62. —   De Luc. Sur les blocs calcaires épars entre Régnier, La Roche et l'Arve.
         Act. helv. Bâle, p. 195.
62.a —   De Saussure. Empreinte de feuille de palmier fossile à Mornex. Act. helv.,
         p. 195.
63. —   Dubois, Royer, etc. Sur la position du néocomien, relativement aux autres
         groupes crétacés. Bull. soc. géol. IX, p. 433.
64. —   Thurmann. Sur la présence du grès vert dans le Jura (Val-de-Saint-Imier,
         Sainte-Croix). Bull. géol. IX, p. 434.
65. —   De Bosset. De l'asphalte et des mines du Val-de-Travers. Broch. Neuchâtel.
66. 1839. Montmollin. Note explicative pour la carte géologique du canton de Neu-
         châtel, Mém. Neuch. II.
67. —   Dubois. Observations sur le terrain crétacé du Jura. Act. helv. Berne, p. 49.
68. —   Montmollin, Ibbetson, Studer. Sur le terrain néocomien. Act. helv. Berne,
         p. 52.
69. —   C. Prévost. Observation sur l'utilité de maintenir le Terrain Néocomien.
         Bull. soc. géol. VII, p. 393.
70. —   Studer. Notice sur quelques phénomènes de l'époque diluvienne. Bull.
         géol. XI, p. 49.
71. —   Montmollin. Palais de poisson fossile du Portlandien de Neuchâtel. Act.
         helv. Berne, p. 53.

72. **1839. Itier.** Sur les roches asphaltiques de la chaîne du Jura. Act. helv. Berne, p. 157.
73. — **J.-A. Deluc.** Sur le mouvement des glaciers. Act. helv. Berne, p. 158.
74. — **Agassiz, Nicolet.** Ossements du terrain tertiaire de la Chaux-de-Fonds. Act. helv. Berne, p. 51.
75. — **Studer, Blanchet, Nicolet.** Discussion sur la molasse suisse. Act. helv. Berne, p. 47.
76. — **Nicolet.** Découverte d'une mâchoire dans la molasse d'Arberg. Mém. Neuch., II, p. 20.
76a. — **Agassiz.** Description des Échinodermes fossiles de la Suisse. Première partie. Nouv. Mém. soc. helv. III.
78. **1840. Agassiz.** Études critiques sur les mollusques fossiles. Mémoire sur les Trigonies, Neuchâtel.
79. **1840-54. D'Orbigny.** Paléontologie française, terrains crétacés, Paris.
80. — **Agassiz.** Études sur les glaciers, un volume avec atlas, Neuchâtel.
81. — **E. de Beaumont.** Lettre sur les surfaces polies et striées. Act. helv. Fribourg, p. 189.
82. — **Agassiz.** Tronc de Cycadée fossile. Act. helv. Fribourg, p. 190.
83. — **Millet.** Sur les gisements bitumineux de l'Ain, de la Suisse et de la Savoie. Bull. soc. géol. XI p. 353.
83a. — **Agassiz.** Description des Échinodermes fossiles de la Suisse. 2ᵐᵉ partie, Cidarides. Nouv. Mém. soc helv. IV.
84. **1841. Escher de la Linth.** Profil de la Perte du Rhône et coupe du Salève. Bull. soc. géol. IX, p. 275.
85. — **Guyot.** Sur le néocomien dans le Jura Vaudois et en Savoie. Act. helv. Zurich, p. 248.
86. — **J. de Charpentier.** Essai sur les glaciers et sur le terrain erratique.
87. — **Guyot.** Sur la distribution du terrain erratique dans le Jura. Act. helv. Zurich, p. 71.
88. — **Desor, de Charpentier.** Observations sur l'ancien glacier du Rhône et sur les limites du terrain erratique dans le Jura. Act. helv. Zurich, p. 69.
89. — **Lardy.** Notice géologique sur le Jura vaudois. Act. helv. Zurich, p. 268; idem, p. 63.
90. — **Necker.** Études géologiques dans les Alpes. Genève, 1 vol.
91. — **Lardy.** Découverte d'une mâchoire de rhinocéros dans le grès-molasse à Béthusy, près Lausanne. Act. helv. Zurich, p. 267.
92. **1842. Arnold Guyot.** Nouvelles observations sur la dissémination du terrain erratique. Bassins de la Linth, de la Reuss, de l'Aar, glacier du Jura. Act. helv. Altorf, p. 132.
93. — **J.-A. de Luc.** Lettre sur l'hypothèse de l'extension des glaciers anciens des Alpes. Actes helv. Altorf, p. 107.
94. — **Itier.** Formation néocomienne du département de l'Ain. Congrès scientif. de France, II, p. 57.
95. — **D'Orbigny.** Sur les rudistes du Mont Salève. Bull. soc. géol. X, p. 149.

96. 1842. **J.-A. de Luc**. Sur les blocs erratiques du canton de Vaud et la théorie de M. Venetz. Bull. soc. géol. X, p. 368.

97. — **Mathéron**. Sur les couches à Chama du Mont Salève. Bull. soc. géol. X, p. 430.

97a. — **Agassiz**. Études critiques. Monographie des Myes. Neuch.

98. 1843. **Blanchet**. Essai sur l'histoire naturelle des environs de Vevey.

99. — **Blanchet**. Sur les houillères d'Oron-le-Château. Bull. vaud. I, p. 186.

100. — **Blanchet**. Empreintes de feuilles de la molasse. Act. helv. Lausanne, p. 79.

101. — **Desor**. Sur le phénomène erratique dans le Jura. Bull.. Vaud, I p. 270.

102. — **Blanchet**. Carte du canton de Vaud. Act. helv., Lausanne, p. 74.

103. — **J.-A. de Luc**. Phénomènes que présente le terrain de transport. Act. helv. Lausanne, p. 132.

104. — **A. Guyot**. Note sur la dispersion du terrain erratique entre les Alpes et le Jura. Bull. Neuch. I, p. 9.

105. — **A. Favre**, Observations sur les Dicéras. Mém. soc. phys. X.

106. — **A. Favre**. Considérations géologiques sur le Mont Salève. Mém. soc. phys. X.

107. — **Lardy**. Roches polies à St-Cergues et Arzier. Act. helv. Lausanne, p. 76.

108. — **Guyot**. Dépôts erratiques et limite supérieure de l'erratique alpin dans le Jura. Act. helv. Lausanne, p. 76.

109. — **Venetz**. Sur le glacier du Rhône et les glaciers jurassiens. Act. helv. Lausanne, p. 77.

110. 1844. **Desor**. Note sur les bonds de Bierre. Bull. Neuch. I. p. 77.

111. — **Guyot**. Sur la dispersion du terrain erratique alpin entre les Alpes et le Jura. Bull. Neuch. I. p. 9.

112. — **Guyot**. Sur la distribution des espèces de roches dans le bassin erratique du Rhône. Bull. Neuch. I p. 477.

113. — **Blanchet**. Terrain erratique et alluvien du bassin du Léman, du Rhône à la mer. Lausanne, broch.

114. — **Desor**. Notice sur les glaciers (dans les Excursions, dans les glaciers, etc.), Neuchâtel.

115. — **Lardy**. Notes sur la géologie du Jura vaudois. Bull. Vaud, I, p. 345.

116. — **Lardy**. Mémoire sur la partie du Jura Vaudois, etc. Bull. soc. géol. Fr. Chambéry.

117. — **Pictet**. Traité de paléontologie. 1re édition.

118. — **Blanchet**. Sur la distribution du terrain erratique dans le canton de Vaud. Bull. Vaud., p. 258.

119. — **Blanchet**. Mâchoire de *Rhinoceros incisivus*. Bull. Vaud. I, p. 278.

120. — **Desor**. Sur le phénomène erratique. Bull. vaud. I. p. 270.

121. 1845. **Lesquereux**. Recherches sur les marais tourbeux. Mém. Neuch. III.

122. — **Nicolet**. Sur les moyens de procurer de l'eau à la Chaux-de-Fonds. Bull. Neuch., I p. 240.

123. — **J.-A. de Luc**. Blocs de granit sur le coteau d'Esery et causes de leur transport. Act. helv. Genève, p. 252.

124. **1845. R. Blanchet**. Mine de houille (lignite) de Pully, Oron. Bull. soc. Vaud. 1, p. 358; id. Act. helv. Genève, 222.

125. — **Desor**. Sur les travaux de M. Guyot. Appendice aux Nouvelles excursions, etc. Neuchâtel.

126. — **Lardy, Colomb**. Constitution géologique du bassin de Sainte-Croix et Neyrevaux. Act. helv. Genève, p. 218-221.

127. — **G. de Pury**. Note sur un filon croiseur à la mine d'asphalte de Travers. Bull. Neuch. I, p. 190.

128. **1846 Marcou**. Notice sur les différentes formations des terrains jurassiques dans le Jura occidental. Mém. Neuch. II.

129. — **Marcou**. Recherches géologiques sur le Jura salinois. Bull. soc. géol. III, p. 500.

130. — **Marcou**. Recherches géologiques sur le Jura salinois. Résumé de la seconde partie (terr. crétacé). Bull. soc. géol. IV, p. 135.

131. — **Marcou**. Réponse à une note de M. Royer sur la non existence des groupes Portlandien, etc. Bull. soc. géol. IV, p. 121.

132. — **Nicolet**. Sur les ossements fossiles des grottes de Mancenans et de Vaucluse (Doubs). Bull. Neuch. I, p. 435.

133. — **Renaud-Comte**. Étude systématique des vallées d'érosion dans le Jura.

134. — **Colomb**. Lettre sur le grand glacier entre les Alpes et le Jura. Bull. soc. géol. IV, p. 176.

136. **1847 Pidancet et Lory**. Sur les phénomènes erratiques dans le Jura, Besançon.

137. — **Royer**. Sur les glaciers et le terrain glaciaire dans le Jura. Bull. soc, géol. T. IV. p. 402.

138. — **Marcou**. Sur les hautes sommités du Jura comprises entre la Dôle et le Reculet. Bull. soc. géol. IV, p. 436.

139. **1847-53. Pictet et Roux**. Description des mollusques fossiles des Grès verts des environs de Genève.

140. -- **Agassiz**. Catalogue raisonné des Echinodermes suisses.

141. — **W. Roux, Lardy**. Note géologique sur le Chasseron. Archives V, p. 286.

142. — **Pidancet et Lory**. Notice sur la Dôle. Bull. soc. géol., V.

143. — **Martins et A. Favre**. Lettre sur les anciens glaciers du Jura. Bull. soc. géol. T. V.

144. — **Pidancet et Lory**. Mémoire sur les relations du terrain néocomien avec le terrain jurassique aux environs de Sainte-Croix. Mém. soc. d'Em. du Doubs, IV, p. 83.

145. — **A. Favre**. Sur les anciens glaciers du Jura. Bull. soc. géol. V, p. 63.

145 a. **1848. Ladame**. Recherches sur l'asphalte du Val-de-Travers, Bull. Neuch. II, p. 210.

146. — **Guyot**. Découverte d'une molaire d'éléphant à Fahy près de Neuchâtel. Bull. Neuch. II, p. 228.

147. — **Delaharpe**. Découverte d'une petite huître (Ostrea) aux environs de Lausanne. Bull. Vaud. III, p. 52.

148. **1849. La glacière de Monlezi**. Messager boiteux de Neuchâtel.

149. — **Dr Campiche**. Fossiles rares des environs de Sainte-Croix. Act. helv. Frauenfeld, p. 193.

8   BIBLIOGRAPHIE

150.   —   **Lory.** Note sur la présence et les caractères de la craie dans le Jura. Bull. soc. géol. IV, p. 690.
151.   —   **Blanchet.** Dent molaire d'éléphant découverte près de Vevey. Bull. Vaud. III, p. 25.
152.   **1850. L. Coulon.** Notice biographique sur M. Frédéric Dubois. Act. helv. Aarau, p. 147.
153.   —   **Lory.** Sur une couche à fossiles d'eau douce entre le jurassique et le néocomien. Bull. soc. géol. VI, p. 690.
154.   **1850-52. D'Orbigny.** Prodrome de paléontologie stratigraphique universelle. 3 vol. Paris.
155.   **1851. Renevier.** Mémoire sur la place que doit occuper la molasse du Jorat dans les terrains tertiaires. Bull. soc. Vaud. III, p. 73.
156.   --   **Morlot.** Fossiles de la molasse des environs de Lausanne. Bull. Vaud III, p. 90.
157.   —   **Thurmann.** Abram Gagnebin de la Ferrière. Notice historique et biographique. Porrentruy.
158.   —   **Campiche.** Ammonites recueillies dans le Néocomien et le Gault de Sainte-Croix. Bull. Vaud. III, p. 65.
159.   **1852. Gaudin.** Molaires d'*Anthracotherium* des lignites de Belmont. Bull. Vaud. III, p. 141.
160.   —   **Gaudin.** *Emys Gaudini*, de la molasse. Bull. Vaud. III, p. 106.
161.   —   **Ph. De la Harpe et Gaudin.** Ossements fossiles trouvés au Mormont. Bull. Vaud. III, p. 101.
162.   —   **Ph. De la Harpe.** Carapace de tortue de Belmont. Bull. Vaud. III, p. 141.
163.   —   **Ph. De la Harpe.** Sur les feuilles de la molasse des environs de Lausanne. Bull. Vaud. III, p. 173.
164.   —   **Ph. De la Harpe.** Découverte du Néocomien au Mormont. Bull. Vaud. III, p. 168.
165.   —   **Renevier.** Découverte du terrain Aptien à Sainte-Croix. Bull. Vaud. III, p. 111.
166.   —   **Thurmann.** Esquisses orographiques de la chaine du Jura. Porrentruy.
167.   —   **D'Orbigny.** Cours élémentaire de paléontologie. 2me volume. Paris.
168.   **1853. Gaudin.** Sur la flore fossile des environs de Lausanne. Bull. Vaud. III, p. 247.
169.   —   **S. Chavannes.** Études géologiques aux environs de la Sarraz. Bull. Vaud, III, p. 197.
170.   —   **Gaudin et Delaharpe.** Lettre de M. Heer, sur les feuilles de la molasse de Lausanne. Bull. Vaud, III, p. 280.
171.   —   **Gaudin et Delaharpe.** Dessins d'empreintes de feuilles de la molasse. Bull. Vaud. III, p. 214.
172.   —   **Gaudin.** Sur les fougères de la molasse du tunnel à Lausanne. Bull. Vaud. III, p. 280.
173.   —   **Heer, Morlot.** Sur la prétendue identité des *Chara Meriani* et *C. helicteres*. Bull. Vaud, p. 278.

174. **1853. Delaharpe.** Observations sur la notice de M. Renevier. Bull. Vaud. III, p. 275.

175. — **Zollikofer.** Études géologiques des environs de Lausanne. Bull. Vaud. III, p. 204.

176. -- **Morlot.** Dent fossile d'éléphant près de Morges. Bull. Vaud. III, p. 255.

177. — **Morlot.** Tronc d'arbre fossile de la molasse au tunnel de Lausanne. Bull. Vaud. III, p. 189.

178. — **Campiche.** Énumération des étages reconnus aux environs de Sainte-Croix. Bull. soc. Vaud. III, p. 253.

179. — **Morlot.** Coupe orographique du bassin de la molasse de Clarens à Pompaples. Actes helv. Porrentruy, p. 248.

180. — **Contejean.** Sur l'existence d'anciens glaciers dans le Jura. Mém. Emul. Doubs. IV, 1853.

181. — **Thurmann.** Résumé des lois orographiques générales du système des Monts Jura. Act. helv. Porrentruy, p. 53 et 280.

182. — **E. Benoit.** Essai sur les anciens glaciers du Jura. Act. helv. Porrentruy, p. 34 et 231.

183. — **Lardy.** Coupe à travers une partie du Jura vaudois. Act. helv. p. 42. Idem Archives XXIV, p. 58.

184. — **Renevier.** Coupe stratigraphique de l'Aptien de la Presta. Act. helv. Porrentruy, p. 43.

185. — **Chavannes, Delaharpe.** Observations sur le travail de M. Renevier : Note sur le Néocomien, etc. Bull. Vaud III, p. 276.

186. — **Gressly.** Coupe détaillée des terrains entre la Presta et Couvet. Act. helv. Porrentruy, p. 44.

187. — **Renevier.** Note sur le terrain néocomien qui borde le pied du Jura. Bull. Vaud. III, p. 261.

188. — **Renevier.** Mémoire géologique sur la Perte du Rhône. Bull. Vaud. III, p. 176.

189. — **Pictet.** Note sur la nouvelle publication relative à la paléontologie suisse. Act. helv. Porrentruy, p. 225.

190. — **Studer.** Géologie de Schweizer. 2ᵐᵉ volume. Berne, Zurich.

191. — **Blanchet.** Sur la formation de la molasse dans la plaine suisse. Bull. soc. Vaud. III, p. 195.

192. — **Lardy.** Sur la carte géologique de la Suisse, de Escher et Studer. Bull. soc. Vaud. III, p. 246.

193. **1854. Morlot.** Découverte d'ossements dans le terrain d'alluvion à Moudon. Bull. Vaud. IV, p. 3.

194. — **De la Harpe.** Découverte de fougères grimpantes. Bull. Vaud. IV, 6.

195. — **E. Desor.** Sur l'étage inférieur du groupe néocomien. Étage valanginien. Bull. Neuch. III, p. 172.

196. -- **E. Desor.** Énumération et diagnoses des Échinides de l'étage valanginien. Bull. Neuch. III, p. 178.

197. — **Otz.** Moraines des environs d'Auvernier, Bôle, Boudry. Bull. Neuch. III, p. 199.

198. 1854. S. Chavannes. Essai sur la géologie d'une partie du pied du Jura entre le Nozon et Yverdon. Bull. Vaud. IV, p. 14.

199. — A. Morlot. Sur les polis glaciaires de roches en place, à Essert-Pittet. Bull. Vaud. IV, p. 38.

200. — A. Morlot. Notice sur le quaternaire en Suisse et sur les deux époques glaciaires. Bull. Vaud. IV, p. 41.

201. — Ph. De la Harpe. Sur une tortue de la molasse d'eau douce des environs de Lausanne. Bull. Vaud. IV, p. 51.

202. — Ph. De la Harpe. Empreinte de feuilles de la molasse rouge près de Lutry. Bull. Vaud. IV, p. 54.

203. — A. Morlot. Cailloux impressionnés, dents de bœuf du diluvien, etc. Bull. Vaud. IV, p. 57.

204 — A. Morlot. Gisement de fossiles du tunnel à Lausanne. Bull. Vaud. IV, p. 82.

205. — R. Blanchet. Du terrain tertiaire vaudois. Bull. Vaud. IV, p. 85.

206. — Morlot. Sur les terrasses diluviennes des bords du lac Léman. Bull. Vaud. IV, p. 92.

207. — S. Chavannes. Note sur un ancien lit de la Morges. Bull. Vaud. IV, p. 161.

208. — D. Nicati. Sur un bloc erratique de grandes dimensions dans le lit de l'Aubonne. Bull. Vaud. IV, p. 174.

209. — Ph. De la Harpe. Ossements appartenant à l'*Anthracotherium magnum*. Bull. Vaud. p. 195.

210. — Pictet et Renevier. Description des fossiles du terrain aptien, etc. Mat. pal. suisse, 1re série.

211. — Desor. Sur les caractères particuliers des différents dépôts glaciaires. Bull. Neuch. III, p. 152.

212. — Morlot, De la Harpe, etc. Blocs de gypse erratique aux environs de Lausanne. Bull. Vaud. IV, p. 180.

212.a — Bonjour. Aperçu sur la géologie du Jura. Brochure. Lons-le-Saulnier. Annales de la société des sciences indust. de Lyon.

213. 1855. E. Desor. Les plissements du Val-de-Travers. Bull. Neuch. III. p. 265.

214. — A. Gressly. Coupe géologique du chemin de fer de la Chaux-de-Fonds. Bull. Neuch. IV, p. 2.

215. — S. Chavannes. Note sur le terrain sidérolitique de la colline de Chamblon près Yverdon. Bull. Vaud. IV, p. 310.

216. — S. Chavannes. Note sur la coupe d'un dépôt d'alluvion près de Renens. Bull. Vaud. IV, p. 324.

217. — C.-T. Gaudin et De la Harpe. Flore fossile des environs de Lausanne. 1re partie. Bull. Vaud. IV, p. 342; 2me partie, p. 422.

218. — H. Coquand. Description de quelques espèces nouvelles de coquilles découvertes aux environs des Rousses. Mém. Émul. Doubs. VIII, p. 45.

219. — Gaudin et De la Harpe. Détails nouveaux sur les brèches osseuses du Mormont. Bull. Vaud. IV, p. 402.

220. — C. Nicolet. Discours d'ouverture de la Soc. helv. des s. nat. à la Chaux-de-Fonds. Act. helv. 1855.

221. **1855. Desor.** Des blocs erratiques et de leur distribution dans le Val-de-Travers. Act. helv. Chaux-de-Fonds, p. 43.

222. — **Coquand.** Analogie entre le terrain Wealdien du Jura et celui des deux Charentes. Act. helv. Chaux-de-Fonds, p. 48.

223. — **Desor.** Limites du Néocomien inférieur, ou Valangien, dans le canton de Neuchâtel. Act. helv. Chaux-de-Fonds.

224. — **Hessel et Kopp.** De l'asphalte des mines du Val-de-Travers. Act. helv. Chaux-de-Fonds, p. 154.

225. **1855-60. Heer.** Flora tertiaria Helvetiæ. Winterthur.

226. **1855-57. Piotet, Gaudin et De la Harpe.** Mémoire sur les animaux vertébrés trouvés dans le Sidérolitique du Mormont, etc. Mat. pal. suisse, 1re série.

227. — **Sautier.** Note sur les dépôts Néocomiens et Wealdiens, etc. Mém. Émul. du Doubs. III, p. 25.

228. — **Bayle.** Sur quelques mammifères de la molasse miocène de la Chaux-de-Fonds. Actes helv. p. 190.

229. — **A. Favre.** Sur les subdivisions du terrain quaternaire en Suisse. Archives.

230. — **Thurmann.** Résumé relatif au pélomorphisme des roches. Actes helv. Chaux-de-Fonds, p. 131.

231. — **Gaudin et De la Harpe.** Observations géologiques sur les brèches osseuses du Mormont. Mat. pal. suisse, 1re série.

232. — **Morlot.** Sur la subdivision du terrain quaternaire en Suisse. Bibl. univ. Mai.

233. — **Chopard.** Découverte d'ossements d'animaux dans le quaternaire des environs de Morteau. Act. helv. Chaux-de-Fonds.

234. **1856. Gaudin.** Sur la flore fossile de Rivaz. Bull. Vaud. V, p. 2.

235. — **G. de Tribolet.** Note sur la présence du terrain crétacé dans les Gorges de la Reuse. Bull. Neuch. IV, p. 102.

236. — **G. de Tribolet.** Sur la carte géologique des environs de Sainte-Croix. Bull. Neuch. IV, p. 15.

237. — **G. de Tribolet.** Catalogue des fossiles du Néocomien moyen. Bull. Neuch. IV, p. 69.

238. — **Pillet.** Lettre de M. le Chanoine Chamousset. broch.

239. — **Oppel.** Die Juraformation, England, Frankreich etc. Stuttgart.

240. — **Jaccard.** Notes sur la flore fossile du terrain d'eau douce supérieur du Locle. Bull. Neuch. IV, p. 57.

241. — **Nicolet.** Sur les plantes fossiles du calcaire d'eau douce du Locle. Bull. Neuch. IV, p. 54.

242. — **Desor.** Sur les études géologiques relatives à la construction des tunnels. Bull. Neuch. IV, 56.

243. — **Heer, Mérian.** Discussion sur le niveau géologique des couches du calcaire d'eau douce du Locle. Act. helv. Bâle, 1866.

244. — **Piotet.** Note sur la monographie des chéloniens de la molasse. Archives.

245. — **Piotet et Humbert.** Description d'une Emyde nouvelle. Mat. pal. suisse, 1re série.

246. — **Gaudin.** Sur la flore fossile recueillie au Locle par M. Jaccard. Bull. Vaud. V, p. 61.

12   BIBLIOGRAPHIE

247. 1856. **Pictet et Humbert.** Monographie des chéloniens de la molasse suisse. Mat.
          pal. suisse, 1re série.
248.   — **Desor.** L'orographie du Jura. Revue suisse.
249.   — **Desor.** Les tunnels du Jura, Revue Suisse.
250. 1857. **Ch. Lory.** Mémoire sur les terrains crétacés du Jura. Mém. soc. d'Ém. du
          Doubs, 3me série. II, p. 235.
251.   — **E. Desor.** Course géologique dans les Gorges de la Reuse et à Sainte-Croix.
          Bull. Neuch. IV, p. 166.
253.   — **G. de Tribolet.** Fossiles néocomiens avec leur test aux environs de Mor-
          teau. Bull. Neuch. IV, p. 168.
254.   — **G. de Tribolet.** Sur le terrain valangien. Réponse à M. le Chanoine Cha-
          mousset. Bull. Neuch. IV, p. 203.
255.   — **E. Desor.** Communications relatives aux terrains glaciaires. Bull. Neuch.
          IV, p. 307.
256.   — **A. Morlot.** Sur les formations modernes dans le canton de Vaud. Bull.
          Vaud. VII, p. 208.
257.   — **A. Jaccard.** Note sur les renversements de terrains stratifiés dans le Jura.
          Bull. Vaud. V, p. 248.
258.   — **Renevier.** Notes sur les fossiles d'eau douce inférieure du terrain crétacé
          dans le Jura. Bull. Vaud. V, p. 259.
258 *a*. — **Renevier.** C. R. de la Note sur les fossiles d'eau douce, etc. Arch. I, p. 284.
259.   — **A. Morlot.** Note sur le cône de déjection du Boiron près de Morges. Bull.
          Vaud. VII, p. 163.
260.   — **Ph. Delaharpe.** Note sur la défense d'éléphant trouvée à Morges. Bull.
          Vaud. V, p. 308.
261.   — **Ph. Delaharpe.** Nouveaux débris d'*Anthracotherium magnum*. Bull.
          Vaud. V, p. 341.
262.   — **Ph. Delaharpe.** Sur les chéloniens de la molasse vaudoise. Bull. Vaud. V,
          p. 405.
262 *a* — **L. Vuillemin.** Géologie du canton de Vaud. Manuel du voyageur. Lau-
          sanne.
263.   — **Marcou.** Mémoire sur le terrain crétacé du Jura. Bibl. univ. Arch.
264.   — **Etallon.** Esquisse d'une description du Haut Jura. Paris, Baillère. Id.
          Archives II, p. 71.
265.   — **Perron.** Notice géologique sur l'Étage Portlandien. Paris, Baillère.
265 *a*. — **Marcou.** Lettres sur les roches du Jura. Paris. Id. Archives XXXII,
          p. 260.
266.   — **A. Favre.** Sur les lettres sur le Jura, de Marcou. Arch. XXXVI, p. 260.
267. 1858. **Coquand.** Description géologique de l'étage Purbekien dans les Deux
          Charentes. Mém. Émul. du Doubs, 3me série. III.
268.   — **Etallon.** Études paléontologiques. Rayonnés du Haut-Jura. Mém. Émul.
          du Doubs, 3me série. III, p. 401..
269.   — **Pictet.** Notice sur les poissons des terrains crétacés de la Suisse et de la
          Savoie. Arch. I, p. 228.
270.   — **Heer.** Quelques mots sur les noyers. Archives, septembre.

270 a. **1858. Heer.** Ueber die fossilen calosomen.

271. — **Desor.** Synoptie des Échinides fossiles. Paris, Wiesbaden. Un volume avec XI.IV pl.

272. — **Campiche et de Tribolet.** Description géologique des environs de Sainte-Croix. Mat. pal. suisse. 2ᵐᵉ série, 1ʳᵉ partie.

273. — **C. Ravier.** Les eaux gazeuses du Doubs. Feuille d'avis des Montagnes. Mars, 1858.

274. — **Desor.** Sur les couches jurassiques supérieures du Jura. Arch. III, p. 131.

275. — **Desor et Kopp.** Gisement et analyse des roches asphaltiques de Saint-Aubin. Bull. Neuch. IV, p. 358.

276. — **E. Desor.** Sur les roches polies de l'Urgonien et du Valangien. Bull. Neuch. IV, p. 330.

277. — **A. Jaccard.** Notes sur les restes de tortues fossiles du terrain d'eau douce du Locle. Bull. Neuch. IV, p. 431.

278. — **A. Jaccard.** Sondages sur les marais du Locle. Bull. Neuch. IV, p. 342 et 435.

279. — **E. Desor et A. Gressly.** Note sur la structure géologique du plateau de Trois-Rods. Bul. Neuch. IV, p. 440.

280. — **H. Kopp.** Sur les sources gazeuses du Doubs près des Brenets. Bull. Neuch. IV, p. 312.

281. — **E. Renevier.** Observations diverses sur la géologie du Jura neuchâtelois. Bull. Vaud. VI, p. 8.

282. — **P. Vionnet.** Fossiles de la molasse de la Molière, etc. Bull. Vaud. VI, p. 30.

283. — **A. Morlot.** Sur le terrain quartaire du bassin du Léman.

284. — **Karl Mayer.** Versuch einer Synchronistich-Tabelle. Tertiar. Gebilde. Europas. Verhandl. Trogen, p. 70.

285. — **Morlot.** Sur les subdivisions des terrains glaciaires en Suisse. Arch. III, p. 126.

285 a. — **Morlot.** Géologie des environs de Lausanne. Quelques renseignements, etc. Lausanne, brochure.

286. — **Morlot.** Présentation d'un mémoire de M. Venetz le père sur les anciens glaciers. Archives III, p. 130.

287. — **Pictet et Campiche.** Description des fossiles du terrain crétacé des environs de Sainte-Croix. Première partie. Mat. pal. suisse.

287 a. — **Desor.** Les sources du Jura. Revue suisse, XXI.

288. **1859. Jaccard.** Étude géologique sur la faune et la flore du terrain d'eau douce du Locle. Brochure.

289. — **E. Desor.** Sur la grotte de Rochefort et les grottes du voisinage. Bull. Neuch. V, p. 8.

290. — **E. Desor.** Sur les fontaines et les sources de Peseux, etc. Bull. Neuch. V, p. 11.

291. — **G. de Tribolet.** Sur l'Ammonites Astierianus de la base des marnes néocomiennes. Bull. Neuch. V, p. 21.

292. **1859. G. de Tribolet.** Analyse de la notice de M. Marcou, sur le néocomien. Bull.
          Neuch. V, p. 32.

293.   —   **Kopp.** Sur la quantité d'eau tombée au Val-de-Ruz et sur l'origine de la
              Serrières. Bull. Neuch. V, p. 39.

294.   —   **E. Renevier.** Note sur le gisement des Unio aux Brûlées sur Lutry. Bull.
              Vaud. VI, p. 1.

295.   —   **Gaudin et de Rumine.** Coupe de l'axe anticlinal au-dessous de Lausanne.
              Bull. Vaud. VI, p. 418.

296.   —   **C.-T. Gaudin.** Nouveau gisement de feuilles fossiles à Lavaux. Bull.
              Vaud. VI, p. 456.

297.   —   **Ph. Delaharpe.** Corne de Renne du diluvium à Cully. Bull. Vaud. VI,
              p. 460.

298. a —   **A. F.** Sur les Études géologiques de Desor et Gressly. Arch. VI. p. 297.

298.   —   **Desor et Gressly.** Études géologiques sur le Jura neuchâtelois. Mém. soc.
              Neuch. IV.

299.   —   **Sautier.** Sur quelques lambeaux des Étages Aptien et Albien aux environs
              des Rousses. Mém. Émul. du Doubs, 3me série. III, p. 177.

300.   —   **Contejean.** Étude de l'étage Kimméridien dans les environs de Montbé-
              liard. Mém. Émul. du Doubs, 3me série. IV, p. 1.

301.   —   **Bonjour, Defranoux et Ogérien.** Découverte de la craie à silex dans le
              Jura. Mém. Émul. du Doubs. IV, p. 353.

302. **1860. Benoit.** Note sur les terrains tertiaires entre le Jura et les Alpes. Bull.
          soc. géol. XVII, p. 387.

303.   —   **R. Blanchet.** Goniobates Agassizi, du grès de la Molière. Bull. Vaud VI,
              p. 472.

304.   —   **Pictet et Jaccard.** Description des reptiles et poissons fossiles de l'étage
              virgulien du Jura neuchâtelois. Mat. pal. suisse. 3me série.

305.   —   Compte rendu de la description des reptiles et poissons fossiles de Pictet
              et Jaccard. Archives IX, p. 152.

306.   —   **A. Etallon.** Recherches paléontostatiques, etc. Préliminaires à l'étude des
              Polypiers. Arch. VII, p. 105.

307.   —   **Desor.** De la physionomie des lacs suisses. Revue suisse, Id. Arch. VII,
              p. 346.

308.   —   **A. Favre.** Sur la note de M. Émile Benoit sur les terrains tertiaires, etc.
              Archives IX, p. 43.

309.   —   **Gaudin.** Découverte de seize fruits d'*Apeibopsis*. Bull. Vaud. VII, p. 8.

310.   —   **Kopp.** Analyse des eaux minérales des Ponts. Bull. Neuch. V, p. 209.

311.   —   **Jaccard.** Aperçu géologique sur les étages supérieurs des terrains jurassi-
              ques du Jura neuchâtelois. Mat. pal. suisse. 3me série.

312.   —   **Renevier.** Observations géologiques sur la ligne d'Oron. Bull. Vaud. VI,
              p. 359.

313.   —   **Renevier.** Sidérolitique du lac de Saint-Point. Bull. Vaud. VII, p. 16.

314.   —   **Delaharpe.** Nouvelles tortues des lignites de Rochette. Bull. Vaud. VII, p. 26.

315.   —   **Delaharpe.** Visite à la grotte d'Agiez près Orbe. Bull. Vaud. VI, p. 358.

316.   —   **Desor.** Sur les cluses et les cirques du Jura. Bull. Neuch. V, p. 206.

317. 1861. **Commission géologique**. Tableau des couleurs employées pour la carte géologique de la Suisse. Winterthur.

318. — **Gressly et Desor**. Sur l'orographie et la géologie du Val-de-Travers. Bull. Neuch. V, p. 458.

319. — **Desor**. Note sur la description des Reptiles et poissons fossiles de l'étage virgulien de MM. Pictet et Jaccard. Bull. Neuch. V, p. 498.

320. — **O. Heer et C.-T. Gaudin**. Recherches sur le climat et la végétation du pays tertiaire. Winterthur.

321. — **S. Chavannes**. Collection de roches du sidérolitique du Mormont. Act. helv. Lausanne, p. 68. Id. Arch. p. 84.

322. — **Zollikofer**. Carte géologique des environs de Lausanne. Arch. XII, p. 84.

323. — **A. Jaccard**. Communication sur la carte géologique du Jura vaudois. Act. helv. Lausanne, p. 74. Idem Archives X, p. 38.

324. — **A. Etallon**. Note sur les crustacés jurassiques du bassin du Jura. Mém. soc. d'agr. Haute-Saône

325. — **A. Etallon**. Études paléontologiques, Monographie du corallien. Mém. Émul. du Doubs, 3ᵐᵉ série, VI, p. 53.

326. — **Ph. Delaharpe**. Ossements de vertébrés vivants dans les cavernes du Jura. Bull. Vaud. VII, p. 288.

327. — **Etallon**. Paléontostatique du Jura. Faune de l'étage corallien. Act. soc. juras. d'Em. XIᵐᵉ session, p. 170.

328. — **J. Fournet**. Aperçu sur la structure du Jura septentrional. Act. soc. jur. d'Émul. XIᵐᵉ session. Neuveville, p. 197.

329. — **F.-J. Pictet**. Note sur la succession des mollusques céphalopodes, etc. Archives X, p. 320.

330 — **Jaccard**. Bulletin littéraire sur la description des Reptiles et Poissons fossiles du Jura neuchâtelois. Opuscule.

331. — **Pictet et Campiche**. Description des fossiles du terrain crétacé des environs de Sainte-Croix. Deuxième partie. Céphalopodes et Gastéropodes. Mat. pour la pal. suisse, 3ᵐᵉ série.

332. — **Delaharpe**. Fossiles de la molasse marine de Moudon. Bull. Vaud. VII, p. 177.

333. — **Cotteau**. Paléontologie française. Echinides du Terrain crétacé. VII.

334. — **Venetz**. Mémoire sur l'extension des anciens glaciers, etc. Nouv. Mém. soc. helv. XVIII.

335. — **De Loriol**. Description des animaux invertébrés fossiles du Mont Salève. Mém. soc. phys. Genève.

336. — **Troyon**. Rapport sur les fouilles faites à Concise. Bull. Vaud. VII, p. 237.

337. — **Rutimeyer**. Liste des animaux trouvés dans la station lacustre de Concise. Bull. Vaud. VII, p. 2 et 162.

338. — **Desor**. Sur les blocs erratiques et les mesures propres à en assurer la conservation. Bull. Neuch. VI, p. 14.

339. — **Desor**. Sur un crâne humain de l'âge du bronze. Bull. Neuch. VI, p. 11.

340. — **Coulon**. Découvertes de tortues fossiles dans le Portlandien. Bull. Neuch. VII, p. 34, 59.

16   BIBLIOGRAPHIE

340 a. — **Delaharpe.** Découverte de Crocodiles fossiles et de Tortues dans les lignites de Belmont. Bull. Vaud. VII, p. 188.

341. — **Chavannes.** Collection de roches sidérolitiques du Mormont. Act. helv. Lausanne, p. 68.

342. — **Jayet.** Notice sur la plaine de l'Orbe. Bull. Vaud. VII, p. 290.

343. — **Mortillet.** Sur les phénomènes de l'époque glaciaire. Act. helv. Lausanne, p. 73.

344. — **Thury.** Études sur les glacières naturelles de Saint-Georges, etc. Arch. X, p. 97.

345. — **Zollikofer.** Sur les moraines et les terrasses des environs de Lausanne. Act. helv. Lausanne, p. 70.

346. — **Renevier.** Note sur quelques dépôts récents avec coquilles dans le bassin du Léman. Bull. Vaud. VII, p. 249.

347. 1862. L. **Coulon.** Découverte de têtes d'Élan dans une grotte de la Côte-aux-Fées. Bull. Neuch. VI, p. 264.

348. ·· **Rey.** Orbe et ses environs au point de vue géologique. Journal soc. d'ut. publ. p. 249.

349. — **S. Chavannes.** Sur le terrain sidérolitique du Mormont. Archives XIX, p. 34.

350. — **Desor.** De l'orographie des Alpes, etc. Bull. Neuch. VI, p. 147.

351. — **Otz.** Grotte du Four ou de Trois-Rods. Bull. Neuch. VI, p. 273.

352. — **Renevier.** Plantes fossiles du jurassique de la Dorche (Ain) et du Mont-Rizoux. Bull. Vaud. VII, p. 344.

353. — **De la Harpe.** Nouvelles carapaces de tortues de Rochette. Bull. Vaud. VII, p. 345.

354. — **Blanchet.** Machoire de Cerf et corne de Renne dans une gravière de Saint-Légier. Vevey. Bull. Vaud. VII, p. 347.

355. — **Résal.** Carte géologique du Dépt du Doubs. Extrait de la carte topographique de la France.

356. — **A. Favre.** Sur la ligne anticlinale de la molasse, etc. Archives XIV, p. 217.

357. 1863. A. **Jaccard.** Observations géologiques dans le Jura vaudois. Bull. Vaud. VIII, p. 9.

358. — **Sandberger.** Description de fossiles du Purbeckien dans le Jura. Jahrb., p. 814.

359. — **Jaccard.** Le Jura. Aperçu géologique, dans Itinéraire des Montagnes neuchâteloises, p. 29, Neuchâtel.

360. — **Benoit.** Recherches sur les dépôts erratiques alpins dans l'intérieur et sur le pourtour du Jura méridional. Bull. soc. géol. XX, p. 321.

361. — **Sandberger.** Die Conchylien der Mainzer. Wiesbaden. (Note sur le bassin du Locle, p. 454).

362. — **J. Pidancet.** Tableau général des formations du Jura.

363. — **P. De la Harpe.** Mâchoire d'Anthracotherium de Belmont. Bull. Vaud. VII, p. 351.

364. — **Desor.** Crâne lacustre de l'âge du bronze à Auvernier. Bull. Neuch. VI, p. 301.

365. 1864. **Desor**. Tableau des formations géologiques du canton de Neuchâtel. Bull. Neuch., p. 598.

366. — **H. Résal**. Statistique géologique du Doubs et du Jura. Besançon.

367. — **E. Desor**. Sur l'Étage Dubisien, synonyme de Purbeckien. Bull. Neuch. VI, p. 544.

368. — **F.-J. Pictet**. Note sur la succession de mollusques gastéropodes, etc. Archives XXI, p. 5.

369. — **Jaccard**. Le charbon de pierre du Locle. Étrennes neuchâteloises, troisième année.

370. 1864-69. **Pictet et Campiche**. Description des fossiles du terrain crétacé de Sainte-Croix. 3ᵐᵉ partie Acéphales. Mat. pal. suisse.

370a. 1864. **Jaccard**. Sur la carte géologique du Jura vaudois. Arch. XXI, p. 151.

371. — **D. Loriol**. Description de quelques Brachiopodes crétacés. Mém. soc. phys. Genève. XVII.

372. — **Desor**. Expériences sur la durée du parcours souterrain des eaux de la Noiraigue. Bull. Neuch. VII, p. 37.

373. — **C. Mayer**. Tableau synchronistique des terrains jurassiques. Zurich.

374. — **Desor**. Les Emposieux de la vallée des Ponts. Almanach de Neuchâtel, p. 38.

375. 1865. **Dausse**. Sur les anciens niveaux et sur les terrasses du Léman. Actes helv. Genève, p. 79.

376. — **De Loriol**. Étude géologique et paléontologique de la formation d'eau douce de Villers-le-lac. Mém. soc. phys. Genève, XVIII.

377. — **Jaccard**. Étude géologique des couches de l'étage Purbeckien. Mém. soc. phys. Genève, XVIII.

378. — **Mayer**. Tableau synchronistique des terrains tertiaires. Zurich.

379. — **Desor**. Coupe à travers les lacs de Neuchâtel et de Morat. Autograph. Neuchâtel.

380. — **Waagen**. Versuch einer classification der Schichten des oberer Jura. Munich.

380a. — **Nicati**. Sur la molasse à feuilles de Chardonnay près Morges. Bull. Vaud. VIII, p. 309.

380b. 1866. **L. Reymond**. Rapport sur les essais faits dans les entonnoirs de Bonport. J. soc. d'ut. publ. Vaud.

381. — **C. Vouga**. Note sur les terrains quaternaires du plateau de Cortaillod. Bull. Neuch. VII, p. 250.

382. — **Desor**. Les Emposieux de la vallée des Ponts. Alman. de la Répub. de Neuch.

382a. — **Desor**. Sur le mot *Doue* et sur les sources vauclusiennes. Bull. Neuch. VII, p. 301.

383. — **Desor**. La Fontaine froide au Creux-du-Vent. Courses scolaires.

384. — **X**. La Pierre-à-Bot. Bloc erratique avec dessin. Ram. sap. Juin.

385. — **F. Chabloz**. Les blocs erratiques de la Sagne. Ram. sap. Décembre.

386. — **L. Malo**. Guide pratique de la fabrication et de l'application de l'asphalte, etc. Paris, 1 vol.

387. **1866**. **Desor**. Lettre de Léo Lesquereux sur l'origine des huiles minérales. Bull. Neuch. VII, p. 235.

387*a*. — **W. Fraisse**. Sur la mesure des eaux de source. Bull. Vaud. IX, p. 326.

388. — **Desor**. Remarques sur l'orographie comparée. Bull. Neuch. VII, p. 285.

388*a*. — **L. Dufour**. Origine de la source de l'Orbe. Bull. Vaud. IX, p. 213.

389. — **A. Favre**. Sur la conservation des blocs erratiques. Act. helv. Neuchâtel, p. 44.

390. — **Knab**. Jaugeage de quelques rivières du canton de Neuchâtel. Bull. Neuch. VII, p. 464.

390*a*. — **J. De la Harpe**. Investigations géologiques à la source des Cases. Bull. Vaud. IX, p. 157.

390*b*. — **J. De la Harpe**. Note sur le soulèvement du Jura occidental. Bull. Vaud. IX, p. 165.

390*c*. — **J. De la Harpe**. Sur les galets sculptés des lacs de Genève et de Neuchâtel. Bull. Vaud. IX, p. 237.

391. **1867**. **C. Moesch**. Geologische Beschreibung des Aargauer Jura, etc., in Beiträge zur geolog. Karte der Schw. Vierte Lieferung.

392. — **Alph. Favre**. Recherches géologiques sur les parties de la Savoie, etc., voisines du Mont-Blanc, Genève, 3 vol. et Atlas.

393. — **J.-B. Greppin**. Essai géologique sur le Jura suisse. Delémont, 1 volume.

394. — **H.-L. Otz**. Fouilles de la grotte de Cottencher. Bull. Neuch. VII, p. 519 et 534.

395. — **E. Desor**. Visite à la grotte de Cottencher avec MM. Knab et Otz. Bull. Neuch. VII, p. 540.

396. — **E. Desor**. Étude géologique des mines d'asphalte du Val-de-Travers. Bull. Neuch. VII, p. 547.

397. — **E. Desor**. Calcaire blanc bitumineux à Auvernier. Bull. Neuch. VIII, p. 12.

398. — **Ogérien**. Histoire naturelle du Jura, Géologie. Lons-le-Saunier.

399. — **De Loriol**. Description des fossiles de l'oolite corallienne, etc., du Mont-Salève. Recherches géol. etc. II, p. 310.

400. — **Ernest Favre**. Remarques sur la seconde édition de la carte géologique de la Suisse. Arch. Nov.

401. — **A. Favre**. Appel aux Suisses pour les engager à conserver les blocs erratiques. Rapport, etc. Act. helv. Rheinfelden, p. 153.

402. — **Studer et Escher**. Carte géologique de la Suisse. Winterthur.

403. **1868-72**. **E. Desor et de Loriol**. Échinologie helvétique. Première partie. Échinides jurassiques. Wiesbaden.

404. **1868**. **Desor**. Sur l'origine de l'asphalte dans le Val-de-Travers. Act. helv. Einsiedeln, p. 65.

405. — **Jaccard**. Coupe du Val-de-Travers et note sur les divers niveaux de l'asphalte dans le Jura. Idem, p. 67.

406. — **Desor**. Lettre de M. O. Fraas sur le pétrole de la Mer Rouge. Bull. Neuch. VIII, p. 40 et 58.

407. — **Vouga**. Note sur les terrains stratifiés des Gorges de la Reuse. Bull. Neuch. VIII, p. 122.

407 a. 1868. **Jaccard.** Le bloc erratique du Chemin-blanc près du Locle. Ram. sap. Septembre.

408.   —   **H. A, Béguin.** Blocs erratiques de la Côte-aux-fées. Ram. sap. Janvier.

409.   —   **L. Favre.** Le granit de Vert, près de Chambrelien. Ram. sap. Janvier.

410.   —   **F. Guillaume.** Le gypse de Boudry. Ram. sap. Février.

411.   —   **A. Cellerier.** Les ossements trouvés à Veyrier près de Genève. Ram. sop. Mai.

412.   —   **L. Delachaux.** La Baume des Élans près de la Côte-aux-Fées. Ram. sap. Novembre.

413. 1868-71. **Pictet et Campiche.** Description des fossiles du terrain crétacé de Sainte-Croix. 4ᵐᵉ partie. Acéphales.

414.   1868. **C. Mayer.** Tableau synchronistique des terrains tertiaires supérieurs. Zurich.

415.   —   **De Loriol.** Monographie des couches de l'Étage valangien, etc., d'Arzier. Mat. pal. suisse, 4ᵐᵉ série.

416.   —   **A. Favre et L. Soret.** Rapport sur l'étude et la conservation des blocs erra-tiques. Act. helv. Einsiedeln.

416 a.   —   **De la Harpe.** Rapport de la Commission des blocs erratiques. Bull. Vaud. IX, p. 660.

417.   —   **A. Favre.** Station de l'âge de la pierre à Veyrier. Arch. XXXI.

418.   —   **P. Morthier.** Une algue calcaire. Ram. sap. Décembre.

419.   —   **F. Berthoud.** Le tombeau de Chilpéric. Ram. sap. Décembre.

419 a. 1869. **Delachaux.** La grotte des Plaints près de Couvet. Ram. sap. Juillet.

420.   —   **Pictet et Humbert.** Mémoire sur les animaux vertébrés du terrain sidéroli-tique, etc. Mat. pal. 5ᵐᵉ série.

421.   —   **Jaccard.** Description géologique du Jura vaudois et neuchâtelois. Mat. carte géol. VIᵐᵉ livr.

422.   —   **De Loriol et Gilliéron.** Monographie géologique et paléontologique de l'étage Urgonien, etc. Mém. helv. XXVIII.

423.   —   **Gilliéron.** Étude stratigraphique de l'Urgonien et du Néocomien des envi-rons du Landeron. Mém. helv. XXVIII.

424.   —   **Renevier.** Coupes géologiques des deux flancs du bassin d'Yverdon. Bull. Vaud. X, p. 190.

424 a.   —   **Vionnet.** Roches erratiques des environs d'Étoy. Bull. Vaud. X, p. 333.

425.   —   **Vionnet.** Sur quelques affleurements de la molasse dans les vallées de l'Aubonne, etc. Bull. Vaud. X, 329.

425 a.   —   **Nicati.** Sur la molasse de la nouvelle route d'Aubonne à Lavigny. Bull. Vaud. X, p. 330.

426.   —   **Lochmann.** Rapport à la Commission des blocs erratiques. Bull. Vaud. X, p. 185.

426 a.   —   **Knab.** Sur les dépôts contemporains dans le lac de Neuchâtel. Bull. Neuch. VIII, p. 250.

427.   —   **Knab.** Théorie de la formation de l'asphalte au Val-de-Travers. Bull. Neuch. VIII, p. 226.

428.   —   **Desor.** L'asphalte du Val-de-Travers. Almanach de la République. Neuch.

429. 1869. **Jaccard.** L'asphalte du Val-de-Travers, etc. Ram. de sapin. Février.
430. — **Jaccard.** Les fossiles du Chatelu. Septième campagne du Musée de Fleu-
　　　　　rier. Broch.
431. — **Favre et Soret.** Troisième rapport sur les blocs erratiques. Act. helv.
　　　　　Soleure, p. 169.
431a. — **Chantre.** Rapport à M. Belgrand sur la conservation des blocs erratiques.
　　　　　Bull. soc. géol.
432. — **De la Harpe.** Sur la faune du terrain sidérolitique dans le canton de Vaud.
　　　　　Bull. Vaud. X, p. 457.
433. — **Zwahlen.** La pierre des Sonnaz près de Bullet. Ram. sap. Décembre.
434. — **R. Jaquet.** La Tassonière, bloc erratique de la forêt de Bevaix. Ram. sap.
　　　　　Novembre.
435. 1870. **Jaccard.** Supplément à la description géologique du Jura vaudois, etc.
　　　　　Mat. carte géol. 7me livraison.
436. — **Jaccard.** Quelques mots sur les cartes géologiques. Bull. Neuch. VIII,
　　　　　p. 432.
436a. — **Desor.** Crâne lacustre de l'âge du bronze à Morigen. Bull. Neuch. VIII,
　　　　　p. 389.
437. — **Jaccard.** L'éboulement du Col-des-Roches, près du Locle. Ram. sap.
　　　　　Janvier.
438. — **Jaccard.** La tortue de la carrière des Hauts-Geneveys. Ram. sap. Octobre.
438a. — **Jaccard.** Les Térébratules vivantes de la mer des Antilles. Ram. sap.
　　　　　Janvier.
439. — **Jaccard.** Les fossiles du Jura. Térébratules. Ram. sap. Avril.
440. — **M. de Tribolet.** Découverte d'un Téléosaure. Ram. sap. Novembre.
440a. — **Châtelain.** Les houilles en Suisse. Bull. Neuch. VIII, p. 393.
441. — **Greppin.** Description géologique du Jura bernois, etc. Mat. carte géol.
　　　　　suisse, 8me livraison.
442. — **Colladon.** Terrasse d'alluvions sur laquelle est bâtie la ville de Genève.
　　　　　Arch. XXXIX.
442a. — **F.-A. Forel.** Essai de chronologie archéologique. Bull. Vaud. X, p. 559.
443. 1871. **Heer.** Le Monde primitif de la Suisse. Traduction de M. Demole, 1 vol.
　　　　　Genève et Bâle.
444. — **Jaccard.** Le docteur Campiche. Notice biographique. Bull. Vaud. XI,
　　　　　p. 127.
445. — **Schnetzler.** Sur le lait de lune de la Grotte-aux-Fées de Vallorbes. Bull.
　　　　　Vaud. XI, p. 291.
446. — **Vionnet.** Sur les pierres à écuelles. Indicateur d'ant. suisses, p. 78.
447. — **A. Favre.** Quatrième rapport sur l'étude et la conservation des blocs erra-
　　　　　tiques. Act. helv. Frauenfeld.
448. — **Marcou.** Stries glaciaires près de Salins. Bull. soc. géol. Fr.
449. — **G. de Tribolet.** Les marnières de Hauterive. Ram. sap. Janvier, Février.
450. — **Jaccard.** Les empreintes de feuilles de la gare du Locle. Ram. sap.
　　　　　Septembre.
451. — Le lac des Taillères. Ram. de sapin. Novembre.

451 a. **1871.** Une visite à J.-B. Carteron. Ram. de sap. Décembre.

452. — **De Bonstetten.** Grotte à ossements de Covatannaz. Ind. d'ant. suisses, Janvier n° 1.

453. — **Ch. Martins.** Sur l'origine glaciaire des tourbières du Jura neuchâtelois. Arch. XLII, p. 296.

454. — **Desor.** Essai d'une classification des cavernes du Jura Bull. Neuch.

454 a. — **Jourdy.** Sur une nouvelle classification des terrains jurassiques. Bull. soc. géol. XXVIII, p. 275.

455. — **L. Favre.** Adolphe-Célestin Nicolet, notice biographique. Bull. Neuch. IX, p. 106.

455 a. **1872. Ernest Favre.** Revue des travaux relatifs à la géologie de la Suisse, en 1870 et 1871. Arch. Mai.

456. **1872-73. De Loriol.** Description des Échinides des terrains crétacés de la Suisse. Mat. pal. suisse. 6ᵐᵉ série.

457. — **Jaccard.** Nouvelles observations sur l'origine de l'asphalte. Act. helv. Fribourg, p. 56.

458. — **M. de Tribolet.** Notice géologique sur le Mont-Châtelu. Bull. Neuch. IX, p. 267 et Appendice.

459. — **Coulon, de Loriol.** Sur les Astéries du Néocomien découvertes à Neuchâtel. Bull. Neuch. IX, p. 270.

460. — **M. de Tribolet.** Notice géologique sur le cirque de Saint-Sulpice. Bull. Neuch. IX, p. 331.

461. — **L. Coulon.** Sur les tortues du jurassique supérieur du Jura neuchâtelois. Bull. Neuch. IX, p. 439.

462. — **Jaccard.** Observations critiques sur deux notices géologiques de M. de Tribolet. Bull. Neuch. IX, p. 410.

463. — **M. de Tribolet.** Réponse aux observations critiques de M. Jaccard. Bull. Neuch. IX, p. 444.

464. — **Jaccard.** Nouvelle réponse à M. de Tribolet. Bull. Neuch. IX, p. 479.

465. — **Desor.** Sur une tranchée du Néocomien au Crêt-Taconnet. Bull. Neuch. IX, p. 357.

466. — **Jaccard.** Les sources salées de Boudry et la tradition. Patriote Suisse.

467. — **Desor.** Sur une prétendue mine de sel à Boudry. Bull. Neuch. IX, p. 159.

468. — **Studer.** Index der Petrographie und Stratigraphie, etc. Jahrbuch Reich., XXII, p. 149.

469. — Les blocs erratiques de la Bulette. Ram. sap. Août.

470. — **A.-P. Dubois.** La grotte de Cottencher. Ram. sap. Août.

471. — Le bloc erratique de Mont-Boudry, près Bôle. Ram. sap. Octobre.

472. — **C. Mayer.** Tableau synchronistique des terrains crétacés. Zurich.

473. — **Pictet et de Loriol.** Description géologique des Brachiopodes crétacés. Mat. pal. suisse. 6ᵐᵉ série.

474. — **Risler.** De l'utilité des cartes géologiques en agriculture. Arch. XLIV, p. 209.

475. — **E. Stebler.** Histoire d'un morceau de roc. Ram. sap. Mai.

476. — **E. Stebler.** Note sur le *Listriodon splendens*. Ram. sap. Novembre.

477. 1872-73. L. **Favre, Otz.** Sur les terrains de la Collégiale, des Sablons, etc. Bull. Neuch. IX, p. 163.

478. — **Otz.** Dent d'éléphant aux Fahys. Bull. Neuch. IX, p. 164.

479. — **A. Favre.** Note sur les gisements de phosphorites, etc. Archives. Novemb.

480. — **Hébert.** Réponse à M. Zittel sur l'étage Tithonique. Revue scientifique. X, p. 606.

481. — **Desor.** L'évolution des Échinides et leur rôle dans la formation jurassique. Bull. Neuch. IX, p. 223.

482. — **L. Soret.** Notice biographique sur F.-J. Pictet. Archives.

483. 1873. **E. Favre.** Revue géologique suisse pour l'année 1872. Arch. XLVI et XLVII.

484. — **Desor.** Sur les dents canines de *Sus*, trouvées au Locle par M. Jaccard. Bull. Neuch. IX, p. 409.

485. — **M. de Tribolet.** Recherches géologiques et paléontologiques dans le Jura neuchâtelois, etc. Zurich.

485a. — **M. de Tribolet.** Recherches géologiques, etc. Première partie. Terrains jurassiques supérieurs. Mém. soc. des s. nat. Neuch. V.

486. — **Jaccard.** Sur les phosphorites du Gault dans le Jura. Act. helv. Schaffhouse, p. 86.

487. — **Renevier.** Tableau des terrains sédimentaires. Bull. Vaud. XIII.

488. — **Jaccard.** Sur le calcaire hydraulique de Vallorbes. Bull. Vaud. XII, p. 463.

489. — **M. de Tribolet.** Calcaire hydraulique dans l'Astartien inférieur, etc. Bull. Neuch. X, p. 2 et Appendice.

490. — **A. Vézian.** Le Jura Franc-Comtois. Première étude. Mém. Ém. Doubs. VIII.

491. — **C. Vouga.** Sur le terrain quaternaire du pied du Jura. Bull. Neuch. IX, p. 428.

492. — **C. Mayer.** Essai d'une classification naturelle, etc. des terrains. Tableau, Zurich.

493. — **Desor.** Sur l'origine des rognons siliceux du calcaire jaune de Neuchâtel. Bull. Neuch. IX, p. 358.

494. — **M. de Tribolet.** Notice nécrologique sur Georges de Tribolet. Bull. Neuch. IX, p. 502.

495. — **Desor.** Sur les phosphates de chaux de Bellegarde. Bull. Neuch. IX, p. 375.

496. — **Rutimeyer.** Die fossilen Schildkroten, von Solothurn, etc. Mém. soc. helv. XXV. Idem. Rev. géol. IV, p. 3.

497. — **A. Favre.** Cinquième rapport sur les blocs erratiques. Act. helv. Fribourg.

498. — **Desor.** Sur le combustible minéral en Suisse. Bull. Neuch. IX, p. 361.

499. — **De la Harpe.** Mâchoire de rhinocéros au tunnel de Lausanne. Bull. Vaud. XII, p. 187.

500. — **Résal.** Mémoire sur les tourbières, supra-aquatiques du Haut-Jura. Mém. Émul. Doubs. VIII.

500a. 1874. **E. Favre.** Revue géologique suisse pour l'année 1873. Arch. Juillet, Août.

501. — **P. de Loriol.** Description de quelques Astérides du Néocomien de Neuch. Mém. soc. de Neuch. IV.

502. — **Lamairesse.** Études hydrologiques sur les Mont-Jura. Paris, Dunod.

503. 1874. **M. de Tribolet**. Sur un prétendu gisement de corallien aux Joux-Derrières. Bull. Neuch. X, p. 26-153 et Appendice II.

504. — **M. de Tribolet**. Note sur un gisement de l'Astartien fossilifère au Crozot près le Locle. Bull. Neuch. X, p. 42, 70 et Appendice I.

505. — **M. de Tribolet**. Sur quelques gisements calloviens du Jura vaudois et neuchâtelois. Bull. Neuch. X, Appendice.

506. — **M. de Tribolet**. Sur la présence des Marnes à Homomyes au Petit Château. Chaux-de-Fonds. Bull. Neuch. X. Appendice.

507. — **G. Berthelin**. Liste des mollusques fossiles du Gault de Morteau. Mém. Émul. du Doubs. 4me série IX, p. 60. Idem. Revue géol. VI, p. 367.

508. — **Al. Vézian**. La France au point de vue géologique et historique. Mém. Émul. du Doubs. 4me série, IX, p. 468.

509. — **M. de Tribolet**. Révision des Nérinées et leur répartition dans le Jurassique supérieur du Jura. Arch. Genève. L, p. 151.

510. — **M. de Tribolet**. Description des crustacés néocomiens du Jura. Bull. soc. géol. II, p. 350 et III, p. 76.

511. — **Jaccard**. Les engrais minéraux et particulièrement les phosphates. Journal soc. d'ag. suisse rom. XVme année, p. 171.

512. — **M. de Tribolet**. Catalogue des fossiles du terrain néocomien de Neuchâtel. Vierteljahr, Zurich.

513. — **Tribolet**. Nouvelle espèce de crustacé du Valangien. Bull. Vaud. XIII, p. 657.

514. — **Barjan**. Sur la succession des assises et des faunes dans les terrains jurassiques supérieurs. Bull. soc. géol. F. II, p. 316.

515. — **C. Moesch**. Monographie der Pholadomyen. Mém. soc. pal. suisse. I, II, III.

516. — **Jaccard**. Quelques mots sur la question des sources et des fontaines. Suisse libérale. Novembre.

517. — **Jaccard**. Les engrais minéraux. Rameau de sapin. Septembre.

518. — **Dr Hirsch**. Régime hydrométrique des sources du canton de Neuchâtel. Rameau de sapin. Mars, Avril.

519. — **F.-A. Forel**. Sur le limon du fond du Léman. Mat. pour servir à l'étude profonde du Léman. Bull. Vaud. XIII, p. 1.

520. — **F. Tripet**. Couche tourbeuse à l'état de lignite, trouvée à la Brévine. Bull. Neuch. X, p. 89.

521. — **Gressly**. Stratigraphie des Gorges du Seyon. Rameau de sapin. Juillet.

522. — **Ch. Mayer**. Essai et proposition d'une classification naturelle, etc., des terrains de sédiment, Zurich.

523. — **Jaccard**. Sur les sources et l'hydrographie souterraine du Jura. Bull. Neuch. X, pp. 124.

523a. — **Oscar Huguenin**. Une promenade dans les gorges de la Reuse. Ram. de sapin. Janvier.

523b. 1875. **E. Favre**. Revue géologique suisse pour l'année 1874. Arch. I, II, p. 267.

524. — **M. de Tribolet**. Gisements de calcaire hydraulique, dans l'oxfordien et l'astartien. Bull. Vaud. XIV, p. 65.

525. **1875**. **Jaccard**. Nouveau projet d'alimentation d'eau à la Chaux-de-Fonds. Bull. Neuch. X, p. 156 et Appendice.

526. — **Desor**. Sur l'asphalte à la Dent de Vaulion et à Lelex. Bull. Neuch. X, p. 156.

527. — **M. de Tribolet**. Note sur le Virgulien des Brenets. Bull. Neuch. X, p. 161.

528. — **Forel**. Faune profonde du Léman. Bull. Vaud. XlV, p. 201.

529. — **M. de Tribolet**. Sur le véritable horizon stratigraphique de l'Astartien dans le Jura. Mém. Ém. du Doubs, 4ᵐᵉ série, X.

530. — **Choffat**. Le Corallien dans le Jura occidental. Arch. LIV, p. 383.

531. — **Jaccard**. Observation sur la note de M. de Tribolet. Bull. Neuch. X, p. 161.

532. — **Benoît**. Essai d'un tableau comparatif du terrain tertiaire, etc. Bull. soc. géol. III, p. 436.

533. — **De la Harpe**. Plantes fossiles de la molasse. Bull. Vaud. XIII, p. 692.

534. — **Falsan et Chantre**. Monographie géologique des anciens glaciers, etc., du bassin du Rhône. Revue géol. VI.

535. — **De la Harpe**. Sur un gisement de tourbe glaciaire à Lausanne. Bull. Vaud. XIV, p. 456.

536. — **Renevier**. Sur les roches à ciment de Saint-Sulpice. Bull. Vaud. XIII, p. 711.

537. — **A. Favre**. Sur les terrains des environs de Genève. Bull. soc. géol. III, p. 656.

537a. — **Renevier**. Ossements du tunnel de Montbenon, à Lausanne. Bull. Vaud. XIII, p. 712.

538. — **Desor**. Le paysage morainique, son origine glaciaire, etc. Paris, idem. Arch. LIV.

539. — **Risler**. Études sur le sol arable. Journal de la société d'agr. de la Suisse romande.

540. — **Jaccard**. Les puits artésiens et la question de l'eau à la Chaux-de-Fonds. Journal du Locle. Mai 1875.

541. — **De Loriol**. Coup d'œil d'ensemble sur la faune échinitique fossile de la Suisse. Arch. LII, p. 96.

542. — **Choffat**. Sur les couches à Am. acanthicus. Bull. soc. géol. III.

543. — **C. Lory**. Sur les alluvions anciennes et le glaciaire du Bois de la Bâtie. Bull. soc. géol. F. III, p. 723.

544. — **Ernest Favre**. Quelques remarques sur l'origine de l'alluvion ancienne. Arch. LVIII, p. 160.

545. — **A. Vézian**. A propos d'un débris de roche erratique sur le Mont Poupet. Ann. du Club alpin français.

546. — **Jaccard**. Sur la présence d'un dépôt avec blocs alpins au revers nord de Pouillerel. Bull. Neuch. X, p. 264.

547. — **Colladon**. Terrasses lacustres du Léman. Bull. soc. géol. III, p. 661.

548. — **Renevier**. Sur les terrains de la Perte-du-Rhône. Bull. soc. géol. 3ᵐᵉ série. III, p. 56.

549. — **Didelot et Ernest Favre**. Compte-rendu de l'excursion au Salève. Bull. soc. géol. Fr. 3ᵐᵉ série. III.

550. **1875. De Loriol.** Description des Échinides tertiaires de la Suisse. Mém. soc. pal. suisse. II, III.

551. — **Jaccard.** Étude et rapport sur les roches à ciment de Saint-Sulpice. Neuchâtel.

551 a. **1876. E. Favre.** Revue géologique suisse pour 1875. VI, Arch. Avril.

552. — **Tribolet.** Note sur le Gault de Renan. Act. soc. jur. Émul. I, p. 370.

553. — **Tribolet.** Description de quelques crustacés du Valangien et du Néocomien. Bull. Neuch. X, p. 294.

554. — **Dr Vouga.** Le bloc erratique de Chanélaz. Ram. sap. Mars.

555. — **H.-L. Otz.** Bloc de gneiss au versant N. du Mont d'Amin. Bull. Neuch. X, p. 355.

556. — **Vogt.** Rapport géologique sur les terrains proposés pour un nouveau cimetière à Genève. Broch.

557. — **Jaccard.** Mémoire sur le terrain proposé pour un nouveau cimetière à Genève. Broch.

558. — **Ebray.** Rapport sur les terrains proposés pour l'établissement d'un futur cimetière à Genève. Broch.

559. — **M. de Tribolet.** Sur les terrains jurassiques de la Haute-Marne comparés à ceux du Jura suisse et français. Bull. soc. géol. Fr. IV, p. 148.

560. — **Colladon.** Terrasses lacustres du lac Léman, etc. Bull. Vaud. XIV, p. 653.

561. — **C. Courvoisier.** Le Loquiat près de Travers. Ram. de sapin, p. 35.

562. — **Benoît.** Sur une expansion des glaciers alpins dans le Jura par Pontarlier. Bull. soc. géol. V, p. 61.

563. — **A. Vézian.** Les anciens glaciers du Jura. Ann. du club alpin français. III, p. 487. Idem. Revue géol. suisse. VIII, p. 65.

564. — **Jaccard.** Essai historique sur la question d'alimentation d'eau à la Chaux-de-Fonds. Musée Neuch. XIII.

565. — **Jaccard.** Études sur les sources et les fontaines à Sainte-Croix. Broch.

566. — **Colin.** La grotte des Miroirs. Musée neuch. XIII, p. 132.

567. — **Desor.** Sur les tremblements de terre et leurs causes. Bull. Neuch. X, p. 342.

568. — **Tribolet.** Sur les tremblements de terre. Ram. de sapin, p. 27.

569. — **Heer.** Flora fossilis helvetiæ. Zurich.

570. — **A. Guebhart.** Une exploration à la grotte de Vert. Ram. de sapin. Octobre.

571. — **L. Guillaume.** Trous situés au pied de la falaise des Saars. Bull. Neuch. XI, p. 13.

571 a. **1877. E. Favre.** Revue géologique suisse pour l'année 1876. VII. Arch. LVIII.

572. — **Ritter.** Curieux phénomène dû à la molasse sur les bords du lac de Bienne. Bull. Neuch. XI, p. 18.

573. — **Tribolet.** Note sur les différents gisements de Bohnerz dans les environs de Neuchâtel. Bull. Neuch. XI, p. 24.

574. — **Ritter.** Échantillon de Bohnerz des Saars. Bull. Neuch. XI, p. 39.

575. — **Tribolet.** Note sur la glacière de Monlézi, etc. Bull. Neuch. XI. p. 42.

576. — **Ritter.** Cailloux roulés du Lac. Bull. Neuch. XI, p. 60.

577. **1877.** **Tribolet.** Études géologiques sur les sources boueuses dites bonds de Bière. Bull. Neuch. XI, p. 89.
578. — **L. Favre.** Gisements de bitume de Lobsann et de Pechelbron. Bull. Neuch. XI, p. 122.
579. — **E. de Pury.** Lettre sur deux blocs erratiques des Prises de Gorgier. Bull. Neuch. XI, p. 212 et 274.
580. — **Jaccard.** Notes sur les cartes géologiques, hydrographiques, etc. Bull. Neuch. XI, p. 220.
580a. — **Tribolet.** Présentation d'une nouvelle carte géologique du canton de Neuchâtel. Bull. Neuch. XI, p. 83.
581. — **Tribolet.** Note sur les gisements d'asphalte du Hanovre comparés à ceux du Val-de-Travers. Bull. Neuch. XI, p. 266.
582. — **Tribolet.** Supplément aux études géologiques sur les sources boueuses des environs de Bière. Bull. Neuch. XI, p. 329.
583. **1877-79.** **P. de Loriol.** Monographie des Crinoïdes de la Suisse. Mém. soc. pal. Suisse. IV, V, VI.
584. — **P. Choffat.** Age du gisement fossilifère des Amburnex. Bull. Vaud. XIV, p. 587.
585. — **Ernest Favre.** Quelques remarques sur l'origine de l'alluvion ancienne. Arch. LVIII, p. 18.
586. — **Ebray.** Étude des terrains du Bois de la Bâtie près de Genève. Revue géol. suisse, VIII, p. 61.
587. — **Forel.** Sur les galets sculptés des lacs d'eau douce. Bull. Vaud. XV. p. 27, 43, 75.
588. — **P. Choffat.** Lettre relative à ses recherches géologiques dans le Jura en 1876. Club alp. franç. Jura. Idem. Rev. géol. suisse. VIII, p. 37.
589. — **P. Choffat.** Note sur les soi-disant calcaires alpins du terrain dubisien. Bull. soc. géol. Fr. V, p. 564. Idem. Rev. géol. suisse. IX, p. 63.
590. — **Berthoud.** Le sentier des Gorges de la Reuse. Ram. sap.
591. — **Rochat, Renaud.** Les gisements bitumineux du canton de Genève, leur formation géologique, etc. Mémoire. Paris-Genève, id. Rev. géol. VIII, p. 53.
592. — **Alph. Favre.** Un bloc erratique. Ram. de sap. Janvier.
593. — L'éboulement de Vers-chez-le-Bois. Ram. sap. Novembre.
594. **1878.** **E. Favre** Revue géologique suisse pour l'année 1877. VIII. Arch. LXI, p. 12.
595. — **Chavannes.** Deux époques glaciaires. Notice géologique, id. Rev. géol. IX, p. 89.
596. — **P. Choffat.** Esquisse du Callovien et de l'Oxfordien dans le Jura. Mém. Émul. du Doubs, 5ᵐᵉ série. III, p. 79.
597. — **A. Favre.** Carte géologique du canton de Genève, 4 feuilles. Éch. 1 : 25.000.
598. — **A. Jaccard.** De la fabrication du ciment Portland en Suisse. Revue scientifique suisse. II, p. 130 et 180.
599. — **Al. Vézian.** Les cailloux calcaires du terrain dubisien. Bull. Club alp français. Jura, p. 51.
600. — **A. Favre.** Sur une défense d'éléphant trouvée au Bois de la Bâtie, etc. Archives LXIV, p. 49.

601. 1878. **Cuvier.** Note sur la statigraphie de l'extrémité sud du Jura aux environs du Fort l'Écluse. Bull. soc. géol. VI, p. 364. Id. Revue géol. suisse. X, p. 23.

602. — **Tribolet.** Carte géologique du canton de Neuchâtel. Lith. Sonrel, Neuch.

603. — **Jaccard.** Quelques mots sur la carte géologique du canton de Neuchâtel. Rameau de sapin. Août, Septembre.

604. — **Dieulafait.** Étude sur les étages compris entre l'horizon de l'Ammonites transversarius, etc. Bull. soc. géol. VI, p. 111.

605. — — **Desor.** Les pierres à écuelles. Broch. Genève. Id. Bull. Neuch XI, p. 335.

606. — **Desor.** Sur les galets sculptés de la grève du lac de Neuchâtel. Bull. Neuch. XI, p 275.

607. — **Ritter.** Échantillon de gypse de Boudry. Bull. Neuch. XI, p. 458.

608. — **Ritter.** Curieuses fissures dans les couches calcaires, etc. Bull. Neuch. XI, p. 456.

609. — **Tribolet.** Glissement de terrain au Crêt-Taconnet. Bull. Neuch. XI, p. 454.

610. 1879. **Tribolet.** Note sur le Cénomanien de Gibraltar. Bull. Neuch. XI, p. 500.

611. — **Rhyner.** Les fossiles du Petit-Château. Ram. sap. Juin, Août.

611. — **Tribolet.** Sur la présence de fossiles du Gault, aux mines d'asphalte du Val-de-Travers. Bull. Neuch. XI, p. 531.

612. — **Jaccard.** Crâne lacustre de la station d'Auvernier. Bull. Neuch. XI, p. 495.

612 a. — **Tribolet.** Sur l'origine des fausses marmites de géants, etc. Bull. Neuch. XI, p. 529.

613. — **Tribolet.** Sur un effondrement à la colline du Gibet. Bull. Neuch. XI, p. 525.

614. — **Tribolet.** Note sur la présence d'une source minérale à Valangin. Bull. Neuch. XI, p. 459.

615. — **Renevier.** Partie culminante de l'ancien glacier du Rhône, etc. Bull. Vaud. XVI, p. 21 et 176.

616. — **Benoît.** De l'extension géographique, etc., du Purbeckien dans le Jura. Bull. soc. géol. VII, p. 484.

617. — **Renevier.** Les Anthracotherium de Rochette de M. Kowalewsky. Bull. Vaud. XVI, p. 141.

618. — **Jaccard.** Sur les roches à ciment de Saint-Sulpice. Bull. Neuch. XI. p. 306.

619. — **Renevier.** Mâchoire et ossements de la molasse de la Borde. Bull. Vaud. XVI, p. 509.

620. — **Schardt.** Sur la molasse rouge du pied du Jura. etc. Bull. Vaud. XVI, p. 514.

621. — **Forel.** Tuf lacustre dans le lac de Neuchâtel. Bull. Vaud. XVI, p. 173.

622. — **Forel.** Sur la sculpture des pierres du Léman. Bull. Vaud. XVI, p. 473 et 518.

623. — **Vézian.** Revue de géologie jurassienne. Bull. soc. jur. du Club Alpin français. No 7 Juin.

624. — **G. Boyer.** Excursion aux Gorges de la Reuse. Bull. soc. jur. du Club Alpin français. No 7. Juin.

624 a. 1880. **E. Favre.** Revue géologique suisse pour l'année 1879. X. Arch. III.

625. **1880-90. Koby**. Monographie des Polypiers jurassiques de la Suisse. Mat. pal.
      suisse. VII, VIII, X, XI, XII, XIII, XIV, XV, XVI.
626. **1880. Jaccard**. Notions élémentaires de géologie. 1re partie. Vol. autographié.
627. — **Chavannes**. Sur la gravière de Romanel. Bull. Vaud. XVII, p. 6.
628. — **Choffat**. Mélanges d'horizons stratigraphiques dans le Jura. Congrès de
      géol. p. 201. Idem. Revue géol. suisse. XI. p. 73.
629. — **Jaccard**. Compte-rendu de la description géol. du canton de Genève par
      A. Favre. Bull. Neuch. XII, p. 143.
630. — **Maillard**. Notice sur la molasse dans le ravin de la Paudèze. Bull. Vaud.
      XVII, p. 81.
631. — **Renevier**. Liste de moulages pour échanges, du Musée de Lausanne. Bull.
      Vaud. XVI, p. 667.
632. — **Maillard**. Nouveaux gisements de feuilles fossiles dans la molasse vaudoise.
      Bull. Vaud. XVII, p. 32.
633. — **Doge**. Feuille de palmier fossile de la molasse rouge. Bull. Vaud. XVII,
      p. XX.
634. — **A. Favre**. Description géologique du canton de Genève. Bull. de la classe
      d'Agric. de Genève. Idem. Arch. IV, p, 45.
635. — **Schardt**. Notice sur la molasse rouge et le terrain sidérolitique du pied du
      Jura. Bull. Vaud. XVI, p. 609.
636. — **Desor**. Sur la description géologique du canton de Genève par A. Favre.
      Arch. IV, p. 45.
637. · — **De Loriol**. Description de 4 Échinodermes nouveaux. Mat. pal. suisse. VII.
638. — **Ritter**. De l'action des vagues sur les sables du lac. Bull. Neuch. XII,
      p. 114.
639. — **Desor**. Sur les deltas torrentiels anciens et modernes. Bull. Neuch. XII.
640. — **Tribolet**. Analyse du travail de M. Desor sur les deltas, etc. Bull. Neuch.
      XII, p. 103.
641. — ' **Desor**. La pierre à écuelles du Landeron. Ram. sap. Novembre.
642. — **Tribolet**. Analyse du travail de MM. Falsan et Chantre sur le terrain erra-
      tique. Bull. Neuch. XII, p. 208.
643. — **Jaccard**. Les géologues contemporains. Galerie suisse. III.
644. **1881**. — **E. Favre**. Revue géologique suisse pour l'année 1880. XI. Arch. V.
645. — **L. Favre**. Louis Agassiz, son activité à Neuchâtel, etc. Bull. Neuch. XII,
      p. 355.
646. — **Girardot**. Note sur les mouvements du sol dans le Jura. Mém. soc. d'Ém.
      du Jura.
647. — **Forel**. Ossements de Cheval, de Renne, etc., dans la terrasse lacustre de
      Saint-Prex. Bull. Vaud. XVII, p. 50.
648. — **Renevier**. Nouveau gisement de Gault dans le Jura vaudois. Bull. Vaud.
      XVII, p. 547.
649. — **Jaccard**. Sur des cartes du terrain erratique du Jura dressées sur le plan
      de celle de Falsan et Chantre. Bull. Neuch. XII, p. 28.
650. — **Desor**. Découverte de crânes humains à la station lacustre de la Tène.
      Bull. Neuch. XII, p. 194.

651. 1881. **Mayer-Eymar.** Classification internationale des terrains de sédiment. Zurich.

652. — **Gilliéron.** Failles dans la molasse de la Suisse occidentale. Archives. Septembre.

653. — **Renevier.** Liste des exemplaires originaires des plantes fossiles du Musée de Lausanne. Bull. Vaud. XVII, p. 457.

654. — **Jaccard.** Projet de cartes du phénomène erratique en Suisse. Act. helv. Aarau, p. 63.

655. — La moraine de Préfargier, avec dessin de Bachelin. Ram. sap. Janvier.

656. — **Vionnet.** Bois de Renne de la gravière de Saint-Prex. Bull. Vaud. XVII. p. 1.

657. — **Rhyner.** Échinides tertiaires de la Chaux-de-Fonds. Ram. sap. Mai. Juin.

658. — **L. Malo.** L'asphalte, son origine, etc. La Nature 1, p. 150.

659. — **Quiquerez.** Le caillou de Sornetan. Ram. sap. Novembre.

660. — **Mayer-Eymar.** Sur les relations des étages Helvétien, Bartonien, etc. Arch. VI, p. 297.

661. 1882. **Portis.** Les Chéloniens de la molasse vaudoise. Mat. pal. suisse. IX.

662. — **Jaccard.** Découverte de feuilles quaternaires au port de Bevaix. Bull. Vaud. XVIII, p. 134.

663. — **Tribolet.** Analyses de calcaires hydrauliques. Bull. Vaud. XVIII, p. 148.

664. — **Schardt.** Sur la subdivision du Jurassique supérieur dans le Jura occidental. Bull. Vaud. XVIII, p. 206.

665. — **E. Favre.** Revue géologique suisse pour 1881. XII, Arch. IX, p. 102.

666. — **Vouga.** Pierre à écuelles à Saint-Aubin. Revue géol. suisse. XIII, p. 102.

667. — **Jaccard.** Le grison de la Corbatière, vallée de la Sagne. Ram. sap. Janvier.

668. — **Chavannes.** Blocs erratiques de Montbenon. Bull. Vaud. XVIII, p. 4.

669. — **Jaccard.** Renversements et plissements dans le Jura. Act. helv. Linthal.

670. — **Jaccard.** Les nouvelles grottes du Col-des-Roches. Ram. sap. Janvier. Février.

671. — **L. Favre.** Notice nécrologique sur E. Desor. Bull. Neuch. XII, p. 551.

672. — **Jaccard.** Le gypse du Champ-du-Moulin. Ram. sap. Septembre.

673. — **Rhyner.** Fossiles du Gault de Renan. Ram. sap. Janvier.

674. — **Jaccard.** Sur les cartes hydrologiques du canton de Neuchâtel. Act. helv. Linthal.

675. — **Albert Girardot.** L'étage corallien dans la partie septentrionale de la Franche-Comté. Mém. Émul. VII, p. 213.

676. — **Jaccard.** Le congrès géologique international de 1881. Bull. Neuch. XII, p. 512.

677. — **Bourgeat.** Note orographique sur la partie du Jura entre Gray et Poligny. C. R. Acad. des sc. XIV. Id. Rev. géol. suisse. XIII, p. 26.

678. — **Bertrand.** Failles de la lisière du Jura entre Besançon et Soleure. Bull. soc. géol. X, p. 114.

679. — **Ritter.** Eau, force lumière, électricité, etc. Bull. Neuch. XIII, p. 392.

679 a. 1883. **Ritter.** Les sources des Gorges de la Reuse. Ram. sap. Juillet.

30   BIBLIOGRAPHIE

680. 1883. **Jaccard**. Note sur les changements du régime des sources. Bull. Neuch.
                  XIII, p. 170.
681. —   **Ritter**. Mémoire sur l'hydrologie des Gorges de la Reuse. Bull. Neuch.
                  XIII, p. 329.
682. —   Séance de la société des sc. nat. au Champ-du-Moulin. Bull. Neuch. XIII,
                  p. 433.
683. —   **Jaccard**. Observations sur une source du tunnel des Loges. Bull. Neuch.
                  XIII, p. 422.
684. —   **Jaccard et Heim**. Rapport de la sous-commission hydrologique des forces
                  hydrauliques de la Reuse. Neuchâtel, p. 62.
685. —   **Jaccard**. Rapport spécial pour la question de l'eau à la Chaux-de-Fonds.
                  Annexe au rapport ci-dessus, p. 92.
686. —   **Jaccard**. Un phénomène géologique contemporain. Ram. sap. Octobre.
687. —   **A. Guyot**. Lettre à M. Coulon. Observations sur les glaciers, etc. Bull.
                  Neuch. XIII, p. 151.
688. —   **Ritter**. Réfutation des erreurs de la commission hydrologique, etc. Bull.
                  Neuch. XIII, p. 161.
689. —   **Jaccard**. Note sur les sources de Combe-Garot. Bull. Neuch. XIII, p. 63.
689a. —   **Jaccard**. Réponse à la réfutation de M. Ritter. Bull. Neuch. XIII, p. 338.
690. —   **Jaccard**. Sur des blocs de serpentine de la grève du lac à Saint-Blaise.
                  Bull. Neuch. XIII, p. 400.
691. —   **Chautems**. Stratification des dépôts lacustres à Auvernier. Ram. sap. Avril.
692. —   **Schardt**. Dépôts lacustres observés sur les bords du lac de Neuchâtel.
                  Bull. Vaud. XVIII, p. 14.
693. —   **Bertschinger**. Ueber die Connex Lamberti cordatus. Inauguration. Dissert.
                  Zurich.
694. —   **Parandier**. Note sur l'existence des bassins fermés dans le Jura. Bull. soc.
                  géol. XI. p. 441.
695. —   **Bertrand**. Le Jurassique supérieur et ses niveaux coralliens entre Gex et
                  Saint-Claude. Bull. soc. géol. XI, p. 164.
696. —   **Schardt**. Fossiles Purbeckiens de Feurtilles près Beaulmes. Bull. Vaud.
                  XIX, p. 18.
697. —   **Tribolet**. Minerai de nickel à l'état erratique au bord du lac de Neuchâtel.
                  Bull. Neuch. XIII, p. 424.
698. —   **E. Favre**. Revue géologique suisse pour 1882. XII. Arch. V.
699. —   **Choffat**. Sur la position du terrain à Chailles dans la série des terrains
                  jurassiques. Rev. géol. XIV.
700. —   **Falsan**. Esquisse géologique du terrain erratique du bassin du Rhône.
                  1 vol. Lyon.
701. —   **Goliez**. Bloc erratique du flanc du Suchet. Bull. Vaud. XIX, p. 33.
702. —   **Jaccard**. Coupe entre la vallée des Ponts et le Creux-du-Vent. Ram. sap.
                  Janvier.
703. —   **Bourgeat**. Note sur quelques dépôts de sable, etc., dans l'intérieur du Jura.
                  Bull. soc. agr. Poligny. Id. Revue géol. suisse. XIV, p. 70.
704. —   **Jaccard**. Étude et rapport sur le drainage du Val-de-Ruz. Neuchâtel.

705. 1883. **Fellenberg.** Bloc erratique du glacier du Rhône à Sonvillier. Revue géol. XIV, p. 21.
706. — **Bourgeat.** De l'envahissement des glaciers de la Dôle, etc. Bull. soc. agric. Poligny. Id. Rev. géol. suisse. XIV, p. 40.
707. — **Bourgeat.** Note sur le Jurassique supérieur des environs de Saint-Claude. Bull. soc. géol. XI, p. 586. Id. Rev. géol. suisse. XIV.
708. — **Bourgeat.** Note sur la vraie position du corallien de Valfin dans le Jura. Ann. soc. sc. Bruxelles.
709. — **Jaccard.** Carte hydrologique du canton de Neuchâtel. Bull. Neuch. XIII, p. 436.
710. — **Schardt.** Éboulement du Fort-l'Écluse. Bull. Vaud. XIX, p. 14.
711. — **Schardt.** Sur l'âge et l'origine d'un terrain d'alluvion près des Clées. Bull Vaud. XIX, p. 21.
712. — **Mathey.** Observations sur la recherche des sources. Bull. Vaud. XIX, p. 22.
713. — **Forel.** Coquilles et dents de la seconde terrasse du Boiron. Bull. Vaud. XX, p. 2.
714. — **A. Favre.** Sur l'ancien lac de Soleure. Arch. X, p. 607.
715. — **Tribolet.** Note sur le terrain tertiaire du Champ-du-Moulin. Bull. Neuch. XIII, p. 268.
716. — **Th. Studer.** Faune des stations lacustres du lac de Bienne. Revue géol. XIV, p. 81.
717. — **L. Favre.** Arnold Guyot. Notice biographique. Bull. Neuch. XIV, p. 313.
718. — **Rollier.** Formation jurassique des environs de Besançon. Act. soc. jur. d'Ém. p. 75. Id. Rev. géol. suisse. XV.
719. — **Tribolet.** Sur un gisement de feuilles quaternaires au Champ-du-Moulin. Bull. Neuch. XIII, p. 277.
720. 1884. **E. Favre.** Revue géologique pour 1883. XIV. Arch. XI.
721. — **A. Favre.** Carte du phénomène erratique et des anciens glaciers de la Suisse. Feuilles I-IV. Éch. 1 : 250,000.
722. — **A. Favre.** Explication de la carte du phénomène erratique. Arch. XII, p. 395.
723. — L'asphalte du Val-de-Travers d'après Léop. de Buch. Ram. sap. Mars.
724. — **Haeusler.** Sur les foraminifères lituolidés du Spongitien. Bull. Neuch. XIV, p. 347.
725. — **Jaccard.** Le grand lac Purbeckien du Jura. La Nature XII. N° 571.
726. — **Renevier.** Coupe géologique des terrains de Vallorbes. Bull. Vaud. XX, p. 9.
727. — Sur la terrasse lacustre de Montreux. Bull. Vaud. XX, p. 28.
728. — **Cruchet.** Découverte de calcaire fétide à Planorbis, à Vuarrens. Bull. Vaud. XX, p. 25.
729. — **Rittener.** Crevasse sidérolitique ossifère à la gare d'Éclépens. Bull. Vaud. XX, p. 25.
730. — **Jaccard.** La Suisse. Esquisse géologique. Annuaire géologique universel. I. Paris.

731. **1884. Schardt.** Mécanisme des dislocations. Études géologiques, etc. Bull. Vaud. XX, p. 189.
732. — **Russ.** Sur le débit de la Serrières, etc. Bull. Neuch. XV, p. 196.
733. — **Maillard.** Étude de l'étage Purbeckien dans le Jura. Dissertation inaugurale. Zurich.
734. — **Maillard.** Monographie des invertébrés du Purbeckien du Jura. Mém. soc. pal. XI.
735. — **Jaccard.** Le Purbeckien du Jura. Arch. XI, p. 504.
736. — **Jaccard.** Les couches à Mytilus des Alpes vaudoises, etc. Bull. Neuch. XIV, p. 153.
737. — **Tribolet.** Note sur la carte du phénomène erratique d'A. Favre. Bull. Neuch. XV, p. 3 et 191.
738. — **Petitclerc et Albert Girardot.** Note sur le Gault de Rozet. Mém. Émul. Doubs. IX, p. 385.
739. — **Bourgeat.** Distribution et régime des sources entre la Faucille et la Bresse. Bull. soc. agric. Poligny.
740. — **Renevier.** Mémoire sur les faciès géologiques. Arch. XII.
741. — **Choffat.** Sur la place du Callovien dans la série stratigraphique. Rev. géol. XV, p. 58.
742. — **Jaccard.** Sur un gisement fossilifère astartien à la Chaux-de-Fonds. Arch. XII, p. 352.
743. — **Jaccard.** Note sur la Source de la Reuse et le bassin des Taillères. Bull. Neuch. XV, p. 60.
744. — **Ritter.** Sur les eaux du bassin hydrologique de Noiraigue. Bull. Neuch. XV, p. 195.
745. — **Hirsch.** Étude sur le régime pluvial dans le canton de Neuchâtel. Bull. Neuch. XIV, p. 65.
746. — **Goliez.** Rapport de la Commission des blocs erratiques. Bull. Vaud. XX, p. 389.
747. — **Tribolet.** Sur la carte minière de la Suisse. Bull. Neuch. XV, p. 202.
748. **1885. Abel Girardot.** Fragments des recherches géologiques, etc. Broch. autog. Lons-le-Saunier.
749. — **Maillard.** Supplément à la Monographie du Purbeckien.
750. — **Girardot.** Le Purbeckien du Pont-de-la-Chaux. Bull. soc. géol. XIII, p. 747.
751. — **Gilliéron.** Excursion de la société géologique au Val-de-Travers, etc. Act. helv. Le Locle. p. 76.
752. — **Jaccard.** Discours d'ouverture de la société helvétique des sc. nat. Act. helv. Le Locle, p. 3.
753. — **Ritter.** Alimentation d'eau pour Neuchâtel et la Chaux-de-Fonds, etc. Bull. Neuch. XIII, p. 747.
754. — **Jaccard.** Essai sur les phénomènes erratiques en Suisse. Bull. Vaud. XX, p. 381.
755. — **Jaccard.** La fossilisation. Causerie géologique. Bibl. pop. de la Suisse romande. Janvier.
756. — **Jaccard.** Bourguet, Agassiz. Bibl. populaire de la Suisse romande. Mai.

757. **1885.** **T. Studer.** Nouveaux documents sur la faune des stations lacustres. Revue géol. XV, p. 336.

758. — **Tribolet.** Sur la carte des bassins erratiques d'Arnold Guyot en 1845. Bull. Neuch. XV, p. 198.

759. — **Jaccard.** Le lac des Taillères et la source de la Reuse. Ram. sap. Mars.

760. — **G. Boyer.** Sur la provenance des galets silicatés et quartzeux des Monts Jura. Mém. Émul. Doubs. X, p. 414.

761. — **Ritter.** Hydrologie des Gorges de la Reuse et du bassin souterrain de la Noiraigue. Act. helv. Le Locle, p. 44.

762. — **Hollande.** La société géologique de France dans le Jura méridional. Revue savoisienne. Id. Rev. géol. suisse. XV.

763. — Les sources des Gorges de la Reuse. Ram. sap. Avril, Mai et Juin.

764. — **Forel.** La faune profonde des lacs suisses. Mém. helv. XXIX.

765. — **E. Favre.** Revue géologique suisse pour 1884. XV. Arch. XIII.

766. — La source de la Serrières, avec profil géologique. Ram. sap. Octobre.

767. — **L. Favre.** Notice biographique sur Arnold Guyot. Musée neuchâtelois. XXII, p. 7.

768. — **Bourgeat.** Observations sur les tourbières du Jura. Broch. Lons-le-Saulnier.

769. — **Choffat.** Excursion géologique à la chaîne de l'Euthe. Bull. soc. géol. XIII, p. 683.

770. — **Choffat.** Coupe de Montépile. Bull. soc. géol. XIII, p. 805.

771. — **Choffat.** Sur la distribution des bancs de spongiaires, etc. Bull. soc. géol. XIII, p. 384. ·

772. — **Choffat.** Sur les niveaux coralliens dans le Jura. Bull. géol. XIII, p. 869.

773. — **Vézian.** Les deux théories orogéniques. Ann. du Club alpin français. XI.

774. **1886-88.** **P. de Loriol et Bourgeat.** Étude sur les mollusques des couches coralliennes de Valfin. Mat. p. la pal. suisse. XIII, XIV, XV.

775. **1886.** **H. Goliez.** Observations sur le néocomien inférieur des environs de Sainte-Croix. Act. helv. Genève, p. 74.

776. — **G. Maillard.** Quelques mots sur le Purbeckien du Jura. Bull. Vaud. XXI, p. 208.

777. — **G. Boyer.** Un épisode de l'histoire géologique des Monts-Jura. Mém. Ém. du Doubs. 6me série. I, p. 117.

778. — **E. Favre.** Revue géologique suisse pour l'année 1885. XVI. Arch. XV.

779. — **De Sinner.** Blocs erratiques de la grève du lac près d'Yverdon. Bull. Vaud. XXIII, p. 2.

780. — **M. Tripet.** Quelques mots sur les animaux de l'âge de la pierre et du bronze. Rameau. Janvier, Février.

781. — **Un clubiste.** Les sources d'eau de Neuchâtel. Notice géologique. Rameau de sapin. Avril, Mai, Juin.

782. — **Bourgeat.** Notice stratigraphique sur le corallien de Valfin. Mat. pal. suisse. XIII.

783. — **Chavannes.** Polis et stries glaciaires de la molasse à Lausanne. Bull. Vaud. XXII, p. 11.

784. **1886. Forel.** Galet de quartz en forme d'œuf des environs de Bière. Bull. Vaud. XXII, p. 18.

785. — **Chavannes.** Moraines des environs de Savigny. Bull. Vaud. XII, p. 24.

786. — **Forel.** Sur la plus grande profondeur du Léman. Bull. Vaud. XXII, p. 33.

787. — **Jaccard.** Causerie géologique. Les fossiles du Jura. Bibl. pop. Juillet.

787a **1887. E Favre et Schardt.** Revue géologique suisse pour l'année 1886. XVII. Arch. XVIII.

788. — **Jaccard.** Sur la présence du bitume et du pétrole dans différents terrains du Jura. Act. helv. Frauenfeld.

789. — **Jaccard.** Coup d'œil sur les origines et le développement de la paléontologie en Suisse. Arch. Décembre.

789a. — **Jaccard.** Le pétrole et l'asphalte. Causerie géol. Bibl. populaire de la Suisse romande. Août.

789b. — **Jaccard.** Les Térébratules et les Foraminifères. Bibl. pop. Janvier.

789c. — **Ritter.** Le lac glaciaire du Champ-du-Moulin. Bull. Neuch. XVI, p. 93.

789d. — **R. Haeusler.** Note sur quelques foraminifères des marnes à spongiaires de Sainte-Croix. Bull. Vaud. XXII, p. 260.

789e. — **Mayor.** Louis Agassiz, sa vie, etc. Neuch. 1 vol.

789f. — **Dollfus.** Quelques nouveaux gisements de tertiaire dans le Jura. Bull. soc. géol. Fr. XV, p. 179.

789g. — **Gilliéron.** Sur le calcaire d'eau douce de Moutier attribué au Purbeckien. Verandl. natur. Basel.

789h. — **Chambrier.** La richesse du sol. Analyses des terres du vignoble de Bevaix. Broch.

789i. — **Hollande.** Les récifs coralliens actuels et ceux du Jura, etc. Bull. soc. d'hist. nat. Savoie. I, p. 213.

789j. — **Hollande.** Sur la Cluse de Chaille. Bull. soc. d'hist. naturelle de Savoie. I, p. 199.

789k. — **E. Favre et Schardt.** Description géologique des Préalpes du canton de Vaud, etc. Mat. carte géol. suisse. XXIIme livraison. Id. Revue géol. suisse, p. 152.

790. — **Daubrée.** Les eaux souterraines à l'époque actuelle. 2 vol. Dunod. Paris.

791. — **Révil.** Le Purbeckien du Banchet. Bull. soc. d'hist. nat. Savoie. I, p. 195. Id. Revue géol. suisse, p 146.

792. — **Girardot.** Note sur le Purbeckien inférieur de Narlay, Jura. Mém. soc. d'Émul. du Jura.

793. — **Fournier.** Purbeckien dans la vallée du Séran. Bull. soc. géol. Fr. XV, p. 170. Id. Rev. géol. suisse, p. 147.

794. — **Choffat.** Système jurassique. Annuaire géol. univ. III, p. 222.

795. — **Mayer-Eymar.** Note générale sur le Purbeckien. Revue géol. suisse, p. 147.

796. — **Mayer-Eymar.** Tableau des étages crétacés de l'Aptien au Portlandien. Revue géol. suisse.

797. — **Bourgeat.** Contributions à l'étude du crétacé supérieur. Bull. soc. géol. Fr. XV. Id. Revue géol. suisse.

798. **1887. Girardot.** Les faciès du jurassique supérieur du Jura. Mém. soc. d'Émul. du Jura.

799. — **Benoît.** Notice explicative de la carte géolog.de France (Feuille 160.Nantua).

800. — **Lugeon.** Empreinte de feuilles de la molasse. Bull. Vaud. XXIII, p. 17.

801. — **Forel.** Sur un effondrement du quai Lochmann à Morges. Bull. Vaud. XXIII, p. 26.

802. — **Forel.** Le ravin sous-lacustre du Rhône dans le Léman. Bull. Vaud. XXIII, p. 85.

802*a*. **1888. E. Favre et Schardt.** Revue géol. suisse pour l'année 1887. Eclogae géol. helv. N° 2.

803. — **Jaccard.** Sur quelques espèces nouvelles de Pycnodontes du Jura neuchâtelois. Bull. Neuch. XVI, p. 41.

804. — **Jaccard.** Sur les animaux vertébrés de l'étage Oeningien. Bull. Neuch. XVI, p. 52.

805. — **Jaccard.** Sur la défossilisation. Bull. Neuch. XVI, p. 229.

806. — **Jaccard.** Les eaux souterraines et les sources, d'après M. Daubrée. Monde de la science. XI.

807. — **Jaccard.** L'origine et le mode de formation de la houille et des terrains sédimentaires. Arch. Juillet.

808. — **Jaccard.** L'hydrologie, causerie scientif. Bibl. populaire. Janvier.

809. — **Chavannes.** Ossements de marmotte dans la gravière de Montoie. Bull. Vaud. XXIV, p. 10.

810. — **Chavannes.** Absence de moraines frontales sur le Plateau. Bull. Vaud. XXIV, p. 17.

811. — **Lugeon.** Notice sur la molasse de la Borde. Bull. Vaud. XXIII, p. 173.

812. — **Goliez.** Sur une tortue trouvée à la Borde. Bull. Vaud. XXIV, p. 25.

813. — **Lugeon.** Gisement de fossiles dans le glaciaire de la Paudèze. Bull. Vaud. XXV, p. 1.

814. — **Rollier.** Les faciès du Malm jurassien. Eclog. géol. helv. I.

814*a*. — **Renevier.** Bois de cerf des alluvions de la vallée de Joux. Bull. Vaud. XXIV, p. IV.

815. — **Ritter.** Alimentation de la ville de Paris en eau, etc. Bull. Neuch. XVI, p. 155.

815*a*. — **Renevier.** Fossiles d'eau douce de la molasse aux environs de Sainte-Croix. Bull. Vaud. XXIV, p. 4.

815*b*. — **Rollier.** Excursion de la Société géologique suisse dans le Jura. Eclog. géol. helv. III., p. 263.

816. — **Chuard.** Sur les phosphates de chaux de Sainte-Croix. Bull. Vaud. XXV, p. 3.

817. — **Schart.** Sur les sources du Mont de Chamblon. Bull. Vaud. XXIII, p. 12.

818. — **Schardt.** Coquilles du terrain quaternaire. Bull. Vaud. XXIV, p. 29.

819. — **Schardt.** Sur la subdivision du terrain jurassique dans le Jura occidental.

820. — **Gauthier.** Contribution à l'étude du lac de Joux. Bull. Vaud. XXIV, p. 7.

821. — **Girardot.** Edmond Guirand. Notice biogr. Mat. pour la géologie du Jura. Lons-le-Saunier.

822.   **1888 T. de Meuron.** Quelques mots sur les phénomènes glaciaires. Bull. Vaud.
          XXIV, p. 93.
823.   — **R. Haeusler.** Foraminifères des Marnes Pholadomyennes de Saint-Sulpice.
          Bull. Neuch. XVI, p. 74.
824.   — **De la Noë et Margerie.** Les formes du terrain. Imp. nationale, Paris.
825.   **1889. E. Favre et Schardt.** Revue géologique suisse de 1888. Eclogae. géol. helv.
          N° 4.
826.   — **Koby.** Victor Gilliéron. Notice biog. Act. Ém. Jur. p. 279.
827.   — **Goliez.** Nouveaux Chéloniens de la molasse vaudoise. Mat. pal. suisse.
          XXIV.
828.   — **Goliez.** Tortue du genre Cistudo à la Borde près Lausanne. Bull. Vaud.
          XXIV, p. 25.
829.   — **Goliez.** Observations sur le crétacique moyen à la vallée de Joux. Bull.
          Vaud. XXIV, p.
830.   — **Goliez.** Magnétite erratique de Mont-la-ville. Bull. Vaud. XXV, p. 7.
831.   — **Lugeon.** Gisement fossilifère dans la molasse Langhienne. Bull. Vaud.
          XXV, p. 10.
832.   — **Schardt.** Étude de quelques dépôts quaternaires fossilifères. Bull. Vaud.
          XXV, p. 79. Id. Revue géol. suisse, p 79.
833.   — **Ritter.** Formation de la source de Bonvillars. Bull. Neuch. XVII, p. 25.
834.   — **Ritter.** Les sources du Val-de-Saint-Imier. Bull. Neuch. XVII, p 64.
835.   — **Ritter.** Note sur la formation des lacs du Jura. Bull. Neuch. XVII, p. 87.
836.   — **Ritter.** Note sur le sondage du Crêt. Bull. Neuch. XVII, p. 108.
837.   — **Sayn.** Ammonites de la couche à Am. Astieri de Villers-le-lac. Act. helv.
          Lugano.
838.   — **Marcou.** Les géologues et la géologie du Jura. Mém. Ém. du Jura.
839.   — **Tribolet.** Sur les mouvements actuels du sol dans le Jura. Ram. sap.
          Octobre, Novembre.
840.   — **Cruchet.** Tourbe sous une marne argileuse à Pailly. Bull. Vaud. XXV, p. 9.
841.   — **Gilliéron.** Note sur l'achèvement de la première carte géologique de la
          Suisse. Bull. de la soc. belge de géol. III.
842.   — **Jaccard.** Les cartes géologiques, leur histoire en Suisse. Bibl. du Foyer.
          Janvier.
843.   — **Jaccard.** L'éboulement de Fleurier. Bibl. du Foyer. Mars.
844.   — **Jaccard.** L'orographie et le percement des tunnels du Jura. Bibl. du Foyer.
          Mai.
845.   — **Jaccard.** Les grottes et les cavernes du Jura. Bibl. du Foyer. Juillet.
846.   — **Jaccard.** Encore les grottes et les cavernes du Jura. Bibl. du Foyer. Octob.
847.   — **Jaccard.** La formation du sel et du gypse en Suisse. Bibl. du Foyer.
          Décembre.
848.   — **Maillard.** Notions élémentaires de géologie appliquées à la Haute-Savoie.
          Annecy.
849.   — **Jaccard.** Études géologiques sur l'asphalte et le bitume au Val-de-Travers,
          etc. Bull. Neuch. XVII, p. 108.
850.   — **Jaccard.** Le Listriodon du Locle. Monde de la science. XII, p. 83.

851. 1889. **Guillaume, Russ**. Sur la source de la Serrière. Bull. Neuch. XVII, p. 221.
852. — **Forel**. La capacité du Léman. Bull. Vaud. XXIV, p. 1.
853. — **Forel**. Creusement du lac Léman. Arch. XVIII, p. 184.
854. — **Bertrand**. Notice explicative de la carte géol. de France. Feuille 138. (Lons-le-Saunier.)
855. — **Falsan**. La période glaciaire en France et en Suisse. Bibl. scientif. intern.
856. — **Mayer-Eymar**. Tableau des terrains sédimentaire. Agram. soc. d'hist. nat.
857. — **Rollier**. Récit de l'excursion de la société géologique suisse dans le Jura. Eclog. géol. helv. I. Nᵒ 3.
858. — **H. Haas**. Mémoire sur les Brachiopodes jurassiques du Jura Suisse. Mém. soc. pal. XVI. Idem Rev. géol., p. 54.
859. — **Schardt**. Grès molassique contenant de l'ambre, de la Versoix près Thonon. Bull. Vaud. XXVI, p. 7.
860. — **Rollier**. Pliocène d'eau douce au Val de Saint-Imier. Arch. XXI, p. 256.
861. — **Hollande**. Notice biographique et liste des publications de M. Lory. Bull. soc. hist. nat. Savoie III, p. 45.
862. 1890. **Renevier**. Ph. de la Harpe, sa vie et ses travaux scientifiques. Bull. Vaud. XXV, p. 1.
863. — **E. Favre et Schardt**. Revue géol. pour 1889. Ecl. géol. helv. VI.
864. — **Ritter**. Vertèbre de Plesiosaure du Néocomien de Neuchâtel. Bull. Neuch. XVIII. p. 47 et 18.
865. — **Jaccard**. Sur les vertèbres de Sauriens dans le Jura. Bull. Neuch. XVIII, p. 181.
866. — **Lesquereux**. Sur la détermination des plantes fossiles. Bull. Neuch. XVIII, p. 27.
867. — **Choffat**. Le tertiaire de Fort-du-Plasne. Mém. Émul. du Jura.
868. — **L. Favre**. Léo Lesquereux, notice biographique. Bull. Neuch. XVIII, p. 3.
869. — **Jaccard**. Le tunnel du Locle et le Régional des Brenets. Ram. sap. Février.
870. — **Jaccard**. La mer jurassique en Europe, avec carte. Ram. sap. Juin.
871. — **Rollier**. Sur les grottes du Jura bernois. Bull. Neuch. XVII, p. 129. Id. Ram. sap. Octobre.
872. — **Jaccard**. Nouvelles notes sur l'asphalte. Bull. Neuch. XVIII, p. 174.
873. — **Ritter**. Sur la formation et l'extension des grands glaciers. Bull. Neuch. XVIII, p. 190.
874. — **Forel**. Sur la Genèse du lac Léman. Bull. Vaud. XXVI, p. 12 et 16
875. — **Schardt**. Dépôt tertiaire à la vallée de Joux. Bull. Vaud. XXVII, p. 5.
876. — **Schardt**. Sur le sidérolitique du Jura. Bull. Vaud. XXVII, p. 8.
877. — **L. Du Pasquier**. Sur la périodicité des phénomènes glaciaires. Bull. Neuch. XVIII, p. 59.
878. — **Renevier**. Crâne de rhinocéros de la molasse de la Paudèze. Bull. Vaud. XXVII, p. 4.
879. — **Bourgeat**. Nouvelles observations dans le Jura méridional. Bull. soc. géol. XIX, p. 167.
880. — **Baltzer**. Limites des anciens glaciers du Rhône et de l'Aar. Arch. Octob. p. 52.

38   BIBLIOGRAPHIE

881.   1890. **Ed. Greppin.** Victor Gilliéron. notice biographique. Act. helv. Davos.
           p. 234.
882.   —   **Ritter.** La phase joviennetten géologie. Bull. Neuch. XVIII, p. 134.
883.   —   **Goliez.** Tortues fossiles de la molasse de la Borde. Bull. Vaud. XXV,
           p. 21.
884.   —   **Jaccard.** L'origine de la houille. Bibl. du Foyer. Février.
885.   —   **Jaccard.** Sur les théories et l'origine des sources minérales. Bibl. du
           Foyer. Juin.
886.   —   **Jaccard.** Les théories glaciaires et leur application en Suisse. Bibl. du
           Foyer. Juin.
887.   —   **Jaccard.** La houille en Suisse. Bibl. du Foyer. Août.
888.   —   **Duparc.** Composition des calcaires portlandiens des environs de Saint-
           Imier. Arch. XXIII. Id. Eclog. géol. I.
889.   —   **Forel.** Sur l'origine du Léman et les différents types de lacs. Bull. Vaud.
           XXVI, p. 16.
890.   —   **Forel, Schardt.** Discussion au sujet de l'origine du Léman.
891.   —   **Renevier.** Plaque de grès des Allinges, renfermant de l'ambre. Bull. Vaud.
           XVII, p. 2.
892.   —   **Abel Girardot.** Sur le Purbeckien inférieur de Narlay. Mém. soc. Émul. Jura.
893.   —   **Thoulet.** L'étude des lacs en Suisse. Arch. des missions scientif. Paris.
894.   1891. **E. Favre et Schart.** Revue géologique suisse pour 1890. Eclog. géol. helv.
           II. N° 4.
895.   —   **Jaccard.** Sur la houille et les présomptions de son existence en Suisse.
           Bull. Neuch. XIX, p. 105.
896.   —   **Schardt.** Contributions à la géologie du Jura. Reculet-Vuache. Bull.
           Vaud. XXVIII, p. 69. Id. Eclog. géol. helv. II. N° 3.
897.   —   **Maillard.** Monographie des mollusques tertiaires, terrestres et fluviatiles
           Mat. pal. suisse. XVIII.
898.   —   **Jaccard.** Aperçu stratigraphique de la molasse suisse. Mat. pal. suisse.
           XVIII.
899.   —   **Renevier.** Notice biographique sur Gustave Maillard. Mat. pal. suisse.
           XVIII. Id. Bull. Vaud. XXVIII, p. 1.
900.   —   **Jaccard.** Sur un relief géologique du Jura Neuchâtelois. Bull. Neuch.
           XIX, p. 130.
901.   —   **Jaccard.** La formation du Jura. Rameau de sapin. Novembre.
902.   —   **Maillard.** Note sur diverses régions de la feuille d'Annecy, La Roche, etc.
           Bulletin des services de la carte géol. de France. N° 22.
903.   —   **Jaccard.** Notice sur la vie et les travaux d'Alph. Favre. Arch. p. 280.
904.   —   **Ritter.** Sur l'époque quaternaire. Bull. Neuch. XIX, p. 17.
905.   —   **Du Pasquier.** Sur le travail de M. Ritter. Bull. Neuch. XIX, p. 144.
906.   —   **Ritter.** Variations du débit de la Reuse. Bull. Neuch. XIX, p. 146.
907.   —   **Du Pasquier.** Sur les limites de l'ancien glacier du Rhône, le long du Jura.
           Bull. Neuch. XIX, p.
908.   —   **L. Favre.** La question du bloc erratique de Mont-Boudry. Bull. Neuch.
           XIX, p. 132.

909. 1891. Carte géologique d'Europe. Proc.-verb. Com. internat. Eclog. géol. helv. III, p. 266.
910. — Forel. Lac de Joux et lac Brenet. Arch. XXVII.
911. — Bourgeat. Quelques observations nouvelles sur le Jura méridional. Bull. soc. géol. XIX, p. 166.
912. — Musy. Géologie du canton de Fribourg. Discours d'ouverture, soc. helv. des sc. nat. Act. helv. Fribourg, p. 4.
913. — Boyer. Étude sur le quaternaire dans le Jura. Mém. Émul. du Doubs. VI, p. 345.
914. — Jaccard. Émission de gaz inflammable dans le Doubs. Monde de la science et de l'industrie. XIV, p. 20.
915. — Jaccard. La période glaciaire en Europe. Bibl. du Foyer. Janvier.
916. — Jaccard. La période triasique Bib. du Foyer. Mai.
917. — Jaccard. La formation du Jura. Bibl. du Foyer. Août.
918. — Jaccard. L'apparition des mammifères. Bibl. du Foyer. Décembre.
919. — Schardt. Leçon d'ouverture d'un cours de géographie physique. Bull. soc. neuch. de géographie. VI.
920. — Goliez. Leçon d'ouverture d'un cours de géologie technique. Lausanne. édition de l'Université.
921. — Duparc et Baeffe. Sur l'érosion et le transport dans les rivières torrentielles. Mém. Acad. des sc.
922. — Baeffe. Les eaux de l'Arve. Recherches de géologie expérimentale.
923. — E. Favre et Schardt. Revue géolog. pour 1891. Eclog. géol. helv. III. N° 2.
924. — Rittener. Note sur un affleurement d'Aquitanien dans le Jura vaudois. Bull. Vaud. XXVII, p. 294.
925. 1892. Forel et Schardt. Carte hydrographique du lac de Joux. Bull. Vaud. XXVIII, p. 11.
926. — C. Paris. Relief de Lausanne à l'époque Langhienne. Bull Vaud. XXVIII, p. 104 et 14.
927. — Renevier. Bloc erratique dans la ville de Lausanne. Bull. Vaud. XXIII, p. 20.
928. — Rollier. Étude géologique sur les terrains tertiaires du Jura bernois. Eclog. géol. helv. III, p. 43.
929. — L. Du Pasquier. La conservation des blocs erratiques. Bull. Neuch. XX, p. 1.
930. — L. Du Pasquier. La question des blocs erratiques. Ram. sap. Janvier, Février.
931. — Du Pasquier. Circulaire de la Commission des blocs erratiques. Bull. Neuch XX, p. 158.
932. — De Pury. Acquisition du bloc erratique de Mont-Boudry. Bull. Neuch. XX, p. 164.
933. — Jaccard. Les premiers géologues. Ram. sap. N°s 9, 10 et 11.
934. — Jaccard. Les phénomènes glaciaires. Contributions à l'étude du terrain erratique. Bull. Neuch. XX, p. 124.
935. — Jaccard. Les dépôts et les blocs erratiques. Bull. Neuch. XX, p. 132.

936. 1892. **Jaccard.** Causeries géologiques. 1 vol. Neuchâtel.
937.   — **Jaccard.** La source et la vallée de la Loue. Ram. sap. Juillet.
938.   — **Schardt.** Glissement de terrain près d'Épesses. Bull. Vaud. XXVIII,
        p. 25.
939.   — **C. Paris.** Phénomènes orogéologiques dans le Jura. Bull. Vaud. XXVIII,
        p. 28.
940.   — **Rollier.** Sur la composition et l'extension du Rauracien dans le Jura. Arch.
        XXVIII, p. 263.
941.   — **Favre et Schardt.** Revue géologique pour 1891. Eclog. III, p. 85.
942.   — **Jaccard.** Gisement corallien fossilifère à Gilley. Doubs. Arch. Oct. p. 83.
943.   — **Forel et Schardt.** Sur l'origine du lac de Joux. Bull. Vaud. XXVIII, p. 9.
944.   — **Schardt.** Effondrement du quai de Trait-de-Baye à Montreux. Bull. Vaud.
        XXVIII, p. 231.
945.   — **Schardt.** Dépôt de terrain tertiaire à la vallée de Joux. Bull. Vaud.
        XXVIII, p. 5. Idem Eclog. géol. III, p, 242.
946.   — **C. Paris.** Particularités géologiques de notre contrée. Bull. Vaud. XXVIII,
        p. 27.
947.   — **De Blonay.** Commission des blocs erratiques. Bull. Vaud. XXVIII, p. 19.
948.   — Souvenir de l'inauguration du monument élevé à Arnold Guyot. Neu·
        châtel. Attinger.
949.   — **M. Tripet.** Mesures prises, en 1838, pour la conservation d'un bloc de
        granit à Pierrabot. Ram. Sap. Août.
950. 1893. **Jaccard.** Sur l'urgonien supérieur fossilifère des environs d'Auvernier.
        Bull. Neuch. XXI.
951.   — **Jaccard.** Sur les Polypiers fossiles du crétacé dans le Jura. Bull. Neuch.
952.   — **Jaccard.** Sur les différents niveaux de spongiaires dans le Jura. Bull.
        Neuch. XXI.
953.   — **Jaccard.** Sur les niveaux et les gisements fossilifères des environs de
        Sainte-Croix. 1ʳᵉ partie crétacé. Bull. Vaud. XXIX.
954. . — **Jaccard.** Sur les couches coralligènes de l'Astartien de la Chaux-de-Fonds.
        Bull. Neuch. XXI.
955.   — **Jaccard.** Sur les couches coralligènes du Rauracien de Gilley. Bull. Neuch.
        XXI.
956.   — **Heim.** Sur l'origine des grands lacs alpins. Arch., p. 62.
957.   — **Lang.** Les carrières de Soleure. Ram. sap. Janvier-Avril.
958.   — **Jaccard.** Sur le soi-disant relèvement des couches glaciaires au Champ-du-
        Moulin. Bull. Neuch. XXI.
959.   — **Rollier.** Sur la composition et l'extension du Rauracien dans le Jura. Arch.
        XXIX, p. 51.

Liste des cartes géologiques, comprenant tout ou partie du Jura central.

Les numéros entre parenthèse renvoient à la Bibliographie.

960. **1832. Thurmann**. Esquisse orographique de la chaîne du Jura, etc. Accompagne le Second cahier de l'Essai sur les soulèvements jurassiques (35).

961. **1838. Gressly**. Carte des océans triaso-jurassiques, etc. Accompagne les Observations géologiques sur le Jura Soleurois.

962. **1839. A. de Montmollin**. Carte de la Principauté de Neuchâtel, par d'Osterwald, coloriée par A. de Montmollin. Accompagnée d'une Notice, dans les Mém. de la soc. des sc. nat. de Neuchâtel (66).

963. — **Nicolet**. Carte géologique de la vallée de la Chaux-de-Fonds. Accompagne l'Essai sur la constitution géologique, etc. (54).

964. **1841. Dufrénoy et E. de Beaumont**. Tableau d'assemblage (réduction) de la Carte géologique de France. Paris.

965. — **Charpentier**. Carte du terrain erratique de la vallée du Rhône. Accompagne l'Essai sur les glaciers, etc. (86).

966. **1843. A. Favre**. Carte géologique du Mont Salève. Accompagne les Considérations géologiques sur le Mont Salève (106).

967. — **Blanchet**. Carte géologique du canton de Vaud (inédite). Voir Bull. soc. Vaud. I (166, 102).

968. **1852. Thurmann**. Esquisse orographique de la chaîne du Jura, etc. Seconde édition. Accompagne les Esquisses orographiques (166).

969. **1853. Renevier**. Carte géologique des environs de la Perte du Rhône. Accompagne le Mémoire géologique, etc. (188).

970. — **Escher et Studer**. Carte géologique de la Suisse. 1re édition. Winterthur.

971. — **Zollikofer**. Carte géologique des environs de Lausanne. Présentée avec les Études géologiques des environs de Lausanne (175).

972. — **Renevier**. Carte géologique du Mont de Chamblon. Accompagne la Note sur le terrain néocomien qui borde le pied du Jura, etc. (187).

973. **1857. Etallon**. Carte géologique des environs de Saint-Claude. Accompagne l'Esquisse d'une description géologique, etc. (264).

974. **1858. Campiche et de Tribolet**. Carte géologique des environs de Sainte-Croix. Accompagne la Description des fossiles du terrain crétacé, etc. (272).

975. — **Desor et Gressly**. Carte géologique de la partie orientale du Jura neuchâtelois. Accompagne les Études géologiques sur le Jura neuchâtelois (298).

976. **1862. Résal**. Géologie du Département du Doubs. Extrait de la carte topographique. En six feuilles. Paris. Le texte a paru en 1864, sous le titre Statistique géologique, etc. (355).

977. **1865-67. Ogérien**. Carte géologique du département du Jura. Accompagne l'Histoire naturelle du Jura, etc. (398).

978. **1867. Bachmann.** Carte géologique de la Suisse de Studer et Escher. 2me édition, revue. Winterthour (402).

979. **1869. H. V. Dechen.** Geologische carte von Deutschland, etc. Berlin. Verlag v. Neumann.

980. — **Jaccard.** Carte géologique du Jura vaudois et neuchâtelois. Feuille XI de la carte géologique de la Suisse à l'échelle du $^{100}/_{1000}$. Accompagne la 6me livraison des Matériaux, etc. (421).

981. — **Jaccard.** Carte géologique, feuille XVI, de la carte géologique de la Suisse. Accompagne la 6me livraison des Matériaux, etc. (421).

982. **1870. Jaccard.** Carte géologique de la Suisse. Feuille VI de la carte géologique de la Suisse. Accompagne la 7me livraison des Matériaux (435).

983. — **Greppin, Jaccard.** Carte géologique du Jura bernois et districts adjacents. Accompagne la 8me livraison des Matériaux (441).

984. **1871. Weber.** La Suisse. Atlas politique, etc., géologie et orographie avec un texte explicatif de A. Jaccard. Neuchâtel. Éch. 1 : 1,600,000.

985. — Carte géologique de la Suisse, réduction, 1,520,000. Accompagne le Monde primitif de la Suisse, de Osw. Heer (443).

986. **1875. Falsan et Chantre.** Carte du terrain erratique et des anciens glaciers, etc., en 6 feuilles. Accompagne la Monographie géologique des anciens glaciers, etc. Lyon (534).

987. **1874. Lamairesse.** Carte géologique des départements de l'Ain et du Jura. Accompagne les Études hydrologiques, etc. (502).

988. — **Lamairesse.** Carte géologique des départements du Doubs et de l'Ain. Accompagne les Études hydrologiques, etc. (502).

989. **1876. Benoît.** Carte de l'extension des glaciers alpins dans le Jura central. Accompagne la Note sur une expansion, etc. (562).

990. **1877. M. de Tribolet.** Carte géologique du canton de Neuchâtel, avec notice dans le Bull. Neuch. XI (602).

991. **1878. Jaccard.** Carte géologique du canton de Neuchâtel au 1 : 160,000 avec profil, publiée par le Club jurassien, avec notice explicative. Idem 2me édition. Bull. Neuch. (603).

992. — **A. Favre.** Carte géologique du canton de Genève en 4 feuilles à l'échelle de 1 : 25,000. Accompagne la Description géologique, etc. (597).

993. — **Jaccard.** Carte géologique du canton de Neuchâtel au 1 : 50,000. Inédite. Exposition univ. de 1878, à Paris.

994. — **Jaccard.** Carte géologique du Jura Franco-Suisse au 1 : 25,000. Inédite. Exposition univ. de Paris (580).

995. — **Jaccard.** Carte hydrologique du Jura neuchâtelois, au 1 : 160,000. Inédite. Exposition univ. de Paris (580).

996. — **Jaccard.** Carte des bassins hydrologiques, sources, etc., du Jura neuchâtelois, au 1 : 160,000. Inédite. Exposition univ. à Paris (580).

997. **1876. Jaccard.** Plan général et profils géologiques de la partie inférieure de la plaine de l'Arve. Inédite. Genève (557).

998. **1880. Maillard.** Carte géologique du ravin de la Paudèze à 1 : 25,000. Accompagne la Notice sur la molasse, etc. (630).

999. 1880. **Schardt**. Carte géologique du ravin du Talent près de Goumoens-le-Jux Accompagne le Mém. sur la molasse rouge, etc. (635).

1000. 1881. **Jaccard**. Carte du terrain erratique du Jura et du Plateau suisse sur les feuilles I et III de la Carte générale de la Suisse au 1 : 250,000. Inédite (649).

1001. — **Jaccard**. Carte du terrain erratique, etc. Feuilles XVI, XI, XII. VI de la Carte au 1 : 100,000. Inédite (649).

1002. — **Jaccard**. Carte du terrain erratique, etc., au 1 : 200,000. Inédite (649).

1003. 1882. **Jaccard**. Carte des environs de Neuchâtel, de M. de Mandrot, avec coupe géologique de la chaîne de Chaumont, coloriée à la main. Éch. de 1 : 25,000.

1004. 1883. **Jaccard**. Carte du Bassin hydrologique de la Serrières avec coupes en travers à l'éch. du 1 : 25,000. Inédite.

1005. — Karte der Fundorte von Rohproduction in der Schweiz. Gruppe XVI für die Schweiz. Landesaustellung.

1006. — **Favre, Renevier, Ischer**. Carte géologique de la Suisse. Feuille XVII. (Environs de Vevey, Rivaz).

1007. 1884. **Maillard**. Essai d'une carte de l'extension du Purbeckien dans le Jura. Accompagne l'Étude sur l'étage Purbeckien, etc. Échelle 1 : 500,000 (733). 2ᵐᵉ édition, accompagne le Purbeckien du Jura de A. Jaccard (735).

1008. — **A. Favre**. Carte des anciens glaciers, etc. du revers des Alpes. 4 feuilles, 1 : 250,000. Matériaux 28ᵐᵉ livraison (721).

1009. 1885. **Gillièron**. Carte géologique de la Suisse. Feuille XII. District de Neuchâtel.

1010. — **Jaccard**. Carte des phénomènes erratiques, etc. Accompagne l'Essai sur les phénomènes erratiques en Suisse.

1011. 1886. **Carez et Vasseur**. Carte géologique de la France au 1 : 500,000 en 20 feuilles.

1012. — **Benoît**. Carte géologique détaillée de la France au 1 : 80,000. Feuille 160. Nantua, accompagnée d'une notice explicative (799).

1013. — **Bourgeat**. Cartes du récif corallien de Valfin. Accompagnent la Notice stratigraphique. Mat. pal. suisse. XIII (782).

1014. — **Jaccard**. Carte géologique de l'Europe à l'échelle du 1 : 1,500,000. Minute pour la Commission internationale, territoire suisse, paraîtra en 1894.

1015. 1889. **Jaccard**. Carte géologique de la région asphaltique reconnue au Val-de-Travers. Éch. 1 : 10,000. Accompagne Études géologiques sur l'asphalte, etc. (849).

1016. — **Jaccard**. Essai d'une carte de la mer urgonienne, etc. Éch. 1 : 500,000. Accompagne les Études géologiques, etc. (849). Idem 2ᵐᵉ édition, accompagne l'Origine de l'asphalte, du bitume, etc. (866).

1017. — **Bertrand**. Carte géologique détaillée de la France. Feuille 138, Lons-le-Saulnier, avec texte explicatif.

1018. — **Bertrand**. Carte géologique détaillée de la France. Feuille 139, Pontarlier.

1019. — **Ministère des Travaux publics**. Carte géologique de la France à l'échelle du millionième, en 4 feuilles.

1020. **1891. Schardt.** Carte géologique de l'extrémité méridionale du Jura. Reculet-Vuache. Éch. 1 : 250,000. Accompagne les Études géologiques, etc. (896).

1021. — **Jaccard.** Carte géologique de la Suisse et des régions franco-allemandes au N.-O. coloriée sur la Carte réduite de la Suisse. Feuille I, au 1 : 250,000. Inédite.

1022. — **Jaccard.** Carte géologique de la Suisse et des régions voisines au S. O. Jura français, Savoie, coloriée sur la Carte réduite de la Suisse. Feuille III, au 1 : 250,000. Inédite.

1023. — **Jaccard.** Relief géologique du canton de Neuchâtel à l'éch. du 1 : 50,000. Inédit (900).

HISTORIQUE

17° et 18° siècles.

1626. — J. Hory. Si nous mentionnons ici le petit livre, devenu très rare, de J. Hory, ce n'est pas qu'il renferme des données géologiques bien importantes, mais, comme nous le verrons, il constitue le point de départ d'une foule de légendes et de traditions, reproduites dans la suite par tous les auteurs qui se sont occupés de la géologie du Jura neuchâtelois. Quelques citations en donneront une idée :

« Il s'y trouve (dans le comté de Neuchâtel) des minéraux, surtout d'or, comme il se peut recognaître parmi le sable de la rivière de l'Arrauze, où il s'en trouve en grande quantité en petites mailles. Les montagnes du dit comté produisent aussi du mercure, du fer, de la houille ou charbon de pierre, etc. »

« Les bâtiments et édifices se peuvent construire avec grandes facilités, y ayant toutes sortes de pierres blanches et grises, jaunes et noires, du tuf, de la pierre à faire chaux, gyps, plâtre, etc. » (1)

1692. — A. Amiet. Dans sa *Description de la Principauté de Neuchâtel et Valangin,* Amiet dit : « qu'au Locle on trouve des mines de mercure, du charbon de pierre, de la craie blanche et rouge et des eaux médicinales qui ne le cèdent en rien à celles d'autres pays. »

Il parle aussi d'une source d'eau salée dans la mairie de Boudry, aussi

bonne que celle de la saunerie de Salins, et qui disparut, ensuite des mesures prises par les agents du roi d'Espagne, qui redoutaient la concurrence.
« Proche de ce lieu, dit-il encore, il y a des montagnes où l'on trouve des
mines d'or. On trouve dans plusieurs endroits de cette Châtellenie du gypse
et du plâtre. »

Enfin de la Châtellenie de Travers, il dit : « qu'elle a de la houille et
du charbon de pierre, et de celle de Rochefort, qu'au pied de la Clusette il
se trouve des paillettes d'or qui tombent dans la rivière d'Areuse depuis les
sources de mines des environs. » (2)

1702. — Scheuchzer. En 1702, le Dr J.-J. Scheuchzer publiait, dans
son recueil des *Pierres figurées de la Suisse*, plusieurs espèces provenant du
Comté de Neuchâtel. On reconnaît aisément dans l'une des figures l'espèce
qui a reçu le nom de *Pholadomya Scheuchzeri;* une autre, qu'il appelle
Concha lapida, est notre *Ostrea Couloni*, etc. (3)

1702. — Scheuchzer. Dans le *Museum diluvianum*, outre les noms
des localités voisines de Neuchâtel, Suchiez, Hauterive, nous trouvons la
Brévine, Châtelot, Ponts-de-Martel, Chaumont, qui ont fourni à Scheuchzer
plusieurs des espèces de pierres figurées de sa collection (4).

1708. — C.-N. Lang. Lang a aussi connu les fossiles des environs de
Neuchâtel et les a cités dans son *Histoire naturelle de la Suisse* (5).

1721. — Eirini d'Eyrinys. Malgré l'assertion du grec Eirini d'Eyrinys,
il est probable que l'existence de l'asphalte était connue au Val-de-Travers
longtemps avant son arrivée dans ce pays, mais cette substance était con-
fondue avec la houille ou charbon de pierre. Il dit « que cette mine est un
trésor qui nous avait été inconnu depuis le commencement du monde. Ce
bitume ne diffère de celui d'Asie dans aucune de ses parties. Il a l'odeur
d'ambre, la couleur brune, etc. » Mais l'auteur ne donnant aucune indication
sur la manière d'être de l'asphalte, tout porte à croire qu'il n'a connu que
le gisement peu étendu du Bois-de-Croix près de Travers (6).

1730. — Kypseler. En 1730 parut une *Description de la Suisse*, dans
laquelle on lit : « On trouve dans ces montagnes (de Neuchâtel et Valangin)
plus de pierres rares, de coquillages pétrifiés, qu'en aucun autre endroit de
la Suisse. Il s'en trouve pareillement dans le torrent du Seyon, etc. J'ai fait
mettre ici les figures de quelques-unes de ces pierres les plus remarqua-

bles ». (Une planche représente plusieurs espèces très reconnaissables, telles que *Ostrea Couloni, Holaster Lardyi, Ostrea rectangularis.)* (7)

1742. — Bourguet. Le *Traité des pétrifications,* par Louis Bourguet, professeur de philosophie à Neuchâtel, est inspiré des mêmes idées que les divers ouvrages de Scheuchzer. C'est un recueil de dissertations sur les corps organisés répandus dans le sein de la terre, avec un recueil de planches, dans lequel sont figurées un bon nombre de *pétrifications,* soit fossiles de notre Jura.

Dans la *Lettre sur un phénomène remarquable,* Bourguet s'adressant à quatre pasteurs neuchâtelois leur rappelle la quantité prodigieuse de toutes sortes de productions marines qu'ils ont trouvées dans le Jura, des sommets du Chasseron et du Chasseral jusqu'au fond des vallées, et surtout dans le district de la Côte-aux-Fées.

L'Indice de divers endroits des quatre parties du Monde où l'on trouve des pétrifications comprend une quarantaine de localités des Comtés de Neuchâtel et Valangin.

Sur les 440 espèces figurées, on peut en compter environ 140 qui proviennent de notre Jura (8).

1742. — P. Cartier. Une *Lettre sur l'origine des pétrifications qui ressemblent aux corps marins,* insérée dans le *Traité,* est due à la plume de P. Cartier, pasteur à la Chaux-du-Milieu. Cette pièce, comme celles de Bourguet, revêt toujours la forme de dissertation, mais elle renferme un plus grand nombre d'indications sur les gisements de fossiles dans le Jura. « Le roc qui est à deux pas du chemin de Neuchâtel à Valangin où les *Trompettes marines* forment des figures en relief, est connu des curieux depuis plusieurs années. » « Les *pointes d'hérissons,* de la Molta et du Pasquier, les hérissons de mer du genre des *Spatangi* du Vauseyon, dit-il, se présentent par milliers, » etc. (9).

1763. — E. Bertrand. En 1763, Élie Bertrand commençait une série de publications ayant trait à l'histoire de la terre et des fossiles, roches, minéraux, etc. Nous trouvons mentionné dans le *Dictionnaire universel,* « l'asphalte de Couvet, dans le Val-de-Travers, qui est brun et grenelé. Celui de Chavornay au baillage d'Yverdon est plus sablonneux. »

« Il y a près de Rochat (?), au-dessus de Lutry, à La Vaux, une mine considérable de charbon de terre, dont on ne fait aucun usage; on y voit alternativement une couche épaisse et une plus mince. » (10)

1766. — **E. Bertrand.** Le *Recueil de divers traités,* etc., comprend un premier mémoire *Sur la structure intérieure de la terre.* Il est question des grottes et des cavernes, qui sont des conduits souterrains de l'eau, comme on le voit à la vallée de Joux où l'eau pénètre dans des entonnoirs pour reparaître au-dessous d'un roc, près de Vallorbes, et former la rivière de l'Orbe. L'auteur signale aussi « l'immense quantité de *pierres figurées,* semblables aux animaux, aux coquillages et aux plantes de la mer, qu'on trouve dans les montagnes, particulièrement à Sainte-Croix, baillage d'Yverdon. » (11)

1766. — **E. Bertrand.** Dans l'*Essai sur les Usages des montagnes,* c'est-à-dire sur leur rôle dans la nature, il mentionne un conduit souterrain, la grotte de Covatannaz près de Sainte-Croix.

Il dit aussi avoir trouvé, mais en bien petite quantité, des paillettes d'or dans un torrent qui descend de Jougne et vient se jeter dans l'Orbe entre Vallorbe et Ballaigue (12).

1766. — **E. Bertrand.** L'*Essai de minérographie et d'hydrographie* (minérale) du canton de Berne est, de ces divers Mémoires, celui qui présente le plus d'intérêt, à mesure qu'il donne des indications locales sur les gisements des roches, des minéraux, des fossiles organiques ou *pétrifications* et des sources minérales.

Parmi les gisements des fossiles, il indique les localités de Chamblon, Vaulion, Vallorbes, Suscévaz, Concise, Vuitebœuf, Sainte-Croix. Ce sont en particulier des *Trochites, Dendrites, Marcassites, Ammonites, Térébratules.* « A Rivaz, près de Saint-Saphorin, on observe un roc tendre, portant des empreintes de feuilles.

Les sources minérales existent à Lausanne, Morges, Morat, Orbe, Prangins, Saint-Georges, Saint-Loup, Saint-Prex, Yverdon. (13)

1766. — **Osterwald.** La *Description des montagnes et des vallées de la Principauté de Neuchâtel,* s'étend assez longuement sur les grottes, les baumes et les cavernes de Môtiers, de la Côte-aux-Fées.

« Les curieux ne passeront pas par Saint-Sulpy, dit-il, sans voir la collection de coquillages marins que M. Th. de Meuron possède ; ils auront lieu d'observer la parfaite ressemblance de leurs analogues fossiles dont les montagnes voisines abondent. »

Il dit aussi que les premières mines d'asphalte furent découvertes au commencement du siècle dans un jardin du village de Buttes, par un nommé Jost, et retrace l'histoire de l'exploitation créée par Eirini au Bois-de-Croix. Il engage les amateurs à visiter la montagne de Châtelot près de la Brévine dont les couches contiennent une multitude incroyable de corps marins pétrifiés, des *Coclites*, des *Strombites*, des *Ammonites,* etc., etc.

« On trouve au fond de la vallée des Ponts deux sources d'eau minérale à peu de distance l'une de l'autre. La première est martiale, la seconde est soufrée. »

Les moulins souterrains, dont les rouages sont établis dans les cavités des roches calcaires, sont aussi l'objet de descriptions très étendues. Il dit encore que, près du chemin de Valangin à Neuchâtel, est un rocher qui contient un amas prodigieux de *Strombites*, liés entre eux par un tuf cristallisé. (14)

1776. — Grouner. L'*Histoire naturelle de la Suisse dans l'ancien monde,* par Grouner, semble avoir été inspirée par des idées assez analogues à celles de Bertrand. L'auteur distingue deux sortes de montagnes, les plus hautes formées de granit, les autres, de second ordre, formées de couches horizontales un peu inclinées, qu'on reconnaît avoir été formées par l'eau et qui renferment des coquillages qui ne se trouvent que dans la mer. On en trouve dans le baillage d'Erlach, à Malleray, vallée de Moutier-Grandval et dans le Comté de Neuchâtel. A Vau Seyon, près de Neuchâtel, il y a de belles *échinites*, vers la Côte-aux-Fées de belles *ostracites*. (15)

1779. — De Saussure. Je me borne à signaler en passant les observations de Saussure sur les terrains qui constituent les environs de Genève.

Dans le chapitre III, il traite des collines de molasse à gypse de Cologny, de Confignon, de Choully, des indices de charbon de pierre qu'on y observe. Dans les chapitres IV, V et VI, il recherche l'origine des cailloux roulés, étrangers au sol des environs de Genève, et qui ont été charriés par les eaux. Les amas de blocs des environs de la Sarraz, de Bonvillars, sont indiqués comme particulièrement remarquables et il attribue leur transport à un grand courant venant de la vallée du Rhône. Le Salève fait l'objet de recherches très importantes. On y observe de grands blocs de granit et de roches schisteuses, occupant encore la place où ils ont été déposés. Vient ensuite la description des bancs de calcaire dont la montagne est formée, ainsi que celle des couches de grès tendre, ou molasse, qui leur sont adossées. Il dit que les nouveaux coquillages fossiles, découverts par M. de Luc, aussi bien que les amas de coraux et de coquillages, sont autant de sujets dignes de fixer l'attention des naturalistes.

Dans le chapitre consacré au Jura, de Saussure constate qu'il est constitué par des chaînes parallèles, formées de roches calcaires inclinées en divers sens, c'est-à-dire « formées de voûtes composées et remplies d'axes concentriques ».

Le rocher de la Dôle est calcaire, gris, bleuâtre, mais il est recouvert d'une pierre calcaire jaunâtre avec fragments de térébratules, d'oursins, de corallites, etc.

Les lacs de Joux, des Rousses, les entonnoirs de Bonport, la source de l'Orbe, donnent lieu à d'intéressantes observations.

L'auteur des *Voyages* fait aussi la description de la Perte du Rhône et signale l'abondance des coquillages fossiles dans les marnes verdâtres des collines du voisinage. Ces corps marins ne peuvent donc pas, comme on l'a cru, avoir été transportés ou charriés par le Rhône. Enfin il signale vers le haut d'une de ces collines, du côté de la Savoie, des couches de sable imprégné de pétrole, dont on a songé à extraire l'huile minérale. (16)

1789. — **Razoumowsky.** Dans l'*Histoire naturelle du Jorat,* l'auteur dit que ce pays est constitué en grande partie par des couches de molasse et de grès grossier, exploitées en carrières. Il constate l'existence de blocs isolés, d'une grosseur prodigieuse, aux environs de Lausanne et dans tout le Jorat. Ce sont tous des fragments de roches primitives, surtout des granits et des roches quartzeuses et micacées provenant des Alpes, qui ont été déposés par les eaux anciennes.

Dans les couches de molasse et de grès, on trouve des coquilles fossiles. Dans le district d'Echallens à Goumöens, les couches de marne et de grès alternent avec des bancs de calcaire, qui renferment des Planorbes semblables à ceux des couches *houillères*.

Celles-ci s'observent près du village de Paudex, au bord du torrent de la Paudèze, et constituent deux couches, alternant avec des marnes, des grès et des calcaires bitumineux. Elles renferment des coquilles fluviatiles, Planorbes, Lymmées, Helix, etc.

L'auteur cite encore les mines de charbon de Belmont, d'Oron, de Semsales, qu'il estime appartenir aux mêmes filons.

Dans la molasse du ravin du Talent, près de Chavornay, existe une couche qui n'est bitumineuse que par places, et de laquelle « découle une si grande abondance de pétrole que l'eau qui baigne le pied du roc en est chargée ». Il découlait aussi de l'huile en abondance des rochers situés plus loin sur la rive opposée du Talent. A un quart de lieue à l'O. de la ville d'Orbe, MM. Venel ont aussi découvert un banc bitumineux qu'ils exploitent en galerie. Mais Razoumowsky fait ressortir la différence qu'il y a entre ces molasses bitumineuses et le véritable asphalte du Val-de-Travers (p. 84-88).

Les carrières de grès de la Molière près d'Estavayer sont longuement étudiées. On y trouve, outre les coquilles de mollusques marins, des dents de poissons, connues sous le nom impropre de *Glossopétres*, des dents et ossements d'animaux divers. (17)

1792. — **S. Girardet**. On retrouve dans un livre édité au Locle en 1792, par Samuel Girardet père, la plupart des faits signalés dans la *Description* d'Osterwald. Dans la châtellenie de Boudry, on trouve une mine de gypse; on croit qu'il y a des sources salées. Les monts voisins de Couvet sont riches en mines de fer et il y a des grottes avec grosses masses de *lac-luna*. On trouve encore dans ce district des eaux minérales, des marcassites, des cornes d'Ammon, des Échinites, Dendrites, etc., et, près de Boveresse, des glacières naturelles et une mine qu'on croit être d'ambre noir. (18)

1799. — **L. Bertrand**. En 1799, Louis Bertrand, professeur à Genève, publiait sous le titre de *Renouvellement périodique des continents terrestres* une dissertation théorique et systématique dans laquelle nous trouvons quelques rares indications se rapportant à la géologie de notre région. Il parle de l'abondance des coquilles fossiles à la Perte du Rhône, et au-dessus de Bonvillars près du lac de Neuchâtel, des ornières que les courants ont laissées sur les rochers du Salève et de plusieurs montagnes du Jura, du passage de ce courant par le Fort l'Écluse, etc. (19)

De 1800 à 1830.

Un travail de la plus grande importance, pour la science en général aussi bien que pour notre région du Jura, se présente au début du siècle. C'est le *Catalogue d'une collection des roches qui composent les montagnes de Neuchâtel*, par Léop. de Buch. Le manuscrit original, resté inédit jusqu'en 1867, fut publié à cette époque dans les *Gesammelte Schriften*. Mais comme l'auteur en avait laissé une copie ou un double à Neuchâtel, ce document devint en quelque sorte et pendant un demi siècle le *vade mecum* des géologues jurassiens, qui en firent des copies plus ou moins complètes. Rappelons ici que de Buch avait été envoyé par le roi de Prusse, souverain de Neuchâtel et Valangin, à propos de réclamations des communiers du Locle, au sujet de recherches de houille ou charbon de pierre. Je donnerai une analyse succincte des principales notices de cet auteur.

1803. — L. de Buch. Le *Catalogue* est en réalité une description des différentes assises qui constituent les chaînons du Jura neuchâtelois et forment les voûtes si caractéristiques de ces montagnes. L'auteur considère les quatre-vingts premières couches comme une formation particulière, plus récente que celles du Jura proprement dit, dont il a recueilli les échantillons à Chaumont et dans la grande chaîne de Chasseral, aux Pradières au-dessus de la Sagne.

Dans la quatrième section, *les Montagnes*, il étudie d'abord les roches du Crêt de la Sagne, des Crosettes, etc., puis il passe sans transition à la pierre calcaire marneuse, pierre de corne, marne gris de cendre, opale de couleur noirâtre, charbon noir brunâtre, etc., à coquilles d'*Helix cornua*. Toutes ces couches, particulières au vallon du Locle, et caractérisées par une immense quantité de coquillages fluviatiles, se sont formées dans un lac resserré. Les traces de charbon qu'on observe dans ces couches ne sont qu'un produit des plantes aquatiques, une sorte de tourbe comprimée.

Avec le numéro 75, l'auteur nous ramène dans les couches jurassiques de la Combe-Monterban, près du Locle (Dalle nacrée, oxfordien), puis au Chatelu, à la Cornée, au Larmont, dont il dit, à tort, que ses couches sont plus anciennes que celles de Pouillerel.

Le n⁰ 88, traite du gypse exploité à la Brévine, et à la destruction duquel il attribue la formation des entonnoirs de la vallée.

Le chapitre V traite des roches des montagnes qui forment l'enceinte du Val-de-Travers (Chasseron, Ronde-Noire, Pierrenod). Avec le n⁰ 105 nous retrouvons les roches du niveau de la pierre jaune de Neuchâtel, et, de plus l'*Asphalte d'un noir foncé*, de la mine au-dessus du Bois-de-Croix, matière bien différente, dit-il, de l'asphalte de Judée, car c'est un *mélange de pierre calcaire coquillière et de bitume*. Ce bitume n'est point un indice de charbon de terre; il n'y a dans le voisinage point d'empreintes ou de pétrifications de végétaux. « Il est plus probable que ces masses tirent leur origine du règne animal, la quantité de coquillages des environs le ferait présumer. »

La description des n⁰ˢ 120 à 129 ne présente pas un grand intérêt. Mais au n⁰ 130, il dit de la roche du bas de la Clusette près Noiraigue : « C'est certainement la couche la plus ancienne de ces montagnes. Peut-être découvrirait-on une centaine de couches plus bas, les couches de gypse et les sources salées qui alimentent les salines du Jura » (à Salins, Lons-le-Saunier).

Avec le n⁰ 149, nous entrons dans le domaine de la molasse de Boudry, formation postérieure au Jura, dans laquelle il fait connaître la marne gris-bleuâtre, avec de petits filets de gypse fibreux. La *pierre calcaire puante*, avec de nombreuses coquilles fluviatiles est aussi intercalée dans les couches de molasse.

La série des *pierres roulées*, fait l'objet du chapitre VIII. « Toutes les pierres roulées du Jura proviennent des Alpes », dit-il. Il constate que plus on s'élève au-dessus du lac, plus les blocs de granit à gros grains sont nombreux et volumineux. Le n⁰ 162 est le bloc dit la *Pierre-à-Bot*. « Comment un tel bloc a-t-il pu être élevé à 800 pieds au-dessus du lac et d'où vient-il? Évidemment du Valais, puisque M. de Saussure a reconnu dans la vallée de la Drance à Martigny et Sembrancher, des blocs semblables venant du Mont-Blanc. »

Les n⁰ˢ 163 à 216 sont tous des variétés diverses de roches alpines. (20)

1803. — **L. de Buch.** Dans le mémoire *Sur le Jura*, de Buch établit qu'on peut classer les masses des terrains superposés au terrain primitif en cinq grandes classes, divisions ou formations.

C'est la pierre calcaire noire des Alpes qui est la plus ancienne; par-
dessus vient la pierre calcaire grise, puis la pierre calcaire blanche du Jura,
bien caractérisée dans les gorges du Seyon entre Neuchâtel et Valangin. Une
quatrième division serait la pierre jaune et les marnes des environs de
Neuchâtel. La molasse serait la formation la plus supérieure. (21)

1803. — L. de Buch. Le mémoire *Sur le Val-de-Travers* fait ressortir
l'importance des dislocations qui ont contribué à donner aux montagnes
leur relief actuel. « Le côté nord de ce vallon est encore dans sa position
naturelle. Le côté sud a subi des changements, les couches se sont enfon-
cées dans un vide par un mouvement de bascule. » (22)

1803. — L. de Buch. Dans le mémoire *Sur le gypse de Boudry,* nous
trouvons des détails plus étendus sur la manière d'être du gypse au milieu
des couches de la molasse. L'auteur constate que ce gypse est absolument
différent de celui de la Brévine, qui est plus ancien, et de l'âge des couches
calcaires du Jura. (23)

1806. — Péter. En 1806, la Société d'Émulation patriotique de Neuchâtel, ayant ouvert un concours pour des *Descriptions topographiques* des
diverses juridictions du pays, on vit paraître divers mémoires, couronnés
par cette société, dans lesquels les faits géologiques sont assez souvent rap-
pelés. Ainsi dans la *Description du vallon des Ponts* les sources sulfureuses
et ferrugineuses sont indiquées. (24)

1818. — Mathey-Doret. Une source minérale est signalée à Cortaillod
dans le voisinage des Côtes-joyeuses. A l'article *lithologie et fossiles,* l'auteur
parle des *pierres calcaires,* que le feu convertit en chaux. « Ces pierres sont,
d'après l'opinion du naturaliste, l'ouvrage des eaux, et composées de *détri-
ments* de coquilles et d'animaux marins. » Les *pierres de toutes pierres* sont
les conglomérats et poudingues. Les *roches primitives* ou *granits,* que l'on
voit disséminés sur les flancs du Jura, sont « des masses étrangères, que
des commotions terribles ont brisées et séparées des immenses rochers
des Alpes, pour les lancer ou transporter au moyen du feu, ou des eaux,
jusqu'aux extrémités de la Suisse. » (25)

1818. — Sandoz-Rollin. Le Mémoire sur le Jura, de L. de Buch, était
accompagnée de deux coupes géologiques importantes, qui furent publiées
en 1818 dans un *Essai statistique de la Principauté de Neuchâtel et Valan-*

gin, avec quelques lignes de texte. « La planche n° 1 fait voir comment la formation du Jura se coordonne aux formations anciennes des Alpes, puisqu'elle est superposée à la formation secondaire, formée des pierres calcaires d'un gris beaucoup plus foncé, qui ne se rencontrent nulle part dans le Jura, tandis que la molasse qui fait la base des plaines dans les cantons de Berne, de Fribourg et de Vaud, se montre à peine à Boudry et à Saint-Blaise, » etc.

La seconde figure représente la coupure du Seyon, entre Neuchâtel et Valangin, où l'on observe la double inclinaison des couches de la montagne de Chaumont.

L'auteur parle aussi de la mine d'asphalte du Bois-de-Croix, « pierre oolitique, imprégnée d'un bitume, que l'on extrait par distillation et qu'on nomme *huile d'asphalte.* Le charbon de pierre du Locle, le gypse de la Brévine et celui de Boudry sont aussi cités. « Au pied de la Clusette et dans le Champ du Moulin, on voit des pyrites aurifères, d'où est sorti l'or que l'on a tiré du sable de l'Areuse. »

Les *pierres roulées alpines,* dont la plus considérable est la Pierrabot, forment une ligne dans la direction des débouchés du Valais, à 1900 pieds au-dessus du lac. (26)

1819. — **J. Picot.** J. Picot, dans la *Statistique de la Suisse,* parle aussi des innombrables blocs de granit et de gneis des Alpes qui, épars sur les flancs du Jura, « sont les témoins incontestables d'une grande révolution physique qui a autrefois bouleversé notre globe ». On trouve dans le Jura de belles carrières de marbre, de l'asphalte, du gypse, des eaux soufrées et un grand nombre de pétrifications.

Ailleurs, il reproduit une partie des faits mentionnés par Sandoz-Rollin. (27)

1822. — **Depping.** *La Suisse, ou Tableau pittoresque,* etc., de Depping, renferme également plusieurs indications que l'on reconnaît aisément pour avoir été empruntées aux ouvrages dont je viens de parler. (28)

1825. — **B. Studer.** La *Monographie de la molasse* de Studer constitue le premier document de stratigraphie géologique de la Suisse. Quoique destiné avant tout à faire connaître cette formation dans les cantons de Berne, Fribourg, etc., ce travail traite aussi de quelques points de notre territoire.

Dans le chapitre consacré à la formation diluvienne, Studer élève des doutes sur le fait que Brochant aurait trouvé des blocs de granit du Grimsel dans le Val-de-Travers. Il parle également des granits du Mont-Blanc et des Poudingues de Vallorsine, signalés par L. de Buch dans la plaine et sur les flancs du Jura.

Au sujet des couches de houille (Braunkohlenlager) de Paudex, Belmont, Oron, Semsales, il reproduit en résumé ce que Razoumowsky a dit de ces gisements. Il en est de même du calcaire fétide (Stinkstein) de Goumöens. Quant à la molasse, avec calcaire fétide et filet de gypse, marne, etc., des environs de Boudry, il paraît l'avoir étudiée personnellement. (29)

1829. — Venetz. La réunion de la Société helvétique au Saint-Bernard fut caractérisée par plusieurs communications géologiques assez importantes. C'est à cette occasion que l'ingénieur Venetz fit lecture de son mémoire sur l'ancienne extension des glaciers alpins. « Il attribue les amas de blocs de roches alpines qui sont répandus sur divers points des Alpes et du Jura, à l'existence d'immenses glaciers qui ont disparu dès lors, et dont ces blocs formaient les moraines. » (30)

1829. — Gilliéron. « M. le professeur Gilliéron communique les observations qu'il a faites sur les couches de pierre à chaux des environs de Goumöens et sur l'asphalte qu'on y a exploité jadis. » (31)

1829. — Correvon. « M. Correvon de Martines a lu une notice sur les carrières du district d'Yverdon. On trouve de la terre à foulon près d'Yverdon, quelques filons de pierre à plâtre près de Gressy, du grès coquillier à Chavannes, du calcaire jaune du Jura à Correvon. M. de Guimps, présente du fer hydraté trouvé sur le Mont de Chamblon. » (32)

1829. — Lardy. On avait annoncé la découverte d'une couche de houille à Cuarny près d'Yverdon. MM. Lardy et Aug. Perdonnet y ont en effet trouvé des traces de lignite qu'on avait commencé à exploiter, mais ce lignite leur a paru n'être autre chose que le résultat de la carbonisation d'un arbre qui se sera trouvé pris dans la masse de grès. » (33)

De 1831 à 1850.

A partir de 1830, la nomenclature stratigraphique est arrêtée dans ses principales divisions. Les *formations primaire, secondaire, tertiaire* et *quaternaire* sont généralement admises aussi bien que les *terrains jurassique, crétacé, nummulitique,* la *molasse,* les *terrains diluviens.* Nous pouvons dès lors adopter pour notre revue bibliographique une forme un peu différente et analyser les sujets par ordre de matières, tout en conservant cependant la disposition chronologique, qui fera de ce travail une *histoire des progrès de la géologie dans le Jura central.*

Comme on le verra, la grande question du transport des blocs erratiques préoccupe surtout l'attention. Par-ci par-là, pourtant, on songe à étudier les terrains stratifiés, dans le Jura comme dans la plaine. On cherche à établir les corrélations avec les formations reconnues en France, en Allemagne, en Angleterre. Enfin la paléontologie commence à devenir un auxiliaire important de la géologie stratigraphique.

ERRATIQUE.

1834. — **Charpentier.** La communication de M. de Charpentier, à la Société helvétique des sciences naturelles à Lucerne, inaugure la longue série de publications sur la *théorie glaciaire* et le transport des *blocs erratiques.* D'après l'ingénieur Venetz, du Valais, les blocs de roches alpines dispersés dans les vallées n'ont point été entraînés par les eaux courantes, mais diverses observations portent à considérer ce phénomène comme intimément lié au mouvement des glaciers et des matériaux qui les accompagnent sous forme de moraines. (37)

1837. — **Agassiz.** Tout en se déclarant d'accord avec de Charpentier sur le phénomène du transport des blocs erratiques par les glaciers, Agassiz n'en admet pas les conséquences absolues. Dans son Discours d'ouverture à la Société helvétique des sciences naturelles, il s'exprime en ces termes :

« Ce serait une grave erreur que de confondre les glaciers qui descendent du sommet des Alpes avec les phénomènes de l'époque des grandes glaces qui ont précédé leur existence. Le phénomène de la dispersion des blocs erratiques ne doit être envisagé que comme un des accidents qui ont accompagné les vastes changements occasionnés par la chute de la température de notre globe avant le commencement de notre époque. (49)

1837. — Agassiz. Dans les *Comptes rendus de l'Académie des sciences,* Agassiz soutient de nouveau avec énergie ses vues relativement au transport des blocs erratiques du Jura par un phénomène unique et sans l'intervention des glaciers et de leurs moraines. (50)

1837. — J.-A. De Luc. J.-A. De Luc, qui n'assistait pas à la réunion de Neuchâtel, avait envoyé un *Mémoire,* dans lequel il s'efforçait de combattre les idées de Charpentier auxquelles il opposait celle des courants diluviens, soutenue d'ailleurs par L. de Buch. (51)

1838. — Charpentier. L'année suivante, dans la réunion de Bâle, Charpentier revient sur la théorie du transport glaciaire, en insistant sur le phénomène de la *dilatation* en opposition au *glissement* invoqué par Agassiz. De Buch fait observer que, dans la vallée des Ponts, des couches de glace se conservent perpétuellement dans les tourbières (?). (57)

1838. — De Luc. Dans cette même session, De Luc signale d'innombrables blocs de roches calcaires, épars entre Régnier, La Roche et l'Arve, en Savoie. Quelques-uns sont énormes. Ils sont souvent entremêlés de granits. Ces blocs ont dû être transportés là par quelque grand bouleversement, probablement contemporain de celui qui a transporté les blocs de granit. (62)

1838. — De Luc. Un second mémoire du savant genevois paraissait la même année dans le *Bulletin de la Société géologique de France* sous le titre de *Notice sur les blocs erratiques alpins épars à de grandes distances des Alpes.* Nous y trouvons diverses indications qu'il me paraît utile de reproduire ici, car elles nous font connaître un certain nombre de faits importants pour l'étude du terrain erratique dans le Jura.

Le phénomène du transport des débris alpins avait déjà été signalé par Leduc le père, dans un voyage qu'il fit dans le canton de Neuchâtel en 1789 et qu'il publia à Londres en 1813. Il avait observé un grand nombre de blocs de roches primitives, en venant de Besançon à Ornans et près de Pontarlier.

Près de Môtiers, à Pierrenod, il vit, sur la partie la plus élevée, trois blocs posés dans le sens de la longueur. L'un d'eux avait dix-huit à vingt pieds ; les autres sept à huit.

Entre le Creux-du-Vent et la Reuse il voit un des exemples les plus frappants de ces blocs de granit. Leur nombre et leur abondance leur donnent l'apparence d'un hameau de chalets.

« Au Crêt de la Sagne, on observe des masses de pierres primitives, et à Pont-Martel on les voit en grande quantité. »

Ayant remarqué à la Chaux-de-Fonds que les meules de moulin étaient de *granit*, il apprit que les pierres de cette espèce étaient connues sous le nom de *grisons*, que celles qui étaient assez grosses pour faire des meules se trouvaient vers le penchant de la montagne qui descend vers le Doubs, dans la combe près du Dazenet.

La vallée de Saint-Imier où coule la Suze est jonchée de pierres, comme le sont aussi les éminences entre cette vallée et le cours du Doubs. (56)

1839. — **De Luc.** Le même auteur explique le mouvement des glaciers par la fonte de la partie qui repose sur le terrain, vu la chaleur propre de celui-ci. Il réfute l'opinion de M. Agassiz qui regarde les roches polies comme le résultat d'anciens glaciers, en signalant leur existence dans la Haute-Marne, où on n'a jamais soupçonné qu'il y ait eu autrefois des glaciers. (73)

1839. — **Studer.** Entre la théorie de MM. Venetz et Charpentier, qui admettent simplement l'ancienne extension des glaciers jusqu'au Jura, et celle d'Agassiz qui évoque celle d'une glaciation universelle, Studer se prononce, après un voyage autour du Mont-Rose, du Mont-Blanc et dans la vallée d'Aoste, en faveur des fondateurs de la théorie des glaciers et de leurs moraines terminales au débouché des grandes vallées des Alpes. (70)

1840. — **Agassiz.** Dans ses *Études sur les glaciers,* Agassiz consacre un chapitre à l'exposé des preuves de l'existence de grandes nappes de glace, couvrant toute l'Europe. « Lors du soulèvement des Alpes, dit-il, cette nappe a été soulevée comme toutes les autres roches ; des débris, détachés de toutes les fentes, sont tombés à sa surface, se sont mus sur la pente de cette nappe », etc. Et plus loin : « Les blocs erratiques, qui diffèrent si fort des moraines, ne sauraient être confondus avec ces dernières puisqu'ils s'étaient déposés avant elles. » (80)

1840. — E. de Beaumont. Dans une lettre adressée à la société helvétique réunie à Fribourg, E. de Beaumont conteste que les surfaces polies et les stries soient dues à l'action des glaciers. Il invoque contre la théorie de M. Agassiz le peu de pente qu'aurait un glacier qui s'étendait depuis le sommet des Alpes jusqu'au Jura, et l'impossibilité de concevoir comment les blocs erratiques auraient glissé à la surface de ce glacier. (81)

1841. — Charpentier. La publication de l'*Essai sur les glaciers*, de Charpentier, allait enfin donner un corps à toutes les observations recueillies, tant sur les glaciers actuels que sur les dépôts et les blocs erratiques du plateau suisse et du Jura.

La première partie, consacrée aux phénomènes actuels des glaciers, est étrangère à notre revue. Dès le début de la seconde partie l'auteur énonce le fait « que les *débris*, qui constituent le terrain erratique de la Suisse occidentale, proviennent de roches qui se trouvent *en place*, dans la grande vallée du Rhône et dans ses vallées latérales ». Il démontre en outre que la direction de l'agent qui a opéré leur transport a été du midi au nord, c'est-à-dire des Alpes au Jura.

Parmi les blocs ainsi transportés, il signale la *Pierre-à-Bot* près de Neuchâtel, la *Pierre de Milliet*, au-dessus de Mont-la-Ville, la *Pierre de Gondy* près de Provence, etc.

Les *dépôts éparpillés* se rencontrent dans les environs de la Sarraz, d'Orbe, de Bretonnière, etc. Les *dépôts accumulés,* ayant conservé la forme de moraine, se trouvent sur le flanc même du Jura, principalement entre Beaulmes et Concise. Enfin les *dépôts stratifiés,* formés de couches qui se terminent en coin, et qui présentent tous les caractères du diluvium glaciaire, sont signalés dans tous les vallons qui descendent du Jorat vers le lac Léman.

La hauteur atteinte par l'erratique sur les flancs du Jura est indiquée, d'après L. de Buch, au flanc du Chasseron à 3100 pieds au-dessus de la plaine. La limite supérieure de la zone des gros blocs est tracée en détail dans le § 53. (86)

1841. — **Necker.** Dans ses *Études géologiques*, Necker distingue aux environs de Genève l'*alluvion ancienne,* stratifiée, souvent conglomérée ou cimentée (béton), reposant sur les diverses assises de la molasse. Par-dessus cette alluvion ancienne repose ce qu'il appelle le *diluvien cataclystique,* non stratifié, caractérisé par le mélange complet des matériaux et la présence de gros blocs de roches alpines. (90)

1841. — **Desor.** Dans la réunion de la société helvétique à Zurich, M. Desor présente quelques objections contre la théorie de Charpentier. Celui-ci répond en faisant observer que la largeur considérable du glacier du Rhône était due à la présence du Jura qui, opposant une barrière insurmontable au glacier, le forçait à s'étendre à droite et à gauche le long du flanc de la chaîne. (88)

1841. — **Guyot.** M. Guyot présente ensuite le résultat de ses observations sur la limite supérieure des blocs aux flancs du Jura. Les blocs les plus gros sont placés près de la limite supérieure, mais au-dessus de cette limite et tout à fait en dehors, on trouve, dans l'intérieur du Jura, des blocs alpins jusqu'à 3300 pieds de hauteur absolue. Il en a trouvé jusque derrière la quatrième chaîne, près de la vallée du Doubs, et dans les vallées des cantons de Neuchâtel et de Berne. A M. Agassiz qui soulève des objections relativement à la direction des stries, il fait observer que cette direction devait changer dès que le glacier avait atteint la barrière du Jura. (87)

1842. — **Guyot.** A. Guyot ne devait pas en rester là de ses démonstrations, et à partir de cette époque nous le voyons consacrer de nombreuses excursions dans le Jura en vue d'arriver à la démonstration de ce fait que chacun des bassins hydrographiques de la Suisse est caractérisé par la présence de matériaux erratiques provenant de la partie supérieure du bassin, qu'il existe une *loi de distribution,* en opposition à celles d'une *dispersion générale et cataclystique.* Ainsi, pour le bassin du Rhône il indique sept espèces de roches, que l'on retrouve dans le Jura, constituant des zones, ou régions, dans lesquelles prédominent exclusivement certaines espèces.

C'est ainsi que les roches pennines, *arkésine, gneiss, chlorite* et *chlorites granuleuses* pénètrent dans les hautes vallées du Jura, bien au delà et au-dessus des limites tracées pour le terrain erratique dans le Jura neuchâtelois et vaudois par les grands blocs de granits *(Protogine)* et les roches polies. (92)

1842. — **J.-A. de Luc.** Les partisans de la théorie diluvienne ne se tiennent cependant pas pour battus. J.-A. de Luc adresse à la société helvétique, réunie à Altorf, une lettre dans laquelle il insiste sur le caractère anguleux des blocs de granit du Salève et du Mont de Sion. Il indique des amas de blocs très nombreux au-dessus de Lignerolles, de l'Abergement, de Beaulmes, etc. (93)

1842. — **J.-A. de Luc.** Dans une note communiquée à la société géologique de France, le même auteur s'attache à combattre l'opinion de M. Venetz. Il cite, près de Nyon, un bloc de serpentine très considérable dont toutes les faces sont polies, et, près de Mont-la-Ville, le bloc le plus gros et le plus élevé, qui a 9000 pieds cubes. (96)

1843. — **J.-A. de Luc.** En 1843, Leduc revient encore sur les phénomènes que présente le terrain de transport du bassin de Genève, qui ne peuvent s'expliquer par la *théorie des éjaculations* de M. d'Homalins d'Halloy. Il entre dans des détails très étendus sur la nature des terrains sur lesquels la ville de Genève est fondée, sur ceux du Plan-les-Ouates, etc. (103)

1843. — **Blanchet.** Dans son *Essai sur l'histoire naturelle des environs de Vevey*, M. Blanchet signale plusieurs gros blocs de roches étrangères au Jorat dans la région avoisinant le lac de Bret, le Bois de la Chaux et Chexbres. Ce sont entre autres, des granits et des poudingues de Vallorsine. (98)

1843. — **Guyot.** En 1843, M. Guyot revient encore sur la dispersion du terrain erratique et s'occupe de la zone de contact des matériaux du bassin du Rhône avec ceux du bassin de l'Arve. Après avoir poursuivi les roches du Valais dans les vallées des Dranses, il constate que leur limite descend rapidement sur le flanc occidental des Voirons et qu'elles disparaissent entre Saint-Cergues (Voirons) et Lucinge où se rencontrent celles du bassin de l'Arve. Il conclut, en terminant, en disant que des trois bassins ou régions, du Rhône, de l'Arve et de l'Isère, celui du Rhône est de beaucoup le plus considérable, car il couvre la plaine entière jusqu'au Mont-de-Sion. (104)

1843. — **Venetz.** M. Venetz pense que le phénomène, tel que vient de l'exposer M. Guyot, s'explique très bien par la théorie des glaciers. Lorsque le grand glacier du Rhône est venu s'appuyer contre le Jura, il y avait simultanément dans le Jura des glaciers indépendants, qui furent refoulés avec leurs moraines. Plus tard, lorsque le grand glacier commença à diminuer, ceux-ci acquirent de nouveau un plus grand développement et envahirent même le domaine occupé jadis par le grand glacier, et c'est en ces endroits que leurs moraines ont dû se rencontrer. (109)

1843. — A. Favre. Dans ses *Considérations géologiques sur le Mont Salève*, M. A. Favre établit deux divisions pour le *terrain de transport*, dont l'une est antérieure à l'époque actuelle. Il admet les deux subdivisions de Necker, mais en observant que les blocs erratiques et les cailloux striés ne se trouvent jamais dans l'alluvion ancienne. Il établit aussi que les *terrains diluviens cataclystiques* sont disposés en terrasses horizontales, étagées, au nombre de trois, sur les rives du Léman. (106)

1843. — Blanchet. En 1843, R. Blanchet présente une carte du canton de Vaud sur laquelle il a tracé les limites des dépôts erratiques. Il a observé trois séries de dépôts, à différents niveaux au-dessus du Léman, et en conclut à autant de phases d'avancement et de retrait du glacier du Rhône, etc. (102)

1843. — Lardy. M. Lardy a vu de fort belles roches polies entre Arzier et Saint-Cergues. Dans la forêt de Bonmont au-dessus de Gingins, on a mis à découvert un dépôt morainique entremêlé de blocs jurassiques arrondis, parmi lesquels il en est d'un volume très considérable. (107)

1843. — Guyot. M. Guyot confirme les observations de M. Lardy et cite de nombreux dépôts erratiques de limon avec blocs exclusivement jurassiques. Il indique sur un relief de la Suisse les contours et les courbes que décrit, sur le Jura, la limite supérieure du terrain erratique alpin. La vallée de la Valserine renferme un terrain erratique qui lui est propre et qui rencontre l'erratique alpin près de Bellegarde. (108)

1844. — Blanchet. M. R. Blanchet présente à la Société vaudoise de nouvelles preuves en faveur du système développé par Charpentier. Il dit avoir retrouvé dans la vallée du Léman les traces de deux grandes époques glaciaires.

Les cartes de Charpentier et Guyot marquent les limites de la première époque. Ceux de la seconde époque s'observent depuis le bord du lac à une hauteur de 630 pieds, sous forme de dépôts étagés stratifiés; ils présentent leur plus grande épaisseur au Signal de Bougy. (113)

1844. — **Desor.** Le travail dont je viens de parler fut publié en tirage à part, et accompagné d'un *Mémoire* de M. Desor, dans lequel celui-ci appuie les conclusions de Blanchet et annonce qu'il a trouvé des dépôts semblables à ceux de Lausanne et de Cully sur plusieurs points du Jura, entre autres près de la Neuveville et à la Prise Chaillet, au-dessus de Colombier. Ces dépôts sont, il est vrai, stratifiés, mais il en attribue la cause aux digues momentanées formées pendant la retraite du glacier. (120)

1844. — **Guyot.** La note de Guyot *sur la distribution des espèces de roches dans le bassin erratique du Rhône* résume de la façon la plus magistrale l'œuvre du savant professeur neuchâtelois. Les faits reconnus par lui lui montrent que la *répartition des espèces de roches erratiques dans l'intérieur de chaque bassin est soumise à une loi, et que cette loi est la même pour tous les bassins.* Chacun d'eux présente ou renferme des *espèces caractéristiques* de roches, granit, gneiss, chlorites, etc. Il n'y a ni mélange, ni désordre. Ainsi les *roches pennines* sont les seules qui pénètrent dans le Jura. Le granit du Mont-Blanc forme une zone prolongée depuis la Dôle jusqu'au-delà de Soleure, etc. (112)

1845. — **J.-A. de Luc.** La note de J.-A. de Luc sur *les blocs de granits épars* sur le coteau d'Esery ne fait guère que continuer la controverse glaciaire. Dans trois courses, faites en 1815, 1844 et 1845, il a reconnu des centaines de blocs (1200 en 1815), dont quelques-uns de très grande taille. Ces blocs sont dispersés sans ordre, et non rangés en forme de moraine, etc. (123)

1845. — **Desor.** Dans un appendice aux *Nouvelles excursions et séjours dans les glaciers,* Desor consacre quelques mots à l'examen des travaux de M. Guyot, « qui s'était chargé de la tâche pénible et difficile de déterminer les limites exactes des différents bassins et d'étudier la distribution des roches caractéristiques dans ces mêmes bassins, afin de remonter à leur point de départ ». Il est arrivé à ce résultat important, savoir qu'il existe sur le revers septentrional des Alpes sept bassins distincts, dont le plus important est celui du Rhône. (125)

1846. — **Colomb.** Dans une lettre à M. Martins, M. Colomb dit que la

retraite du grand glacier du Rhône a subi des temps d'arrêt et qu'il s'est
formé de petits glaciers, dont il a reconnu les moraines, que les matériaux
sont revenus en arrière et que, en résumé, les anciens glaciers n'ont point
disparu brusquement, mais petit à petit. (134)

1846. — Royer. M. Royer a publié en 1847 une note intéressante sur
la moraine de la Ferrière-Jougne. Une butte, formée de gravier calcaire,
occupe le centre de la vallée et paraît l'avoir barrée autrefois. Cette butte
est évidemment une moraine terminale, dont les extrémités ont été en partie détruites par le ruisseau. La nature exclusivement calcaire de ce terrain
de transport annonce que le glacier qui l'a produit descendait des sommités
de cette vallée. Ce n'est qu'en continuant à descendre cette gorge qu'on rencontre des galets et des blocs alpins. (137)

1847. — Pidancet et Lory. En 1847, Pidancet et Lory cherchent à
démontrer qu'à une certaine époque le Jura a eu des glaciers qui lui étaient
spéciaux et indépendants de ceux qui venaient des Alpes. (136)

1847. — A. Favre. M. A. Favre, de Genève, leur répond immédiatement qu'ils ne sont pas les premiers qui aient fait cette observation. Agassiz
et Guyot ont publié en 1842 leurs découvertes à ce sujet. Il en est de même
de Lardy et Guyot en 1843. (145)

1847. — Martins. M. Martins observe de son côté que les traces de
glaciers observées dans le Jura avant Pidancet et Lory consistaient en moraines, dont les matériaux étant de même nature que la roche sous-jacente
pouvaient laisser quelques doutes, tandis que Pidancet et Lory ont reconnu
une roche polie en place, finement striée de stries rectilignes de 26 mètres
de long, ainsi que des cailloux usés et frottés, en tout semblables à ceux
que les glaciers entraînent avec eux. (143)

TERTIAIRE.

1832. — J. De la Harpe. En 1832, M. J. De la Harpe a publié une
note sur la houille de Paudex, où une nouvelle couche a été découverte et
paraît se relier avec celle d'Oron. (34)

1837. — Nicolet. Dans l'*Essai sur la Constitution géologique de la vallée
de la Chaux-de-Fonds,* Nicolet divise la formation supra-crétacée en deux ter-

rains, le *terrain Tritonien* (molasse marine) et le *terrain Nymphéen* (calcaire et marne d'eau douce) avec des Paludines, Planorbes, Helix, etc. La *marne rouge* renferme des moules d'Helix. La *marne à ossements,* supérieure au calcaire d'eau douce, renferme diverses espèces des genres *Dinotherium, Lophiodon,* etc. Il signale encore une argile et grès, et un conglomérat ou Nagelfluh, sans fossiles, dont l'âge n'a jamais été bien établi. (54)

1839. — **Montmollin.** La *Note explicative pour la carte géologique du canton de Neuchâtel,* signale le terrain tertiaire, représenté par la molasse, par des calcaires d'eau douce et par des argiles, dans les vallées du Val-de-Ruz. du Val-de-Travers, des Ponts, etc. Les environs de Boudry et ceux de Marin sont occupés par les terrains tertiaires de la grande vallée de la Suisse. (66)

1839. — **Studer.** Dans la réunion de la Société helvétique à Berne, une discussion s'engage au sujet de la nomenclature des assises de la molasse suisse. M. Studer pense que l'on ne doit pas appliquer les noms de M. Brongniart à nos terrains, attendu qu'ils sont plus récents que ceux du bassin de Paris. (70)

1841. — **Necker.** La molasse des environs de Genève est considérée dans son ensemble par M. Necker comme étant une formation d'eau douce. La partie inférieure est rouge ou violacée, pauvre en fossiles. L'un des affleurements les plus intéressants est celui du Nant d'Avenchet, qui renferme des Hélix, des Planorbes et des Lymnées. Ailleurs la molasse forme des collines ou coteaux, tels que ceux de Boisy, de Monthoux, de Cologny, etc., dont les couches sont horizontales, tandis qu'au pied du Salève elles sont redressées. (90)

1843. — **A. Favre.** A. Favre a consacré un chapitre de son *Salève* à la molasse des environs de Genève, mais il dit lui-même n'avoir pas grand' chose à ajouter au travail de Necker. Il croit que le terrain sidérolitique s'est formé antérieurement à l'époque tertiaire et qu'il doit son origine à une action plutonique ou semi-plutonique. (106)

1843. — **Blanchet.** En 1843, M. Blanchet présente à la Société vaudoise un travail sur la molasse vaudoise. Il parle des poudingues et de la marne, ou molasse rouge, de la Veveyse et montre la collection qui lui a servi à faire ce travail.

A propos des empreintes de feuilles, M. de Buch dit qu'elles ont les plus grands rapports avec celles qu'on trouve à l'Albis près de Zurich. (100)

1843. — **Blanchet.** Le même auteur donne une description des houillères d'Oron-le-Château, dans lesquelles on exploite deux couches de houille, séparées par un banc calcaire de demi-mètre d'épaisseur. Il n'y a trouvé que quelques fossiles fluviatiles, Planorbes, etc. La quantité de pyrites qui caractérise cette houille doit provenir de la décomposition des substances organiques. (99)

1843. — **Blanchet.** Dans son *Histoire naturelle des environs de Vevey*, M. Blanchet présente un aperçu des assises de la formation molassique au nord du Léman. Ce sont des lits alternatifs de marne, de limon, de sable, de grès et de poudingues, dans lequel il a recueilli des empreintes végétales, parmi lesquelles le *Palmacites (Sabal) Lamanonis* ainsi que des ossements de vertébrés, *Rhinoceros, Paleomeryx*, tortues, poissons, etc. (97)

1844. — **Lardy.** Dans sa note *sur la géologie du Jura vaudois*, Lardy signale la présence de la molasse marine à dents de requins dans le vallon de Noirvaux. (115)

1845. — **Blanchet.** A Pully, d'après R. Blanchet, la mine de houille (lignite), se compose de trois couches, dont deux seulement sont exploitables ; elles sont séparées par 40 pieds de molasse, de marne et de calcaire fétide. A Belmont, les couches se terminent en pointe vers le couchant. (124)

GRÈS-VERTS.

Déjà en 1821, Brongniart, s'appuyant sur l'étude des fossiles de Rouen et de la Perte-du-Rhône, envisageait la formation des grès-verts de ces gisements comme plus anciennes que la craie et les désignait sous le nom de glauconie crayeuse.

1837. — **Dubois.** En 1837, Dubois de Montperreux signale la découverte près de Neuchâtel, d'un lambeau de terrain appuyé sur le calcaire jaune, analogue du grès-vert, et caractérisé par l'*Ammonites varians*, le *Turrilites Bergeri*, etc. (53)

1838. — **Thurmann.** D'après Thurmann, au Val de Saint-Imier le grès-vert, superposé au Néocomien, est un sable jaune-verdâtre renfermant les espèces caractéristiques, telles que *Inoceramus sulcatus* et *concentricus*.

Des traces en ont été signalées à la Chaux-de-Fonds par Nicolet (à l'état remanié). Il se retrouve à Sainte-Croix, dans le Jura vaudois, avec le *Turrilites Bergeri*, d'après Mérian. Ces lambeaux de grès-vert correspondent avec le terrain de la Perte-du-Rhône, superposé aux calcaires jaunes à *Strombus pelagi*. (64)

1839. — **Dubois.** M. Dubois rappelle l'existence du grès-vert à Souaillon près de Saint-Blaise. Il a dû exister tout le long du Jura; si on ne le retrouve pas, c'est parce qu'il a été en grande partie détruit. (67)

1841. — **Escher.** En 1841, Escher de la Linth indique le grès-vert dans son profil de la Perte-du-Rhône. (84)

1844. — **Lardy.** En 1844, Lardy signale dans le bassin des Granges de Sainte-Croix, au Lac Bournet, des marnes renfermant une grande variété de fossiles à l'état de fer sulfuré, appartenant au grès-vert, tels que *Inoceramus sulcatus*, etc. (115)

1845. — **Colomb.** L'année suivante, le pasteur Colomb, qui, trompé par les apparences, avait considéré ces marnes à fossiles pyriteux comme oxfordiennes, rectifiait sa première appréciation. (126)

1849. — **Lory.** Jusqu'ici les couches des grès-verts n'avaient été signalées qu'en lambeaux de peu d'étendue, et la craie marneuse de Rouen n'avait pas été observée en rapport avec les argiles et les sables du gault. La note de Lory, adressée à la société géologique de France, fait connaître les gisements des bords du lac de Saint-Point, où on les voit régulièrement superposées au gault, et très fossilifères. Ce gault superposé au néocomien supérieur, se compose de deux assises de grès-vert, de un mètre, séparées par une assise de marne bleue plastique, de 8 mètres. La craie d'un blanc-grisâtre, puissante d'environ cinquante mètres, renferme l'*Ammonites Rothomagensis* et des Inocerames à la base et, plus haut, le *Turrilites costatus*, l'*Ammonites varians*, etc. Elle existe aussi à Morteau. L'auteur termine son mémoire en disant que la *craie du Jura* est une formation marine, de faciès subpélagique, succédant à la formation fluvio-marine du gault. Elle indique un approfondissement général de la mer, une grande uniformité dans les conditions du dépôt et dans les circonstances biologiques, sur des points où il n'en était pas de même aux époques précédentes, etc. (150)

Néocomien.

1833. — **Montmollin.** C'est dans les années 1825 à 1828 que M. Aug. de Montmollin se livra aux premières recherches géologiques sur les terrains des environs de Neuchâtel. Ayant recueilli les fossiles des marnes bleues qui se trouvent sous le calcaire jaune, il les soumit à Al. Brongniart, qui reconnut une analogie incontestable avec les espèces de l'étage inférieur de la formation crétacée. Jusqu'alors on avait considéré ces marnes comme Kimméridiennes et le calcaire jaune comme Portlandien. (36)

1835. — **Montmollin.** En 1835, M. de Montmollin publiait son *Mémoire sur le terrain crétacé du Jura*, qui est resté dès lors le point de toutes les études sur cette division des terrains sédimentaires. Il indique, à la base de la marne bleue, un calcaire jaune inférieur, dont il ne peut déterminer l'âge, vu l'absence des fossiles et la ressemblance avec le calcaire portlandien. Puis il fait la description des diverses assises de la marne bleue et du calcaire jaune, dont il a reconnu l'existence dans les vallées intérieures du Jura. Un tableau, ou liste des fossiles les plus remarquables, avec l'indication de leurs rapports avec les espèces figurées par Bourguet, Goldfuss, Sowerby, etc., termine le mémoire. Dans une note additionnelle, il mentionne l'existence du calcaire jaune le long de la base méridionale du Jura vaudois, où il forme des collines, telles que le Mont de Chamblon, le Mormont, etc. (39)

1836. — **Lejeune.** M. Lejeune, après avoir lu le mémoire de M. de Montmollin et étudié la région du Barrois, en Champagne, n'hésite pas à déclarer que le terrain crétacé du Jura a son équivalent en France, et particulièrement aux environs de Saint-Dizier, où il a rencontré la *Gryphea Couloni*, la *Terebratula depressa*, etc. (47)

1836. — **Thurmann.** En 1836, une quinzaine de géologues suisses et français, réunis à Porrentruy, constituaient la Société géologique des Monts Jura. M. de Montmollin y représentait le Jura neuchâtelois, et la première journée se termina par une discussion sur le synchronisme du *terrain crétacé du Jura*, auquel M. Thurmann proposa de donner le nom de *terrain néocomien*. (43)

1836. — **Voltz.** Le géologue alsacien Voltz n'était cependant point convaincu de l'âge crétacé du néocomien. Sur trente-huit fossiles de ce terrain qu'il avait pu déterminer, il en trouvait douze exclusivement jurassiques, neuf crétacés, les autres douteux ou communs aux deux terrains. (45)

1836. — **Thurmann.** Dans le second cahier de son *Essai sur les soulèvements jurassiques*, Thurmann signale, au-dessous des terrains tertiaires, les terrains secondaires, savoir : Le terrain néocomien *(Le crétacé du Jura)* se divisant en: 1º *Grès-verts*, avec *Inoceramus sulcatus* et *concentricus;* 2ºCalcaires jaunes et marnes bleues, avec *Exogyra aquila, Terebratula depressa,* etc. Ainsi, à partir de ce moment se trouve consacré le nom de *terrain néocomien* pour désigner les couches inférieures de la série crétacée. (44)

1837. — **Nicolet.** Autant qu'il est possible d'en juger, le *Mémoire sur la constitution géologique de la vallée de la Chaux-de-Fonds* fut rédigé en 1837. L'auteur distingue deux assises, savoir : A. *La marne à Gryphea Couloni,* première assise, reposant sur le Portlandien, et B. *le calcaire oolitique jaune désagrégé,* qui se subdivise en plusieurs couches alternantes de marnes et de calcaires. (54)

1837. — **Dubois de Montperreux.** Dans une lettre adressée à Élie de Beaumont, Dubois de Montperreux rappelle que l'on est d'accord pour classer les couches de la craie en trois étages, dont l'inférieur serait la formation wealdienne d'Angleterre. Il s'ensuit que le néocomien représenterait le faciès marin du wealdien. Son âge est d'ailleurs confirmé par la découverte à Souaillon près de Neuchâtel d'un lambeau de terrain caractérisé par l'*Ammonites varians*, le *Turrilites Bergeri*, etc.

L'auteur a reconnu la parfaite identité du néocomien de la Crimée avec celui de Neuchâtel. Il y a même observé les calcaires supérieurs à Dicerates. (55)

1838. — **Thurmann.** Dans la réunion de la Société géologique de France à Porrentruy, Thurmann présente une suite des roches et des fossiles du terrain néocomien. Une discussion s'engage au sujet d'un prétendu mélange d'espèces jurassiques, parmi lesquelles le *Pteroceras oceani,* et

d'espèces crétacées. On constate qu'il doit y avoir eu confusion entre cette
espèce et le Strombus pelagi, recueilli à Plancemont au Val-de-Travers.

1838. — **Leymerie** n'hésite pas à adopter pour son quatrième étage
du terrain crétacé de l'Aube le nom de néocomien. C'est un calcaire grossier, jaunâtre, renfermant le Spatangus retusus, l'Ammonites asper, etc. (59)

1838. — **Dubois.** M. Dubois de Montperreux discute avec M. Royer
sur la position du néocomien relativement aux autres groupes crétacés. (63)

1839. — **Montmollin.** Dans sa Note explicative de la carte géologique
de la Principauté de Neuchâtel, Montmollin indique la formation crétacée,
représentée par le terrain du calcaire jaune, pour lequel, dit-il, on a adopté
le nom de néocomien, de Neocomum, Neuchâtel. Il renvoie du reste à son
mémoire, inséré dans le premier volume de la Société. Dans les deux coupes en travers du Jura ce terrain est indiqué sous le titre de Craie, entre le
Portlandien et le tertiaire. (66)

1839. — **Dubois.** Dans la section de géologie à la société helvétique
réunie à Berne, M. Dubois présente quelques observations sur le terrain
crétacé du Jura. Il rappelle l'existence d'un petit vallon creusé dans une
couche de marne, caractérisée par le Holaster complanatus et les Terebratula
biplicata et depressa. Par-dessus, règne une couche épaisse de calcaire jaune,
caractérisée par la présence de Diceras, les mêmes qu'en Crimée, et qu'il
envisage comme le dernier étage néocomien (67). MM. de Montmollin,
Ibbetson, Studer discutent aussi sur le même sujet. (68)

1839. — **C. Prévost.** En 1839, une discussion s'engage à la Société
géologique de France entre C. Prévost et Murchison sur l'opportunité d'admettre un nom nouveau pour le néocomien. C. Prévost dit que, tout en
admettant le synchronisme avec le wealdien il est nécessaire de les distinguer comme formation. Fitton pense aussi qu'une formation marine pouvait
se déposer en même temps qu'il se formait un dépôt d'eau douce. (69)

1840. — **A. Guyot.** A. Guyot s'est aussi occupé du néocomien. Il a fait
diverses remarques sur sa puissance et son développement le long des pen-
tes méridionales du Jura vaudois et dans l'intérieur des chaînes jurassiques
jusqu'aux environs d'Aix en Savoie. (85)

1840. — **Escher de la Linth.** En 1841, Escher de la Linth adressait à
A. d'Orbigny un profil de la Perte-du-Rhône, établissant la superposition

des couches à Orbitolites et du sable vert à *Ammonites, Inoceramus,* aux couches de calcaire marneux jaunâtre à *Ptéroceras, Spatangus,* considérées comme néocomiennes.

Au Salève, il reconnaît de bas en haut des couches calcaires à Dicerates (jurassique), des calcaires marneux à fossiles néocomiens, et enfin un calcaire blanc à *Chama ammonia.* (84)

1842. — Itier. M. Itier présente, en 1842, à la Société géologique de France un mémoire sur la formation néocomienne du Département de l'Ain. Il indique la Perte-du-Rhône comme présentant le développement le plus remarquable de cette formation qu'il divise en trois groupes Le *groupe supérieur,* calcaire blanc compacte ou subcrayeux à *Chama ammonia* Polypiers, etc. Le *groupe moyen,* composé d'oolite blanche, de calcaire jaune-verdâtre, à *Spatangus retusus, Exogyra Couloni,* etc. Le groupe inférieur, comprenant les marnes bleues et grises à *Pecten quinquecostatus, Trigonia caudata,* etc. (94)

1842. — D'Orbigny. En 1841, d'Orbigny publie ses Considérations générales sur les Rudistes et appelle *Première zone de Rudistes* le massif de calcaire blanc à *Radiolites neocomienses* et *Caprotina ammonia* qui, dit-il, paraît former la partie supérieure du Salève. (95)

1842. — Mathéron. Ce calcaire à *Chama ammonia* est-il réellement supérieur au néocomien, ou bien lui est-il inférieur? Mathéron soutient la négative d'après ses observations en Provence, tandis que Coquand, Itier, sont d'accord avec d'Orbigny. (97)

1843. — A Favre. Dans ses *Considérations géologiques sur le Mont Salève,* A. Favre divise la formation néocomienne en deux étages, l'un, *supérieur,* constitué par le calcaire à *Pteroceras pelagi* et la première zone de Rudistes, l'autre, *inférieur,* composé de plusieurs assises de calcaires de nature variée. Pour chacun d'eux il donne une liste de fossiles déterminées par Agassiz, par Pictet et par lui-même. Il dit que les espèces de l'étage supérieur sont pour la plupart nouvelles et non décrites. L'espèce la plus abondante et la plus caractéristique est la *Caprotina ammonia* qui a été trouvé au Mormont et à la Raisse près de Concise. (106)

1844. — Lardy. On doit à M. Lardy les premières notions exactes sur l'existence et les caractères du néocomien aux environs de Sainte-Croix.

Sa présence est signalée au Collas, au pied nord de l'Aiguille-de-Beaulmes, ainsi que dans le bassin des Granges, au-delà du Col des Etroits et dans le pli resserré de Neyrevaux. Il signale au nord de l'Auberson une ligne de rochers avec de grandes caprotines ou *Chama ammonia,* comme au Mormont et à la Raisse. Ces couches sont en outre surmontées par le grès-vert, et celui-ci par la molasse marine. (115)

1845. — Lardy. Un résumé succinct du travail de M. Lardy a été inséré dans les Actes de la Société helvétique, réunie à Genève en 1845. (126)

1846. — Marcou. En 1846, M. Marcou résume la seconde partie de ses *Recherches géologiques sur le Jura salinois* et fait la description du Néocomien de Nozeroy ou du Val-de-Mièges. Il signale à la base des marnes bleues, sans fossiles, mais renfermant sur plusieurs points des dépôts de gypse, au-dessus desquelles se rencontrent des calcaires ferrugineux, et évoque à leur sujet des phénomènes plutoniques, sources thermales et minérales, etc.

Au-dessus de ces calcaires ferrugineux viennent les marnes bleues d'Hauterive, dans lesquelles il distingue quatre faciès. Enfin la série est surmontée par des calcaires lumachelliques et une grande série de calcaire blanc, dont les fossiles sont rares et mal conservés, mais qui doit correspondre au calcaire à Rudistes de Thoiry et d'Allemogne près de Genève. (130)

1847. — Marcou. Dans sa *Notice sur les hautes sommités du Jura comprises entre la Dôle et le Reculet,* Marcou signale l'existence des couches néocomiennes aux environs de Saint-Cergues et des Rousses, à l'altitude de 1267 mètres, tandis qu'à Thoiry, près de Divonne, elles ne remontent qu'à 550 mètres. Il consacre à l'orographie un chapitre spécial, destiné à prouver qu'entre le dépôt des couches jurassiques les plus supérieures et celui des couches néocomiennes inférieures, il y a eu *soulèvement* du sol et par conséquent *discordance de stratification.* (138)

1847. — Pidancet et Lory. En même temps que Marcou, Pidancet et Lory se livraient à des recherches très actives sur *le terrain Néocomien et ses relations avec le terrain jurassique aux environs de Sainte-Croix et dans le Val-de-Travers.* Dans le mémoire publié à cette occasion, ils s'attachent dès le début à faire connaître l'orographie de la chaîne du Chasseron et des vallons du Collas, de Noirvaux, où ils observent les couches néocomiennes, ployées et renversées en forme de V, d'une part, et reposant d'autre part en parfaite concordance sur le portlandien. Une grande faille, qui se prolonge dans le Val-de-Travers, forme un abrupt au-dessus des couches crétacées et met en contact celles-ci avec le portlandien. (144)

Dans la *Note sur la Dôle*, Pidancet et Lory ont également pour but de démontrer que Marcou s'est trompé en considérant la Dôle comme offrant des accidents particuliers, qui constitueraient de véritables exceptions aux lois orographiques de Thurmann.

La Dôle n'est autre chose qu'une voûte étroite, qui s'est rompue suivant son axe, de manière à présenter deux crêts, d'une hauteur inégale, comme c'est presque toujours le cas dans les hautes chaînes du Jura méridional. Deux coupes montrent le ploiement des couches néocomiennes de part et d'autre de cette voûte. « L'étage néocomien, disent-ils, relevé presque au niveau du sommet, partage complètement tous les mouvements du terrain jurassique. Il est terminé par une assise caractéristique de marnes grises, sans fossiles, contenant parfois du gypse, qui repose directement sur l'assise la plus élevée du Portlandien. » (142)

1850. — **Lory.** C'est dans cette assise des marnes à gypse que Lory découvrait, un peu plus tard, des fossiles d'eau douce, au sujet desquels il publiait en 1850 une notice dans le *Bulletin de la société géologique de France.* (153)

Terrains jurassiques.

1832. — **Thurmann.** J. Thurmann, de Porrentruy, est le premier géologue jurassien qui se soit occupé de la nomenclature stratigraphique de nos terrains jurassiques. C'est à lui qu'on doit les termes encore aujourd'hui usités des terrains ou étages *virgulien, ptérocérien, astartien,* etc., substitués à la nomenclature anglaise ou française alors usitée. Il n'entre pas dans le cadre de cette revue de développer les bases de cette classification, mais nous ne pouvions nous dispenser d'en dire un mot, puisqu'elle s'est en quelque sorte imposée aux géologues qui se sont dès lors occupés du Jura central. (35)

1837. — **Nicolet.** Dans son *Essai sur la constitution géologique de la*

vallée de la Chaux-de-Fonds, Nicolet établit pour la première fois des subdivisions stratigraphiques dans la formation jurassique supérieure. Il distingue, de haut en bas, le *calcaire portlandien* qui constitue le bassin de la
Chaux-de-Fonds et qui renferme des Nérinées, des dents de poissons, etc. Ce
portlandien correspondrait au virgulien et au ptérocérien de Thurmann,
tandis que la marne calcaire blanche, le calcaire oolitique et le calcaire
grenu, correspondraient à l'*astartien.* (54)

    1838. — **Nicolet.** Dans une note communiquée à la société géologique
de France, Nicolet signale les caractères des différentes assises du terrain
jurassique dans le Jura neuchâtelois.

    Au-dessous des couches du jurassique supérieur, il signale un calcaire
composé de strates nombreux, alternant avec des marnes schisteuses, qui
paraît remplacer le terrain à chailles. Il propose de lui donner provisoirement le nom de *calcaire à schistes.* Celui-ci passe brusquement à la *marne
oxfordienne,* d'une épaisseur de deux pieds, dont les fossiles sont ceux de
Porrentruy. Il faut considérer le calcaire à schistes comme une forme, ou
faciès pélagique, du *groupe oxfordien,* qui domine dans le Jura neuchâtelois. En revanche, la *dalle nacrée* et la *grande oolite* sont identiques aux roches
de Porrentruy. (60)

    1838. — **Studer.** En recherchant la cause première du soulèvement
du Jura, Studer envisage cette chaîne comme une dépendance du grand
accident des Alpes, et non comme un accident individuel, portant tous les
caractères éruptifs que l'on remarque dans d'autres montagnes. (61)

    1839. — **Montmollin.** Dans sa *Note explicative pour la carte géologi-
que du canton de Neuchâtel,* Montmollin distingue un étage supérieur, comprenant les groupes portlandien et corallien de Thurmann. Il joint à l'étage
moyen les calcaires schisteux et marneux qui, avec les marnes oxfordiennes,
jouent un très grand rôle dans la configuration du sol et forment des dépressions ou *combes* entre les *crêts* du Jura supérieur et les *voûtes* oolitiques.
Deux coupes, traversant le pays, montrent les rapports entre les diverses
formations jurassiques, crétacées et tertiaires. (66)

    1843. — **Favre.** A. Favre, dans sa monographie du *Salève,* divise la
formation jurassique de cette montagne en deux groupes, le *portlandien* et
le *corallien.* Toutefois la rareté des fossiles ne permet pas une assimilation

certaine avec les divisions reconnues ailleurs. La couche supérieure du corallien, soit l'oolite corallienne, renferme cependant une cinquantaine d'espèces, parmi lesquelles une quinzaine de polypiers et deux *Diceras*. (106)

1844. — **Lardy.** La note *sur la géologie du Jura vaudois*, de Lardy, renferme d'intéressants détails sur la formation jurassique aux environs de Sainte-Croix. Il donne le nom de *portlandien* aux assises qui constituent le puissant massif du Chasseron, aussi bien qu'à celles de la nouvelle route de Vuitebœuf à Sainte-Croix, et dans lesquelles on trouve des Ptérocères, des Pholadomyes, *l'Ostrea solitaria*, etc. A ce portlandien succède le *corallien*, caractérisé par ses Nérinées et ses Madrépores, puis *l'oxfordien*, dont les couches marneuses sont très développées entre le Mont-des-Cerfs et la Denairia. Enfin il constate la présence des couches que l'on peut rapporter au *Cornbrash*. (115-116)

1846. — **Marcou.** C'est en 1845, que Marcou débutait dans le domaine des publications sur la géologie du Jura. Séduit et entraîné par ses rapports avec Thurmann, Agassiz, Coulon, etc., il publiait en 1846 sa *Notice sur les différentes formations des terrains jurassiques dans le Jura occidental.* Dans ce travail, il s'appliquait plutôt à l'établissement d'une classification systématique, qu'à l'étude des terrains tels qu'ils se présentent dans une région déterminée.

Il divise les terrains jurassiques en quatre *formations*, bien distinctes dit-il, non seulement par leur pétrographie, mais aussi par leurs organismes. Deux de ces formations ou dépôts sont *fluvio-marins ;* ce sont le *lias* et *l'oxfordien*, qui renferment une faune particulière, caractérisée par le grand développement des Céphalopodes, Ammonites et Bélemnites. La faune de l'oxfordien présente des caractères identiques avec celle du lias.

Les deux formations oolitiques, inférieure et supérieure, composées presqu'exclusivement de calcaires oolitiques et bréchiformes, indiquent deux grands *dépôts marins*, séparés par les dépôts fluvio-marins, et sont caractérisés par la présence des polypiers.

La formation oolitique inférieure comprend cinq groupes, la formation oxfordienne trois, la formation oolitique supérieure trois. Un tableau final présente ces diverses subdivisions, avec l'indication du *règne* de tel ou tel groupe ou famille de fossiles marins. (127).

1846. — **Marcou.** Les *Recherches géologiques sur le Jura salinois* sont rédigées dans le même esprit systématique, et comme elles ne se rapportent pas à notre région, je me contente de les indiquer en passant. (129) Il en est de même de la réponse à M. Royer qui avait contesté l'existence des groupes portlandien et kimméridgien dans les Monts-Jura. (131)

1846. — **Renaud-Comte.** On doit à M. Renaud-Comte, géologue franccomtois, une *Étude systématique des vallées d'érosion du Département du Doubs,* dans laquelle l'auteur applique et développe les lois orographiques, de Thurmann. Ce travail est accompagné de coupes et profils géologiques de la vallée du Doubs, dans la partie avoisinant la frontière suisse, du Saut du Doubs à Moron, etc. L'auteur insiste sur le développement des marnes à Astartes, dont l'existence se trahit par des dépressions ou *paliers,* intermédiaires à ceux de l'oxfordien. (133)

1847. — **Marcou.** Dans sa *Notice sur la Dôle et le Reculet,* Marcou s'occupe du jurassique et constate les difficultés que présente l'étude de l'étage oxfordien et de l'oolitique supérieur. Le premier ne se montre que dans le fond de quelques vallées et ravins. L'étage oolitique forme tous les sommets et les crêtes de ce massif de montagnes. Sur quelques points, il a observé des masses de coraux agglutinés et indéterminables, mais il n'a pu distinguer les trois groupes séquanien, kimméridien et portlandien. (138)

1847. — **Pidancet et Lory.** La *Note sur la Dôle* de Pidancet et Lory est encore plus résumée que celle de Marcou, et les auteurs se bornent à développer les conditions orographiques du terrain jurassique et du néocomien. (142) Il en est de même dans le *Mémoire sur les relations du terrain néocomien* avec le terrain jurassique, aux environs de Sainte-Croix. Le Chasseron forme un vaste cirque, au sein duquel se montre la voûte oolitique bien développée. Dans le village de Sainte-Croix apparaissent les premières assises du terrain oolitique. (144)

PALÉONTOLOGIE.

1835. — **Agassiz.** La plupart des fossiles indiqués par Montmollin, dans son *Mémoire sur le terrain crétacé du Jura* avaient été déterminés

d'après les figures du *Traité des pétrifications* de Bourguet. C'était en particulier le cas des Échinides, auxquels Agassiz consacrait, tôt après, une
Notice, qui peut être considérée comme la première monographie des terrains de notre région.

Parmi les espèces décrites se trouvait un oursin connu depuis longtemps sous le nom de *Spatangus retusus*, ce qui avait valu au terrain le
nom de *calcaire et marne à Spatangues*. Agassiz en fit son *Holaster complanatus*. Un autre oursin de grande taille, décrit et figuré sous le nom
d'*Échinolampas* est devenu le *Pygurus Montmollini*, etc. (40)

1839. — **Agassiz.** En 1839, Agassiz commence la publication de sa
Monographie des Échinodermes suisses, dans laquelle sont décrites et figurées les nombreuses espèces découvertes par C. Nicolet, Coulon père et fils
et A. de Montmollin. Parmi les genres crétacés nous remarquons les *Nucleolites*, les *Catopygus*, les *Pygorhynchus*, les *Pygurus*, la plupart caractéristiques du néocomien. (76)

1840. — **Agassiz.** La seconde partie de la *Description des Échinodermes* est aussi l'un des documents paléontologiques qui devaient rendre les
plus grands services aux géologues jurassiens. Les nombreuses espèces crétacées du genre *Diadema*, celles des genres *Hemicidaris, Cidaris, Acrocidaris, Salenia, Échinus*, plus spécialement jurassiques, sont dès lors connus
soit par les échantillons du Jura central, soit par ceux du Jura bernois et
soleurois, recueillis par Gressly. (83)

1840. — **Agassiz.** Les *Études critiques sur les mollusques fossiles*, ne
sont pas moins importantes. Dans le *Mémoire sur les Trigonies*, nous
remarquons d'abord sept espèces du néocomien de Neuchâtel, appartenant
aux différents groupes de ce genre. Les espèces jurassiques de notre région
sont encore peu connues, mais au fur et à mesure de leur découverte, elles
pourront être déterminées d'après les descriptions et les figures de cette
monographie. (78)

1842-45. — **Agassiz.** La *Monographie des Myes* du même auteur, est
une œuvre de plus grande haleine, puisque, comme il le dit, les matériaux
dont il disposait au début se sont multipliés considérablement au cours de
la publication. Ici encore le contingent des espèces crétacées et jurassiques
de notre Jura est assez important, surtout pour le genre *Pholadomya*. Les

genres *Goniomya, Pleuromya*, comptent aussi quelques espèces du Chatelu. L'auteur range dans ce groupe les *Myopsis* (plus tard *Panopea*), avec un grand nombre d'espèces néocomiennes. (97 *a*)

1840. — D'Orbigny. C'est en 1840 que d'Orbigny commence la publication de sa *Paléontologie française,* description de tous les animaux Mollusques et Rayonnés fossiles de France. Dès le début, il reçoit en communication les fossiles recueillis dans les environs de Morteau par Carteron, Chopard et, plus tard, ceux de Sainte-Croix, du Dr Campiche. Grâce à cette publication il devient possible, par la suite, de déterminer les espèces jurassiques et crétacées, recueillies dans notre région, en attendant les monographies spéciales de Pictet et des paléontologistes suisses. (79)

1844. — Pictet. La première édition du *Traité de Paléontologie,* de Pictet, contient l'indication de toutes les espèces qui venaient d'être décrites par Agassiz, d'Orbigny, et parmi lesquelles notre Jura commençait à occuper un certain rang. (117)

1847. — Pictet. Les fossiles de la Perte du Rhône constituent le contingent le plus important de la *Description des Mollusques fossiles des grèsverts des environs de Genève.* A ce titre déjà, la monographie méritait d'être signalée dans ce travail. Mais ici encore je dois observer combien il devait rendre de services pour la détermination des espèces si abondantes dans tous les gisements du gault du Jura. (139)

1850. — D'Orbigny. En 1850 enfin, A. d'Orbigny publie son *Prodrome de Paléontologie,* dans lequel il inscrit de nombreuses espèces de Mollusques, Brachiopodes, Bryozoaires, du néocomien des environs de Morteau, de la Chaux-de-Fonds, de Neuchâtel, la plupart nouvelles et en partie figurées et décrites dans la *Paléontologie française.* Les Échinides sont indiqués d'après les publications d'Agassiz et Desor, Montmollin, etc. (154)

J'ajouterai encore, comme se rapportant à la paléontologie, diverses notes signalant la découverte de fossiles intéressants.

1837. — Agassiz. M. Agassiz présente une molaire de *Dinotherium,* trouvée au Locle dans une marne supérieure à la molasse. (52)

1838. — **De Saussure.** M. de Saussure annonce la découverte d'une feuille de palmier fossile à Mornex au pied du Salève. (62 *a*)

1839. — **Montmollin.** En 1839, M. de Montmollin présente à la Société des sciences naturelles un palais de poisson ganoïde du portlandien : *Sphaerodus gigas.* (71)

1839. — **Agassiz.** M. Agassiz présente des moules d'ossements trouvés par M. Nicolet dans les terrains tertiaires de la Chaux-de-Fonds. Il distingue dix-sept espèces de mammifères et deux tortues. Un genre nouveau est très remarquable par ses grandes incisives ; il est voisin de la Giraffe. On a plus tard reconnu que ces incisives étaient celles du *Listriodon splendens.* (74)

1839. — **Nicolet.** En 1839, M. Nicolet annonce qu'on a trouvé dans la molasse, près d'Arberg, une mâchoire remarquable d'une espèce éteinte de sanglier, voisine du Babiroussa. (76)

1840. — **Agassiz.** M. Agassiz dit qu'on a découvert un tronc de Cycadée fossile aux environs des Brenets. (82) (Il ne m'a pas été possible de découvrir ce qu'était devenu cet échantillon.)

1841. — **Lardy.** M. Lardy signale la découverte d'une mâchoire de Rhinocéros dans la molasse, à Béthusy près de Lausanne. (91)

1844. — **Blanchet.** Une découverte du même genre est annoncée par R. Blanchet, dans la carrière de Mont, aussi près de Lausanne. C'est une mâchoire de *Rhinocéros.* (119)

1846. — **Nicolet.** En 1846, M. Nicolet présente à la Société de Neuchâtel plusieurs ossements de l'ours des cavernes *(Ursus spelaeus)*, des grottes de Mancenans et de Vaucluse, dans la vallée du Dessoubre (Doubs). Ceux de la *Hyena spelaea* et du *Felis spelaea* sont plus rares.

1848. — **Guyot.** M. A. Guyot cite la découverte d'une molaire d'Éléphant à Fahy près de Neuchâtel, ainsi que des ossements, à Mategnin près de Genève. (146)

1849. — **Blanchet.** M. Blanchet présente à la Société vaudoise une dent molaire d'éléphant fossile découverte près de Vevey, avec une autre dent semblable et un fragment d'os du crâne. Ces débris gisaient dans une argile stratifiée supérieure au tertiaire. (151)

1850. — **Delaharpe.** M. Delaharpe présente des fragments d'une petite

Ostrea bien caractérisée, recueillie dans la molasse, en Penou au-dessus de Lausanne. (147)

1850. — **Campiche.** M. Campiche, de Sainte-Croix, adresse à la Société vaudoise quatre fossiles rares. *Pygurus rostratus*, une Nérinée, une Térébratule et un Crustacé, *Prosopon tuberosum*. (149)

ASPHALTE.

1835. — **Mercanton.** En 1835, M. le professeur Mercanton faisait connaître la découverte, dans les environs d'Orbe, d'une mine d'asphalte, dont la richesse pouvait être estimée à 14 %. (38)

1836. — **Rozet.** Les mines d'asphalte de Pyrimont font l'objet d'une notice assez importante de Rozet. Une masse de calcaire asphaltique sort du milieu de la molasse sur un espace de 800 mètres de long et 300 mètres de large. Le calcaire n'est pas stratifié, mais pénétré de fissures irrégulières, etc. Dans la molasse environnante le bitume a pénétré en grosses veines ; la molasse est imprégnée de bitume comme le calcaire, mais la quantité de bitume est plus considérable.

Suivant l'auteur, « le bitume a été sublimé des profondeurs du globe à travers une fente, correspondante à la direction dans laquelle on l'observe maintenant, et il s'est condensé dans les roches supérieures », etc. « L'époque de l'introduction du bitume dans les roches étant nécessairement postérieure au dépôt de la molasse, on peut présumer qu'elle correspond à celle des éruptions basaltiques, que plusieurs faits annoncent avoir été souvent accompagnées de matières bitumineuses.

Peut-être, dans le fond des vallées du Jura, les basaltes sont-ils à une très petite profondeur. (!)

Ce phénomène des roches imprégnées d'asphalte se rencontre aussi dans le Val-de-Travers près de Neuchâtel. « Un échantillon que j'ai vu chez M. Brongniart, m'a fait connaître que c'était encore le calcaire poreux du groupe corallien. » (46)

1838. — **De Bosset.** En 1838, parut une petite notice sur l'asphalte du Val-de-Travers par M. C. de B. (de Bosset). Elle présente un caractère plutôt industriel que scientifique. (60)

1839. — **Itier.** A la réunion helvétique de Berne, en 1839, Itier présente un *Mémoire sur les roches asphaltiques du Jura.* Il décrit les gisements bitumineux de Pyrimont, Forens, Frangy, Chavanod, dans la vallée du Rhône, ceux de Saint-Aubin, Vallorbes, Mathod, Chavornay, Orbe, du Val-de-Travers et de la Perte du Rhône. Il dit que toutes les roches asphaltiques du Jura existent à la surface du sol, et ne sont point intercalées entre les couches d'autres roches. Ces roches ne sont ni une formation indépendante ni même un dépôt subordonné. Il pense que les courants de bitume provenant du sein de la terre se sont échappés de fissures supérieures aux roches bitumineuses. Celles-ci seraient constituées par le schiste bitumineux de l'étage moyen jurassique, etc. (72)

1840. — **Millet.** M. Millet s'est aussi occupé des gisements bitumineux de l'Ain, de la Suisse et de la Savoie, et a recueilli une série d'échantillons de ces gisements. Il démontre que les calcaires bitumineux (asphalte) appartiennent à l'oolite blanche du jurassique supérieur (erreur), etc., et il constate que la pénétration du bitume s'est opérée de la surface à l'intérieur des couches, à l'époque du dépôt des couches de la molasse de la Suisse etc. (83)

1845. — **Pury.** En 1845, M. G. de Pury annonce avoir observé, à la mine d'asphalte de Travers, un filon croiseur, dont il indique les allures au milieu des couches qu'il traverse.

Agassiz pense que ce fait pourrait peut-être aider à résoudre la question contestée de l'origine de l'asphalte. Il se pourrait que ce filon, loin d'avoir été injecté de bas en haut, ne fût que le remplissage d'une faille de haut en bas. (127)

TRAVAUX DIVERS.

Parmi les publications géologiques qui ont paru dans cette période, il en est un petit nombre dont l'analyse ne rentrait pas dans le cadre que je me suis tracé. Je les passerai en revue dans l'ordre où elles ont paru.

1835. — **Lardy.** En 1835, Lardy présente une notice sur la *Grotte-aux-Fées* près de Vallorbes. Il n'a pu réussir à y découvrir des ossements fossiles, non plus que dans celle qui est connue sous le nom de *Temple-des-Fées* près de Sainte-Croix. M. Gilliéron dit qu'il existe aussi une grotte fort belle près des Verrières, dans le lieu dit *Vers-chez-les-Brandt*. (42)

1835. — **De La Harpe.** Le général de la Harpe entretient la Société vaudoise du phénomène très curieux que l'on observe près des sources de l'Aubonne dans la plaine de Bière. Ce sont des éruptions d'une boue grisâtre et épaisse, connues sous le nom de *bonds*, et qui ont lieu d'une manière intermittente et irrégulière. (41)

1836. — **Nicolet.** En 1836, M. Nicolet entreprend diverses recherches sur le calcaire lithographique des environs de la Chaux-de-Fonds. (48)

1844. — **Desor.** En 1844, M. Desor s'occupe aussi des bonds de Bière et des causes auxquelles il faut attribuer ces phénomènes. (110)

1845. — **Lesquereux.** Les *Recherches sur les marais tourbeux*, de Léo Lesquereux, inaugurent les travaux de géologie appliquée et l'étude des phénomènes géologiques contemporains. (121)

1845. — **Nicolet.** Il en est de même de celles de C. Nicolet *sur les moyens de procurer de l'eau à la Chaux-de-Fonds*. L'auteur expose les conditions hydrologiques du bassin tertiaire dans lequel les couches redressées du calcaire lacustre perméable laissent pénétrer les eaux pluviales. Celles-ci s'arrêtent sur la couche de marne imperméable et forment la nappe d'eau souterraine qui alimente les puits de la Chaux-de-Fonds. (122)

1849. — **X.** Le *Messager boiteux de Neuchâtel* consacre un article à la description de la glacière de Monlezi entre le Val-de-Travers et la Brévine. (148)

1850. — **L. Coulon.** La vie de Frédéric Dubois de Montperreux a été racontée par M. L. Coulon. Le nom du savant historien se lie de près aux premières observations sur le terrain crétacé du Jura. Il avait eu l'occasion de découvrir en Crimée les fossiles caractéristiques de la craie inférieure, (Cénomanien) de Souaillon près de Neuchâtel, et il prit part aux discussions relatives au néocomien que venait de reconnaître A. de Montmollin. (152)

De 1851 à 1870.

C'est pendant cette période que les études et les recherches géologiques sont à leur apogée, tant dans le Jura suisse que dans la région de la molasse vaudoise. La construction des chemins de fer procure aux géologues de nombreuses occasions d'observer des profils et de dresser des coupes géologiques, aussi bien que de recueillir des fossiles qui donneront lieu aux importantes monographies de Pictet, de Heer, de Loriol, etc.

En raison du nombre et de la variété des documents que j'avais à passer en revue, j'ai dû augmenter les divisions bibliographiques, et réduire les proportions de bon nombre de mes résumés analytiques.

DÉPÔTS RÉCENTS.

1854. — Chavannes. En 1854, M. S. Chavannes présente à la Société vaudoise une rectification au sujet d'un dépôt qu'il avait considéré comme du diluvium glaciaire, mais dans lequel MM. Morlot et Berthoud venaient de découvrir des fragments roulés de tuiles romaines. (207)

1855. — Chavannes. L'année suivante, le même auteur faisait une observation analogue près de Renens, environs de Lausanne, et en concluait que la grande plaine qui s'étend au-dessous de Renens a été formée depuis l'époque romaine. A huit pieds de profondeur, il trouvait des coquilles terrestres et fluviatiles. (216)

1855. — Chopard. En 1855, M. Chopard a signalé la découverte d'ossements d'animaux dans le quaternaire des environs de Morteau. (233)

1857. — Morlot. Dans ses *Remarques sur les formations modernes dans le canton de Vaud,* Morlot signale dans le cône de la Mentue près Yverdon, des tuiles romaines et des ossements de chevaux, à douze pieds de profondeur, entre lesquels se trouvaient ça et là des amas de feuilles bien conservées.

A Yverdon, M. Troyon a également reconnu qu'à l'âge du bronze le lac s'étendait jusqu'au Mont de Chamblon, car on a trouvé près des Uttins, à dix ou douze pieds de profondeur, deux haches en serpentine, etc. (256)

1858. — **Jaccard.** En 1858, des sondages furent pratiqués dans les marais du Locle en vue de leur assainissement et drainage. Chargé d'observer les travaux au point de vue géologique, j'ai rédigé une note sur la nature des dépôts rencontrés par la sonde. A la partie supérieure règne un terrain tourbeux et limoneux avec coquilles de *Lymnées, Physes, Paludines, Planorbes, Cyclas,* mais aucune coquille terrestre. Au-dessous les débris végétaux sont mélangés de gravier et de sable. La puissance du dépôt dans le milieu de la vallée est de quinze mètres en moyenne. (278)

1861. — **Rutimeyer.** M. Rutimeyer a reconnu dix-huit espèces de mammifères et un oiseau, découverts dans la station lacustre de Concise. Il indique le bœuf comme le plus fréquent, mais il est évident qu'il ne tient pas compte de l'énorme quantité de bois de cerfs, utilisés par les habitants de la station lacustre. (337)

1861. — **Troyon.** M. Troyon, dans son rapport sur les fouilles faites à Concise, s'occupe également des animaux, dont il a recueilli les débris plus ou moins abondants. (336)

1861. — **Renevier.** Dans un dépôt de tuf, à la Sésille près de Nyon, M. Renevier annonce que M. de Mortillet a recueilli dix espèces d'Helix et trois mollusques aquatiques de la faune actuelle. M. de la Harpe signale aussi quatre gisements à l'est de Lausanne. (346)

1861. — **Jayet.** La *Notice sur la plaine de l'Orbe* par M. Jayet, avocat, est l'une des plus importantes études que l'on possède sur les formations modernes. Ce travail est du reste trop étendu pour qu'il me soit possible d'en entreprendre une analyse. (342)

1869. — **Jaccard.** Dans la première partie de ma *Description géologique du Jura vaudois* et neuchâtelois. j'ai consacré une section à la série récente ou quaternaire, passant en revue les attérissements, éboulis, tufs, tourbes anciennes, grèves et dunes, et enfin terre végétale et humus. Je dois rectifier ce que j'ai dit de la transformation lente de la molasse en terre végétale; ceci n'est applicable qu'au grès coquillier; au contraire, de vastes surfaces de terrains cultivés ne sont constitués que par des détritus de la molasse sableuse et marneuse.

La seconde partie renferme aussi une section pour les dépôts récents, dont les plus importants sont, sans contredit, les tourbières des montagnes de Neuchâtel. Il resterait encore beaucoup à dire sur la formation de ces dépôts, dont l'origine remonte probablement à une époque plus ancienne qu'on ne l'avait admis jusqu'ici. (421)

1869. — **Knab.** Dans un travail communiqué à la société des Sciences naturelles de Neuchâtel, M. Knab évalue un mètre par cinq siècles la quantité de matériaux entraînés par les cours d'eau au fond du lac de Neuchâtel. (426 *a*)

TERRAIN ERRATIQUE ET QUATERNAIRE.

1853. — **Benoît.** L'*Essai sur les anciens glaciers du Jura* de E. Benoît, marque la reprise des observations sur le terrain erratique et l'extension des recherches sur le territoire du Jura franc-comtois. M. Benoît a reconnu les dépôts glaciaires, ainsi que les polis et stries sur les roches en place, dans les vallées de la Valserine, de la Semine, de Saint-Claude, de Villars d'Héria, sur le plateau de Saint-Laurent en Grand-Vaux, etc. Partout il a observé des dépôts de matériaux erratiques, d'origine jurassique, qu'il considère comme ayant été formés par des glaciers isolés, ayant leurs moraines propres, avant l'arrivée des matériaux alpins. (182)

1853. — **Morlot.** A l'occasion de la découverte d'une dent fossile d'éléphant, près de Morges, M. Morlot fait la description des terrasses, ou berges diluviennes, formées de graviers stratifiés et de cailloux d'origine exclusivement alpine. La dent, découverte à douze pieds de profondeur, appartenait à un individu adulte de l'*Elephas primigenius*. (176)

1853. — **Contejean.** M. Contejean, de Montbéliard a aussi constaté l'existence d'anciens glaciers dans le Jura. (180)

1853. — **Zollikofer.** D'après Zollikofer, le terrain erratique est très développé aux environs de Lausanne. Il constitue des moraines, comme celles de Montbenon et de la Vouachère, dont la partie supérieure est stratifiée. On y observe des matériaux de toute forme et de toute grosseur, provenant des montagnes du Valais, granit de Ferret et de Binnen, gabbros et serpentines de Saas, poudingues de Vallorsine, protogine du Mont-Blanc,

etc. L'auteur signale également les berges diluviennes qui entourent le lac
et qui forment des terrasses dont l'âge n'est pas encore établi d'une manière
certaine. (175)

1854. — Chavannes. Dans son *Essai sur la géologie du pied du Jura,*
M. Chavannes consacre un chapitre à l'erratique. Il distingue les dépôts tels
que les a fait le glacier (boue glaciaire, blocs anguleux), et les dépôts stratifiés résultant, soit de l'action d'un torrent contre un barrage glaciaire, soit
du remaniement des premiers dépôts. Il indique la disposition de ces deux
faciès aux environs de Romainmôtiers, de Beaulmes et de Vuitebœuf et
signale la présence de blocs erratiques nombreux à Lignerolles, Vallorbes,
etc. (198)

1854. — Otz. M. Otz signale les belles moraines qui se trouvent entre
Auvernier et Boudry. Bôle est construit sur une de ces moraines. En creu-
sant des puits on rencontre des blocs de granit d'un volume considérable.
Le caractère de ces moraines est de former des collines à pente abrupte en
avant, à pente douce en arrière. (197)

1854. — Morlot. Ce ne sont pas seulement les roches calcaires du crétacé et du jurassique qui présentent les polis et stries glaciaires, Morlot
signale ceux qu'on peut observer sur le calcaire bitumineux, au-dessus
d'Essert-Pittet, près d'Yverdon, ainsi que ceux du grès coquillier au nord de
la Tour de la Molière. (199)

Dans la Notice sur le *quaternaire en Suisse,* le même auteur revient sur
la question des *deux époques glaciaires,* séparées par une *époque diluvienne,*
pendant laquelle les glaciers auraient disparu, même dans les grandes vallées
de l'intérieur des Alpes. (200)

Rappelons encore diverses communications de Morlot sur des échantillons de *calcaire de formation diluvienne* de la moraine de Montbenon près
Lausanne, sur une dent de bœuf trouvée à la Chiésaz dans le diluvien, à
253 au-dessus du Léman. (203)

Dans la *Note sur les terrasses diluviennes du Léman,* Morlot distingue les
cônes de déjection moderne, aboutissant au niveau actuel, et les cônes de
déjection anciens, correspondant à des niveaux plus élevés. Aux environs de
Montreux il a observé trois de ces terrasses dont les niveaux ont été déterminés par A. Favre au bout occidental du lac de Genève. (206) M. Morlot a

aussi développé ses idées sur ce sujet, dans sa notice *Sur les subdivisions du terrain quaternaire en Suisse.* (232) Il en est de même de M. A. Favre. (229)

1854. — **Desor.** M. Desor paraît entrer dans les vues de Morlot au sujet des deux époques glaciaires; il rappelle qu'antérieurement Blanchet avait signalé la différence qui existe entre les dépôts glaciaires des flancs du Jura et ceux des bords du Léman. (211)

1855. — **Desor.** En 1855, Desor entretient la Société helvétique des blocs erratiques, de leur distribution au Val-de-Travers, et du chemin qu'ils ont suivi pour y arriver. Il pense que c'est par une dépression située entre le Chasseron et le Creux-du-Vent. (221)

1855. — **Nicolet.** Dans son *Discours d'ouverture*, Nicolet dit que les dépôts glaciaires de la plaine sont remplacés par les *blocs sporadiques* du bassin du Rhône, qui se retrouvent encore dans les environs de Maîche, du Russey, de Morteau et de Pontarlier. Il rappelle les *grisons* de la vallée de la Sagne et ceux des environs des Planchettes. En outre, il existe des restes d'alluvions anciennes avec ossements de Mammouth. (220)

1857. — **Desor.** En 1857, M. Desor revient sur la question des deux époques glaciaires, et signale l'existence de plusieurs zones distinctes de blocs erratiques. Une première passe par le sommet de Chaumont; une seconde à mi-côte, et une troisième au pied des collines et dans le lac. (255)

1857. — **Delaharpe.** M. Delaharpe annonce la découverte dans le cône de déjection ancien du Boiron, près de Morges, d'une défense de l'*Elephas primigenius* et donne divers renseignements sur son état de conservation. (260)

1858. — **Desor.** Grâce aux travaux du chemin de fer, les roches polies se manifestent dans des proportions inattendues. Partout où des roches compactes, telles que l'urgonien et le valangien, sont mises à nu par l'enlèvement des pierres ou de la terre, leur surface présente un poli parfait marqué de stries dirigées au N.-E. (276)

1858. — **Tribolet.** Dans le vallon du Colas près de Sainte-Croix, M. G. de Tribolet signale une véritable moraine de gros blocs alpins, de toute nature, avec des dépôts d'argile et de galets, reposant sur les roches polies et striées. Aux Rasses et à Bullet, ce sont d'innombrables blocs, souvent volumineux, qui vont disparaissant depuis que des Piémontais se livrent à leur exploitation. (272)

1858. — **Morlot**. Dans la session de Berne de la société helvétique des sciences naturelles, M. Morlot rappelle ses observations sur les subdivisions des terrains quaternaires en Suisse. Il présente une carte de la distribution des dépôts formés pendant les deux époques glaciaires et pendant les deux époques diluviennes. C'est pendant la première époque glaciaire que le glacier du Rhône a eu son maximum d'extension, et qu'il a franchi le Jura en certains endroits. Durant la seconde époque, il ne dépassait pas le Jorat. Quant aux dépôts diluviens, il est souvent difficile de dire s'ils appartiennent à la première ou à la seconde époque.

M. Escher de la Linth ne croit pas qu'il soit nécessaire d'admettre ces deux époques. Elles correspondent à deux états d'un même glacier, la glace n'a jamais complètement disparu.

M. Desor croit que la mer a joué un certain rôle (?) dans le phénomène des époques diluviennes et glaciaires. Il parle d'une puissante couche d'argile à Bussigny, qui n'est pas de la boue glaciaire, parce qu'elle est trop fine et bien stratifiée, etc. (283) M. Morlot revient sur le même sujet dans les *Archives des sciences,* etc. (285)

Dans la même réunion, M. Morlot présente un *Mémoire de M. Venetz le père,* sur les anciens glaciers et sur quelques phénomènes remarquables qu'ils ont produit, et trouve dans les conclusions de ce mémoire une confirmation de ses vues. (286)

1861. — **Venetz**. Le mémoire posthume de M. Venetz *sur l'extension des anciens glaciers,* rédigé en 1857 et 1858, aborde, dans la seconde partie, la question de l'extension du grand glacier du Rhône jusqu'au Jura. Il établit entre autres le fait que le glacier s'est élevé notablement au-dessus du niveau indiqué par Charpentier pour la moraine du Jura. Il constate aussi l'existence au pied du versant sud, d'un terrain erratique formé de roches alpines et de roches du Jura même. Toutefois, l'extension du glacier du Rhône s'est arrêtée avant que les blocs alpins aient pu dépasser notablement les cols du Jura, et les dépôts erratiques se sont formés pendant la retraite des glaciers.

Enfin, l'auteur entrevoit la possibilité de reconnaître plusieurs époques glaciaires, et il donne à ce sujet de nombreuses indications qu'il ne m'est pas possible de rappeler ici.

La troisième partie est consacrée à rechercher le parallélisme des formations glaciaires de la Suisse, de celles du Nord scandinave et de l'Amérique. (334)

1859. — **Desor et Gressly.** Le mémoire de Desor et Gressly sur le Jura neuchâtelois renferme diverses considérations sur le terrain erratique et quaternaire. (298)

1861. — **Zollikofer.** La question des moraines et des terrasses a été longuement discutée dans la réunion helvétique à Lausanne. M. Zollikofer présente, dans la section de géologie, une carte sur laquelle il a tracé avec M. Renevier les terrasses de 20, 50 et 100 pieds. (345)

1861. — **Mortillet.** Dans la même séance, M. de Mortillet applique au lac de Genève la théorie du creusement par l'affouillement des glaciers. Les alluvions anciennes de Genève contiennent des cailloux des diverses roches du Valais. Ces cailloux ont dû traverser le lac dans toute sa longueur pour arriver au point où ils sont actuellement, sans intervention de glaciers, puisqu'ils sont tous de peu de volume, sans blocs erratiques. Le lac devait donc être comblé lorsque sont arrivés les glaciers qui ont laissé leurs dépôts, non seulement à la surface des alluvions anciennes, mais qui les ont plaqués contre leurs tranches dénudées. Après la fonte des glaciers le niveau du lac s'est successivement abaissé et a donné lieu à la formation des différentes terrasses. (343)

1863. — **Benoît.** En 1863, M. E. Benoît revient de nouveau sur l'étude des dépôts erratiques dans le Jura, qui se lie de la façon la plus intime à celle du terrain quaternaire. C'est entre le Jura et les Alpes que le phénomène erratique, glaciaire, montre le mieux à la fois sa grandeur et sa simplicité, son unité et ses phases de croissance et de décroissance. Tous les faits concourent à la confirmation d'une cause unique. On voit, sur certains points au pied du Jura, et notamment entre Gex et Vesancy, la préexistence des matériaux erratiques calcaires avant l'arrivée des matériaux alpins. Si le bassin du lac de Genève n'est pas comblé, quoique entouré d'immenses dépôts de transport, c'est parce qu'un culot de glace compacte et immobile remplissait la dépression, et a supporté la surcharge du glacier du Rhône. Une série de coupes montre le remplissage des dépressions dans le Jura méridional, Val-Romey, lac de Nantua, et montre que les glaciers du Jura ont relayé les matériaux alpins après leur introduction dans les vallées du Jura central, aux environs de Pontarlier, du Russey, de la Chaux-de-Fonds, etc. (360)

1864. — Studer. L'étude de l'origine des lacs suisses se lie intimément à celle des terrains quaternaires. Ce sujet, abordé déjà antérieurement par Desor, est repris par Studer en 1864. Il reproduit d'abord les théories diverses des auteurs, Mortillet, Desor, Omboni, sur le creusement de ces bassins, et, sans se prononcer positivement, il admet que ce phénomène peut résulter d'affaissements sur la ligne des crevasses des vallées.

1864. — Jaccard. Dans une communication à la Société helvétique, réunie à Zurich, j'annonce que dans mes recherches pour la carte géologique du Jura vaudois, j'ai reconnu une extension glaciaire bien plus grande qu'on ne l'avait généralement indiquée, et je conclus à la nécessité d'admettre l'existence de glaciers propres au Jura. (370 *a*)

1865. — Mayer. Dans son *Tableau synchronistique des terrains tertiaires*, C. Mayer réunit sous le titre d'*Étage Saharien* les formations modernes et quaternaires. Au niveau de l'*Étage Astien*, il indique le creusement des vallées et le soulèvement de la molasse. (378)

1865. — Dausse. En 1865, M. Dausse appelait l'attention des géologues, sur l'inclinaison des couches de graviers qui constituent les terrasses du Léman. Cette disposition est particulièrement remarquable dans la terrasse sur laquelle est assise la ville de Thonon, fait qui implique que le Léman a longtemps affleuré au bord de cette vaste et haute terrasse. (375)

1866. — A. Favre. C'est à la Société helvétique des sciences naturelles à Neuchâtel que M. A. Favre entreprit sa grande croisade en faveur de la conservation des blocs erratiques, menacée de toutes parts d'une destruction totale. Sa proposition fut renvoyée à l'examen de la Commission de la Carte géologique de la Suisse. (389)

1866. — Vouga. Dans sa note sur le *terrain quaternaire du plateau de Cortaillod*, le Dr Vouga étudie avec beaucoup de soin les dépôts, ou masses stratifiées, de limon argilo-sableux, avec des nappes de graviers sans cohérence, tantôt stratifiés, tantôt informes, dont le mode de formation suppose la proximité d'un glacier qui aurait provoqué la formation de lacs temporaires, plus ou moins considérables.

Ce dépôt, qui s'étend sur une longueur de six kilomètres, avec une épaisseur de 60 à 70 mètres, diffère complètement de ceux qu'on observe plus loin vers Colombier et Neuchâtel. Il renferme en outre des blocs plus ou moins volumineux, que l'auteur envisage comme étant tombés de la surface du glacier dans le lac glaciaire. Il ne doute pas que des formations analogues se rencontrent au débouché des rivières descendant du Jura, comme l'Orbe, le Nozon, etc. (381)

1867. — A. Favre. Le premier volume des *Recherches géologiques,* d'A. Favre, renferme plusieurs chapitres sur les terrains quaternaires des environs de Genève. Les *alluvions des terrasses,* des bords de l'Arve et du Rhône, sont superposés aux *terrains glaciaires.* Dans le canton de Vaud, Renevier et Zollikofer en ont observé à 6, 15, 30 et 40 mètres, et on peut en conclure que l'étendue du lac de Genève a été anciennement plus grande qu'actuellement. Ces dépôts renferment les débris de l'*Élephas primigenius,* etc.

Le *terrain glaciaire,* comprenant les blocs erratiques formés de glaise grossière ou *Diot,* avec cailloux striés, est aussi décrit avec beaucoup de soin sous ses différents faciès, aux environs de Genève, au signal de Bougy, etc.

L'*alluvion ancienne,* particulièrement bien caractérisée au Bois de la Bâtie, se montre sur les bords du Rhône jusqu'à une grande distance de Genève. L'auteur pose la question de savoir comment les matériaux du Valais sont arrivés au delà de Genève et ne sont pas restés dans les profondeurs du lac ? Il suppose que ce terrain est un produit des grands glaciers, et que ses cailloux ont franchi la dépression des lacs sur la glace, à l'état de blocs, etc. (392)

1867. — Ogérien. Le frère Ogérien a consacré un long chapitre au terrain diluvien, dans lequel il distingue plusieurs zones ou faciès. Tout en admettant les termes par lesquels nous désignons les dépôts glaciaires, les moraines, les blocs erratiques, les roches polies et striées, il en attribue l'origine aux grands courants diluviens, qui auraient, tour à tour, formé les dépôts ou les auraient détruits partiellement. (398)

1867. — A. Favre. En 1867, MM. A. Favre et L. Soret publient leur *Appel* *aux Suisses pour les engager à conserver les blocs erratiques,* accompagné d'*Instructions,* pour les personnes disposées à s'intéresser à l'entreprise. En outre, ils présentent un rapport de la Commission géologique avec projet d'une carte de la distribution des blocs erratiques en Suisse. (401)

1868. — **Vouga.** En 1868, le professeur Vouga présente une *Note sur les terrains glaciaires stratifiés des gorges de la Reuse.* Les travaux nécessités par la consolidation de la voie ferrée ont révélé l'existence de dépôts incontestablement glaciaires, composés d'une argile très fine, feuilletée, avec nombreux cailloux roulés, striés et polis, empâtés dans le limon. Il y a là évidemment une formation analogue à celle de Chanélaz, due aux mêmes causes, c'est-à-dire à l'accumulation des matériaux dans un lac glaciaire. (407)

1868. — **De la Harpe.** Dans son *Rapport de la Commission des blocs erratiques,* dans le canton de Vaud, M. P. de la Harpe se borne à résumer l'organisation des travaux, et la division en cinq circonscriptions, placées chacune sous la direction d'un membre de la Commission. (416 *a*)

1868. — **Favre et Soret.** En 1868, MM. A. Favre et L. Soret, présentent un rapport sur les résultats obtenus au point de vue de l'étude et de la conservation des blocs erratiques. Dans la Suisse occidentale le *Club jurassien,* de Neuchâtel, s'est mis à l'œuvre. Dans le canton de Vaud, le travail a été organisé d'une façon réjouissante par un comité spécial de la Société vaudoise des sciences naturelles. Des catalogues de blocs ont été dressés. On a aussi marqué des blocs en Savoie, sur le territoire compris dans la carte de la Suisse. (416)

1869. — **A. Favre.** Le *troisième rapport* de M. A. Favre constate qu'une nouvelle sphère d'activité s'est ouverte par les recherches sur le terrain glaciaire en général, les roches polies et striées, etc. Il a été formé un comité spécial à Fribourg. Le canton de Vaud a été divisé en cinq circonscriptions et autant de sous-comités. (431)

1869. — **Chantre.** En 1869, M. Chantre a présenté à M. Belgrand un rapport sur la conservation des blocs erratiques dans le bassin du Rhône. (431 *a*)

1869. — **Jaccard.** Dans mon *Jura vaudois et neuchâtelois,* j'ai fait ressortir l'importance du terrain erratique à la surface du plateau molassique, et indiqué ses caractères aux environs de Genève et dans la région connue sous le nom général de *la Côte*, au nord d'Aubonne, au pied du Jura, entre la Sarraz et Concise. J'ai également consacré un § spécial aux dépôts de Boudry et Cortaillod, de Lausanne, et au plateau d'Échallens. Il s'en faut toutefois de beaucoup que nous possédions une connaissance exacte de cette formation et il reste encore à élucider bien des points obscurs de l'histoire de ce terrain. Dans le chapitre consacré au terrain erratique du Jura, je me suis surtout appliqué à distinguer les dépôts formés exclusivement de matériaux alpins de ceux que l'on peut considérer comme provenant de glaciers propres au Jura, qui ont été remaniés pendant la phase maximale du transport glaciaire. J'ai aussi consacré une note spéciale à la grotte de Cottencher, dans laquelle venaient d'avoir lieu des découvertes importantes, savoir les ossements de l'*Ursus spelaeus,* au-dessous d'un dépôt de galets erratiques alpins. (421)

1870. — Colladon. En 1870, des travaux importants exécutés sur le plateau des Tranchées à Genève, à trente ou trente-deux mètres au-dessus du Léman, permettaient à M. Colladon d'étudier sur plusieurs points la disposition générale des couches de l'alluvion ancienne, formant une terrasse sur laquelle est bâtie la ville de Genève. Au-dessous de la terre végétale et d'une couche horizontale de graviers et de galets, on observe partout une multitude de couches sablonneuses, alternant avec de menus graviers, inclinés de trente à quarante degrés, sans que rien indique une transition ou un passage graduel des couches inclinées à la couche horizontale.

Il en conclut que ce dépôt n'est autre chose qu'une terrasse souslacustre, correspondant à celle que M. Dausse signalait aux environs de Thonon en 1866 et 1868.

Le dépôt des couches inclinées est formé par le déversement des matériaux d'un affluent dans une eau profonde et tranquille, jusqu'au moment où le remblai ayant atteint ou dépassé le niveau du lac, il se forme un delta sur lequel coule le fleuve, en formant à son tour des couches horizontales. (442)

BLOCS ERRATIQUES.

Longtemps avant que M. A. Favre ait publié son *Appel aux Suisses*, les naturalistes se sont préoccupés de la conservation de ces témoins de l'histoire de notre sol. Mais les indications sur ce sujet sont encore éparses dans toutes sortes de publications. Il m'a paru dès lors qu'il serait convenable de réunir, autant que possible, sous un chef spécial, les données bibliographiques que nous possédons actuellement sur ce sujet.

1854. — **Nicati**. En 1854, M. le Dr Nicati a publié une Note sur un bloc de grande dimension que l'on venait d'exploiter dans le lit de l'Aubonne. Il mesurait 8^m 40 de longueur, 7^m 20 de largeur, 3^m 60 de hauteur, soit 240 mètres cubes. (208)

1854. — **Morlot**. La même année, MM. Morlot, de la Harpe, père et fils, signalaient des blocs erratiques de gypse dans diverses localités des environs de Lausanne. (212)

1855. — **Desor**. Dans la section de géologie, à la Chaux-de-Fonds, M. Desor parle des blocs du Champ-du-Moulin, et dit qu'il n'y en a pas dans le Val-de-Noirvaux (ce qui est inexact, puisque Tribolet et Campiche en ont signalé un peu plus tard). (221)

1850. — **Vionnet**. M. P. Vionnet présente un échantillon de bloc erratique de Poudingue de Vallorsine provenant des Granges de Sainte-Croix. (282)

1860. — **Desor**. M. Desor propose à la Société des sciences naturelles de prendre des mesures pour la conservation des blocs erratiques, et en particulier de celui de la *Roche de l'Hermitage*, près de Neuchâtel. (338)

1866. — Le Numéro de Mai du *Rameau de sapin* renferme un dessin du fameux bloc de protogine appelé *Pierre-à-Bot*, du volume de 1370 mètres cubes. (384)

1866. — **Chabloz**. La même année, une notice de M. Chabloz signale deux blocs dans la vallée de la Sagne; le plus gros a 3 mètres de long et 1^m 50 de haut. (385)

1860. — **Béguin.** En 1868, M. Béguin, instituteur, publie une notice sur les blocs erratiques de la Côte-aux-Fées. Le plus gros a 1 mètre de longueur sur 0m 75 de largeur et 1m 20 de hauteur. Un second bloc, de moindres dimensions, est aussi composé de protogine du Mont-Blanc. (408)

1868. — **L. Favre.** Le *Granit de Vert,* près de Chambrelien, déclaré inviolable par la Commune de Boudry, a été figuré par M. Louis Favre, qui en indique les proportions. (409)

1869. — **Jaccard.** J'ai signalé, toujours dans le même journal, le seul bloc erratique un peu volumineux que je connusse dans la vallée du Locle. (407 *a*)

Dans mon *Jura Vaudois et Neuchâtelois* j'ai résumé en quelques mots les données acquises sur les *zones* de gros blocs erratiques et indiqué en outre les quartzites et les schistes chloritées des chaînes intérieures du Jura. (Grisons de la vallée de la Sagne.) (421)

1869. — **A. Favre.** Le *Rapport* de MM. Favre et Soret mentionne l'envoi d'une carte des blocs erratiques du Val-de-Ruz, par la section de Chézard du Club jurassien, ainsi qu'un *Catalogue* de cent trente blocs aux environs d'Échallens. La *Pierre à Combot* près de Romanel a été déclarée inviolable par la Commune de Lausanne. (416)

1869. — **Lochmann.** Le Rapport de M. Lochmann, sur les blocs erratiques, est l'un des documents statistiques les plus importants sur la question qui nous occupe. Je dois cependant me borner à rappeler qu'il est accompagné de plusieurs dessins, représentant des blocs remarquables des environs de Vugelles, Bullet, Grange-de-la-Côte. (426)

1869. — **A. Favre.** Le *Troisième rapport,* de MM. Favre et Soret, annonce que le Comité vaudois s'est assuré de la conservation de quelques beaux blocs, savoir la *Pierre aux Écuelles* de Mont-la-Ville, celle de *La Praz* et la *Pierre pouilleuse.* (431)

1869. — **Andrea.** En 1869, la section de Fleurier du Club jurassien, faisait l'acquisition du magnifique bloc de la *Pierre des Sonnaz,* sur le chemin qui conduit des Rasses aux Bullets, au flanc du Chasseron, à 1170 mètres de hauteur. Ce bloc, long de vingt pieds et haut de quinze pieds au-dessus du sol, est aussi de la protogine du Mont-Blanc. (433)

1869. — **Jacquet.** En revanche, la même année voyait disparaître par l'exploitation le gros bloc dit la *Roche Taissonnière* dans la forêt de Bevaix, dont la longueur était de cinquante-deux pieds, la largeur trente pieds, la hauteur vingt-cinq pieds. (434)

MOLASSE.

1851. — Renevier. En 1851, M. Renevier présente à la Société vaudoise des sciences naturelles un mémoire sur la molasse du Jorat, dans laquelle il distingue deux assises, la molasse d'eau douce, qui serait miocène, et la molasse marine, qui serait pliocène. Il trace un tableau de la physionomie du pays pendant l'époque miocène. Un grand lac d'eau douce couvrait le bassin du Léman et une partie de la plaine suisse, et baignait le pied du Jura. Le soulèvement des Alpes occidentales mit fin à cet état de choses, puis l'océan s'introduisit de nouveau sur la plaine suisse et l'époque pliocène commença, etc. (155)

1852. — Morlot. M. Morlot débute dans sa carrière de géologue vaudois par une communication sur ses découvertes de fossiles aux environs de Lausanne. Un palmier, un grand nombre d'empreintes de feuilles dicotylédonées, etc., ont été recueillies dans un banc de marne bleuâtre supérieure. Au dessous d'un banc de grès on a découvert, dans un lit de marnes jaunâtres, un vrai champ de feuilles de palmiers *(Palmacites)*, superposées. (156)

1852. — De la Harpe. M. De la Harpe appelle l'attention des géologues sur l'étude des couches de la molasse à la limite inférieure de la molasse marine, caractérisées par de nombreuses impressions de feuilles de dicotylédonées. (163)

1853. — Gaudin et De la Harpe. En 1853, nouvelles découvertes, dont on trouvera le détail dans le Bulletin de la Société vaudoise, avec les déterminations du professeur Heer à Zurich. (171)

1853. — Zollikofer. Dans ses *études géologiques des environs de Lausanne*, M. Zollikofer distingue trois étages dans la molasse suisse. La *molasse d'eau douce supérieure*, d'Oeningen, n'existe nulle part aux environs de Lausanne.

GÉOLOGIE — 13

La *molasse marine* y est au contraire très développée; les dents de requins et les écailles de tortue de la Tour de la Molière, près Payerne, la caractérisent suffisamment. Quant à la *molasse d'eau douce inférieure*, l'auteur distingue de bas en haut trois sous-étages : 1° la *molasse rouge ;* 2° la *molasse à lignite;* 3° la *molasse grise.* L'auteur décrit successivement ces différentes assises, auxquelles il attribue une puissance totale de 880 à 1020 mètres. (175)

1853. — **Morlot.** M. Morlot distingue de haut en bas les étages suivants dans la molasse, depuis Clarens jusqu'à Pompaples au pied du Jura.

1° Molasse marine;

2° Molasse sans mélange de marnes;

3° Alternances de grès et de marnes, assez riches en fossiles terrestres et d'eau douce;

4° Alternances par couches peu épaisses de grès, de marnes, de calcaire bitumineux, lignite, gypse fibreux, etc.;

5° Molasse rouge, alternance de grès et de marnes rouges et bigarrées. (179)

1853. — **Studer.** Dans le second volume de sa *géologie de la Suisse,* Studer s'occupe à diverses reprises de la molasse vaudoise et de celle des environs de Genève, de Boudry, etc., qui constitue un niveau assez constant à la base de la molasse marine.

Il parle également, d'après L. de Buch, du calcaire lacustre du Locle, à lignite et ménilite, des couches tertiaires de la Chaux-de-Fonds, d'après Nicolet, et donne une liste de douze espèces de la marne à ossements, déterminées par H. de Meyer.

On trouve également au chapitre de la molasse d'eau douce inférieure une liste des espèces les plus caractéristiques de vertébrés *(Anthracotherium, Rhinoceros, Paleomeryx, Emys,* etc.), d'insectes et de mollusques. (190)

1853. — **Blanchet.** M. R. Blanchet admet trois zones de dépôts molassiques; la molasse d'eau douce de la Suisse occidentale appartient à la première; la seconde, également d'eau douce, s'étend de Berne à Saint-Gall; la troisième est constituée par la molasse marine. (191)

1854. — **Morlot, Delaharpe.** En 1854, M. Morlot signale le riche gisement de feuilles fossiles du Tunnel de Lausanne. M. Delaharpe les feuilles de la molasse rouge de Lutry, et une nouvelle tortue dans la molasse grise, etc. (204)

1854. — Blanchet. De son côté, M. Blanchet publie le *Mémoire sur le terrain tertiaire vaudois,* qui n'avait pu paraître en 1853, et dans lequel il a introduit les matériaux recueillis depuis vingt ans. Il distingue, à partir du Châtelard, trois zones, celles des *poudingues,* celle de la *molasse* proprement dite, et celle des *argiles,* qui s'appuie directement sur le néocomien. C'est dans la zone des poudingues, que se rencontrent la flore et la faune si remarquables de la molasse.

La seconde zone ne présente que peu ou point de fossiles. La troisième zone est marine, sa partie supérieure est constituée par le grès coquillier de la Molière, avec coquilles bivalves et dents de poissons, la partie inférieure comprend les marnes rouges du pied du Jura. (205)

1855. — Gaudin et De la Harpe. La découverte du gisement d'empreintes végétales des moulins de Rivaz est due à Morlot, mais ce fut seulement en 1854 et 1855, que Gaudin et De la Harpe entreprirent les fouilles qui devaient faire connaître la riche flore de ce gisement et aboutir à la publication du *Mémoire sur la flore fossile des environs de Lausanne.*

Une première partie est consacrée à la florule de Monod Rivaz; elle est précédée d'une description stratigraphique et accompagnée d'un catalogue des espèces recueillies dans ce gisement, comprenant 145 espèces.

Une seconde partie du mémoire est consacrée à l'étude d'un autre gisement de feuilles, aux Moulins inférieurs de Rivaz, de ceux des bords de la Paudèze, du Tunnel de Lausanne, et de diverses localités au-dessus de Lausanne, dans lesquelles ont été recueillies une centaine d'espèces de plantes tertiaires miocènes.

Tous ces matériaux, communiqués à O. Heer, furent décrits et figurés dans la *Flore tertiaire de la Suisse.* (217)

1856. — Bessard. En 1856, M. Bessard signalait des coquilles marines de la molasse, à Cremin et dans le lit de la Broye. En 1859, il fait observer que la limite entre la molasse d'eau douce et la molasse marine n'est pas encore bien déterminée. Bull. vaud. VI, p. 335.

1856. — Jaccard. En 1855, les travaux de terrassement à la gare du Locle amenaient la découverte d'un gisement de plantes fossiles dans le calcaire d'eau douce crayeux. Ces plantes, soumises à l'examen du professeur Heer, furent reconnues comme étant du même âge que celles d'Oeningen. Ces couches étant supérieures à la molasse marine, je les désignai sous le nom de *terrain d'eau douce supérieur.*

Dans une *Notice*, présentée à la Société des sciences naturelles de Neuchâtel en 1856, je m'occupe presque exclusivement de la coupe de la gare et des couches subordonnées à celle des empreintes végétales. Une liste des espèces reconnues à ce moment termine la notice. (240)

1856. — Nicolet. M. Nicolet, qui avait fait recueillir des empreintes de plantes à la gare du Locle, en a fait l'objet d'une communication à la Société des sciences naturelles, section de la Chaux-de-Fonds. (241)

1856. — Heer, Mérian. Dans la session de Bâle de la Société helvétique des sciences naturelles, M. Heer a entretenu la section de géologie des découvertes du Locle. Une discussion, à laquelle prennent part MM. Mérian, Studer, Nicolet, Greppin, s'engage au sujet de l'âge ou de la position stratigraphique du calcaire lacustre du Locle. (243)

1856. — Gaudin. M. Gaudin, de Lausanne, s'est aussi occupé de la flore fossile du Locle. Dans une communication à la Société vaudoise, il annonce que le nombre des espèces découvertes jusqu'à ce jour s'élève à 42. (246)

1857. — Tribolet et Campiche. MM. Tribolet et Campiche ont décrit les couches tertiaires des environs de Sainte-Croix sous le nom d'*Étage falunien;* ils réunissent la molasse marine, grès marin plus ou moins grossier, riche en dents de requins, et le calcaire d'eau douce, renfermant des coquilles de Planorbes, des Unios, et deux espèces de Mélanies. Ces terrains sont assez développés dans le Val d'Auherson, et on trouve aussi la molasse marine dans celui de Sainte-Croix, où elle paraît recouverte par de puissants dépôts glaciaires. (272)

1858. — C. Mayer. C'est en 1858 que C. Mayer, de Zurich, fait paraître le premier de ses *Tableaux synchronistiques* des terrains tertiaires en Europe. Il range la molasse d'eau douce du Locle dans l'*Astien-Plaisancien,* la molasse marine de Sainte-Croix dans le *Tortonien,* celle de la Chaux-de-Fonds et du Locle dans l'*Helvétien,* etc. (284)

1858. — Desor et Gressly. Sous le nom de *Terrain d'eau douce inférieur,* étage *Aquitanien,* Desor et Gressly donnaient la description des assises des environs de Boudry, formant un lambeau, isolé par le lac, du grand dépôt tertiaire suisse. Ils y distinguaient deux étages ou sous-étages, la *molasse d'eau douce,* alternance de grès marneux de calcaire lacustre à coquilles de Lymnées et Planorbes, filets de gypse, etc. Une seconde assise, inférieure, reposant sur l'urgonien, est le *calcaire d'eau douce inférieur,* avec les marnes rouges violacées, qui se retrouve dans les tranchées du chemin de fer près de Saint-Blaise. (279)

1859. — **Desor.** L'année suivante, ces auteurs revenaient sur l'étude générale du tertiaire dans le Jura neuchâtelois qu'ils divisaient en trois assises ou étages, savoir le *Calcaire d'eau douce supérieur* ou *étage Oeningien* du Locle, avec les marnes à ossements de la Chaux-de-Fonds, la *molasse marine,* ou *étage Helvétien,* et enfin la *molasse et calcaire d'eau douce, étage Aquitanien* de Boudry. (298)

1860. — **Benoit.** Dans sa *Note sur les terrains tertiaires entre le Jura et les Alpes,* M. E. Benoît ne sait où fixer la limite entre le grès de la molasse et celui du macigno alpin, aussi, il arrive à croire qu'il y a dans la vallée des lacs de la Suisse et de la Savoie des couches marines contemporaines du Nummulitique des Alpes. Il considère les marnes rouges inférieures à la molasse d'eau douce du Vengeron, comme marines, ainsi que assises molassiques de Mornex au pied du Salève. (302)

1860. — **A. Favre.** M. A. Favre considère les preuves de l'origine marine de ces couches comme bien faibles. Quant à la ressemblance des grès du macigno et de la molasse, elle n'est pas générale, et la présence des Nummulites suffit toujours à les différencier. Il est possible d'ailleurs que la molasse ait emprunté au macigno de nombreux éléments pour se former. (308)

1869. — **Zollikofer.** Dans son travail sur la géologie des environs de Lausanne, M. Zollikofer subdivise, de haut en bas, la molasse en *molasse marine, molasse grise, molasse à lignite* et *molasse rouge.* (322)

1860. — **Renevier.** Les travaux d'établissement du chemin de fer d'Oron permettent à M. Renevier de faire des observations sur une série de couches marneuses grises, jaunes, violettes, rouges, renfermant l'*Helix Ramondi* et de petites veines de gypse. Plus haut apparaissent une couche de calcaire bitumineux et une marne noirâtre, avec débris de Planorbes et de Lymnées. (312)

1869. — **Gaudin.** Il ne saurait être question pour moi d'aborder ici l'analyse du remarquable travail de Gaudin sur la *Stratigraphie de la molasse*, dans les *Recherches sur le climat et la végétation du pays tertiaire.* Les divers gisements du vallon de la Paudèze, des environs de Lausanne, le Monod près de Chexbres, sont étudiés au point de vue stratigraphique d'abord, puis à celui de la paléontologie végétale. Une coupe de la planche I fait connaître les rapports des diverses assises et des faciès de la molasse vaudoise entre le Jura et les Alpes. (320)

1865. — **Mayer.** Dans son *Tableau synchronistique des terrains tertiaires*, C. Mayer range le calcaire d'eau douce du Locle dans l'*Étage Tortonien* (durée minimum 30,000 ans). Il distingue dans l'*Helvétien* deux couches, l'une comprenant la molasse marine du Plateau vaudois, l'autre celle des vallées. La molasse grise rentre dans l'*Étage Mayencien;* les couches de Rivaz, Paudex, les molasses et calcaires d'eau douce, dans l'*Aquitanien*. (378)

1865. — **Nicati.** En 1865, M. Nicati présente à la Société vaudoise divers échantillons de végétaux de la molasse de Chardonnay près de Morges. M. De la Harpe y a trouvé une empreinte de *Myrica dryandroïdes* qui semble indiquer la molasse grise de Lausanne. (380)

1867. — **A. Favre.** M. A. Favre a consacré un chapitre de ses *Recherches géologiques* à la molasse de la plaine et des environs de Genève. Il décrit successivement les divers affleurements de ce terrain, au Nant-d'Avanchet, à Bernex, Verrières, Monthoux, Presinges, Cologny, Prégny, etc., et signale l'absence du grès marin et du nagelfluh. (392)

1869. — **Mayer.** En 1868, Mayer publie un nouveau *Tableau synchronistique des terrains tertiaires*. Entre l'*Astien* et le *Tortonien* il introduit un nouvel étage, le *Messinien*, dans lequel il place le calcaire d'eau douce du Locle. Le *Tortonien*, réduit à une seule couche, se compose des marnes rouges supérieures à la molasse. (414)

1869. — **Renevier.** Dans ses *Coupes géologiques aux environs d'Yverdon*, M. Renevier a résumé les données sur la molasse de cette région dans laquelle il distingue la molasse marine, *Étage Helvétien*, développé et à l'Est de Cuarny, et la molasse à lignites, molasse rouge, *Étage Aquitanien*, dont la tranche se présente sur les deux flancs du bassin.

Le grès coquillier de la Molière n'apparaît que plus à l'Est et au Nord. (424)

1869. — **Vionnet**. La *Note sur quelques affleurements de la molasse dans la vallée de l'Aubonne, du Boiron*, est importante à consulter, surtout au point de vue du coloriage de la carte géologique, dans une région où ce terrain est enseveli sous de puissantes marnes de terrain erratique. Aucun des affleurements indiqués n'a présenté des fossiles. (425) M. Nicati a publié une note sur le même sujet. (425 a)

1869. — **Jaccard**. En présence des matériaux abondants recueillis sur les couches tertiaires de la plaine vaudoise, je devais forcément borner mes études sur ce terrain à un résumé stratigraphique et paléontologique, dans lequel j'introduisais quelques-unes seulement des observations que j'avais pu recueillir dans mes courses pour le coloriage de la carte. Parmi ces observations personnelles j'indiquerai celles qui se rapportent aux plateaux d'Aubonne, de Cossonay, d'Échallens, et aux environs d'Yverdon, etc. Les listes de fossiles sont extraites de la *Flore tertiaire de la Suisse*.

La seconde partie de ma *Description*, renferme une étude spéciale du bassin tertiaire du Locle, remarquable par le développement des couches lacustres de l'Oeningien, dans lesquelles je venais de découvrir une flore et une faune assez riches et remarquables, mais que nous sommes loin encore de connaître complétement.

En ce qui concerne la molasse marine (Helvétien) et la molasse d'eau douce (Aquitanien), j'ai procédé de même que dans la première partie, en résumant les connaissances acquises sur les divers gisements reconnus dans le Jura. (421)

1870. — **Jaccard**. Dans mon *Supplément*, il m'a été possible d'entrer dans des détails stratigraphiques plus étendus sur l'*Oeningien* de la vallée du Locle, et en particulier sur les dislocations et les renversements qu'a subis cette formation et j'en ai dressé plusieurs profils.

En traitant de la zone littorale du lac de Neuchâtel, j'ai signalé l'alternance des grands bancs de calcaire d'eau douce des environs de Boudry avec les marnes sableuses, lie-de-vin ou même rouges, couches auxquelles on avait d'abord appliqué le nom de molasse rouge, et qui se retrouvent d'ailleurs aux environs de Marin et de Wavre. J'en ai conclu que cette

molasse rouge pouvait bien n'être qu'un faciès de l'Aquitanien inférieur. (435)

1870. — **Greppin**. Dans son *Jura Bernois*, Greppin revient aux dénominations anciennes d'Étages *Helvétien*, *Oeningien*, pour les couches tertiaires de la Chaux-de-Fonds, comprises dans la feuille VII. Il applique celui
de *Delémontien* aux couches de la molasse d'eau douce inférieure du Val-
de-Saint-Imier, de Tramelan, etc. (441)

ÉOCÈNE.

1852. — **Delaharpe et Gaudin**. Le 3 novembre 1852, MM. Gaudin et
De la Harpe présentaient à la Société vaudoise un mémoire sur les ossements fossiles trouvés par eux dans les crevasses du néocomien, au Mormont,
près de la Sarraz.

Ces auteurs considèrent le remplissage des fentes ou crevasses comme
s'étant opéré de haut en bas, par les matériaux de dépôts superficiels, formés
par des sources thermales et minérales. Par les espèces déterminées, et
appartenant aux genres *Anoplotherium* et *Paleotherium*, cette formation
remarquable est d'âge *Éocène*, et contemporaine de celle des gypses de
Montmartre, et aussi des dépôts analogues du canton de Soleure, découverts
par le pasteur Cartier. (161)

1853. — **Chavannes**. En 1853, S. Chavannes décrit à son tour deux
nouveaux gisements découverts, l'un aux Alleveys, près de Saint-Loup,
l'autre sur le plateau du Mormont. (169)

1853. — **Studer**. Dans sa *Géologie de la Suisse*, Studer a mentionné
les découvertes précitées de Gaudin et De la Harpe, Chavannes, etc. Une liste
indique une quinzaine d'espèces, communes entre Egerkingen, Soleure et le
Mormont. (190)

1854. — **Chavannes**. Dans son *Essai sur la géologie du pied du Jura*,
Chavannes signale la découverte au Mont de Chamblon d'un véritable
dépôt de sidérolitique, superposé au néocomien, mais celui-ci ne renferme
pas de débris fossiles. (198)

1855. — **Chavannes**. En 1855, nouvelle découverte, cette fois à l'extrémité orientale de la colline de Chamblon. Le sidérolitique remplit une crevasse très irrégulière de l'urgonien et ne renferme pas non plus de fossiles. (215)

1855. — Gaudin et Delaharpe. La même année encore, MM. Gaudin et Delaharpe découvraient deux nouvelles crevasses ossifères. L'une d'elles est remarquable par le nombre prodigieux des débris d'animaux et par la variété des espèces, l'autre, sur le plateau du Mormont, est pauvre en fossiles. (219)

1855. — Gaudin et Delaharpe. Le *Mémoire sur les animaux vertébrés*, de Pictet, est précédé des *Observations géologiques sur les brèches osseuses et le terrain sidérolitique du Mormont*, de MM. Delaharpe et Gaudin. La Description géologique du Mormont, la nature des éléments qui remplissent les crevasses, et des considérations générales sur le soulèvement et sur ses rapports avec la formation sidérolitique, font l'objet de chapitres spéciaux très étendus. (231)

1860. — Renevier. En 1860, M. Renevier entretient la Société vaudoise du gisement de terrain sidérolitique des bords du lac de Saint-Point. C'est un dépôt de terre rouge-jaunâtre, entremêlée de grains de fer pisolitique, etc. Il ne paraît pas qu'on y ait trouvé jusqu'à ce jour d'ossements. (313)

1861. — Chavannes. M. Chavannes présente une collection des roches sidérolitiques du canton de Vaud. Parmi elles se trouvent des fragments de roches altérées par les émanations hydro thermales, un échantillon de soufre natif provenant d'altération de la pyrite, etc. (341)

1862. — Chavannes. Le même sujet a été traité par M. Chavannes dans les Archives de 1862. (349)

1869. — Jaccard. Dans mon *Jura vaudois et neuchâtelois*, j'ai consacré un chapitre au *Parisien*, ou terrain sidérolitique, rappelant d'abord la découverte des brèches éocènes du Mormont et de La Sarraz, puis les dépôts sidérolitiques d'Orbe, du Mont de Chamblon et de Goumoëns-le-Jux, et faisant connaître l'affleurement de Chévressy à l'est d'Yverdon, en plein pays molassique.

Dans la seconde partie, je traite également du calcaire d'eau douce à *Lymnea longiscata* du Lieu, vallée de Joux, de la Gompholite du Locle, et des vestiges de sidérolitique épars sur divers points du Jura. (421)

1869. — **Renevier.** M. Renevier a aussi résumé tout ce qui se rapporte au terrain éocène ou sidérolitique dans ses coupes géologiques des deux flancs du bassin d'Yverdon. (424)

1869. — **Delaharpe.** Dans une *Note sur la formation du terrain sidéro-litique du canton de Vaud*, M. De la Harpe résume l'histoire des découvertes relatives à ce terrain et constate que, sur le grand nombre de crevasses observées, un petit nombre seulement renfermaient des débris fossiles. Dans l'une d'elles il a été découvert plus de cinquante espèces. Les *poissons*, les *sauriens*, les *ophidiens*, les *chéloniens* y sont représentés. Mais ce sont sur-tout les *mammifères* qui présentent le plus vif intérêt. Une liste des verté-brés du terrain sidérolitique suisse comprend un total de quatre-vingt-quatre espèces, dont cinquante-cinq ont été recueillies dans la partie sud-est. (432)

GRÈS-VERTS.

1851. — **Campiche.** Dans ses *Observations sur le gisement des Ammo-nites*, le Dr Campiche subdivise le gault en trois couches ou zones, ayant chacune leurs formules spéciales d'Ammonites, avec quelques espèces seu-lement passant d'une couche à une autre. (158)

1852. — **Renevier.** L'année suivante, le Dr Campiche annonce par lettre à M. Renevier la découverte de l'étage aptien aux environs de Sainte-Croix, avec bon nombre de fossiles bien conservés. (165)

1852. — **D'Orbigny.** Dans son *Cours élémentaire de géologie*, d'Orbi-gny cite le gault, son étage *albien*, à la Perte-du-Rhône, à Charbony, aux environs de Morteau et à Sainte-Croix. Il en sépare les couches inférieures sous le nom d'*aptien*, mais n'indique pas encore leur existence dans le Jura. Il cite aussi le *cénomanien* de Souaillon près de Saint-Blaise. (167)

1853. — **Renevier.** Le *Mémoire géologique sur la Perte-du-Rhône*, de M. Renevier, est l'un des ouvrages les plus importants que nous possédions sur les terrains crétacés du Jura. Au dessus du calcaire à caprotines et à ptérocères il a reconnu l'étage *albien* de d'Orbigny, ainsi que l'*aptien*, qu'il subdivise en *aptien supérieur* et *aptien inférieur*. La description des assises, les listes de fossiles de chaque étage, sont traités avec une grande précision. L'auteur, dans ses conclusions, se déclare contraire à l'opinion de d'Orbigny sur l'anéantissement complet des faunes, et il démontre qu'une partie des espèces d'un étage passe dans l'étage suivant. (188)

1853. — **Renevier.** Dans la même session il présente aussi une *Coupe stratigraphique de l'aptien de la Presta au Val-de-Travers.* Comme à la Porte-du-Rhône, ce terrain se divise en deux étages distincts. (184) Gressly qui a étudié cette coupe y a aussi reconnu ces assises. (186)

1853. — **Studer.** Comme pour les autres divisions de terrains, Studer met à profit, dans sa *Géologie de la Suisse,* les observations des géologues jurassiens. Pour le gault, il signale les gisements de Charbony, Oye et Saint-Point, Morteau, Sainte-Croix, Val-de-Travers, Perte-du-Rhône. L'aptien, indiqué sous le nom de *Marnes d'Apt,* est aussi reconnu à la Perte-du-Rhône et à Sainte-Croix. (190)

1854. — **Pictet.** La *Description des fossiles du terrain aptien,* de Pictet, est précédée d'un *Tableau des terrains,* indiquant la position, les caractères et l'épaisseur relative des étages du gault, de l'aptien supérieur et inférieur et de l'urgonien à la Perte-du-Rhône. (210)

1856. — **Tribolet.** En 1856, M. G. de Tribolet présente la *Carte géologique des environs de Sainte-Croix* et fait ressortir l'importance des découvertes du Dr Campiche, surtout en ce qui concerne le gault et la craie chloritée. Il signale aussi l'existence d'un lambeau de gault dans les Gorges de la Reuse. (236)

1857. — **Lory.** M. Lory a aussi signalé l'existence des couches à *Pterocera pelagi, Holaster laevis, Plicatula placunea,* etc., de l'aptien, au Val-de-Travers, ainsi que celle du gault à Morteau, Oye et Saint-Point, etc. (250)

1858. — **Tribolet et Campiche.** Une courte description des étages *aptien, albien* et *cénomanien* est donnée dans la *Description géologique des environs de Sainte-Croix,* par Tribolet et Campiche. Le *Tableau des divers étages crétacés* établit pour les couches supérieures au néocomien, six subdivisions des étages *cénomanien, albien* et *aptien.* (272)

1859. — **Sautier.** Dans sa *Note sur quelques lambeaux des Étages aptien et albien aux environs des Rousses,* le capitaine Sautier signale la découverte de nouveaux gisements ou lambeaux de ces terrains, avec leurs fossiles caractéristiques, à plus de 1100 mètres au-dessus de la mer. Les couches présentent des indices certains de remaniement, et l'auteur en conclut que les étages aptien et albien s'étendaient autrefois dans toute la région des hautes vallées du Jura. (299)

1859. — **Desor et Gressly.** Le mémoire de Desor et Gressly est assez laconique au sujet des grès-verts. Il signale la découverte du cénomanien et du gault à la Caroline, près de Fleurier, et reproduit les listes de fossiles de l'aptien de la Perte-du-Rhône, d'après Renevier. (298)

1859. — **Bonjour.** En 1859, MM. Bonjour, Defranoux et Ogérien signalent la découverte de la craie à silex, à Lains dans le Jura. Quoique ce gisement se trouve en dehors de notre région, il me paraît digne d'être cité dans ce Résumé. (301)

1861. — **Jaccard.** En 1861, je présentais à la Société helvétique réunie à Lausanne quelques-uns des résultats obtenus dans mes recherches sur le Jura vaudois, et j'annonçais la découverte, à Vallorbes, d'un lambeau des grès-verts, avec les étages *albien* et *aptien,* assez riches en fossiles. Il en est de même au Pont, vallée de Joux. (323)

1869. — **Jaccard.** L'état d'avancement de la *Monographie des fossiles du terrain crétacé de Sainte-Croix,* m'a permis de dresser des listes de fossiles assez complètes pour chacun des étages du groupe des grès-verts, savoir le *cénomanien,* l'*albien* (supérieur, moyen et inférieur), et l'*Aptien,* dans lequel j'admets aussi, un peu arbitrairement, deux sous-étages, car le gisement le plus important, celui de la Presta au Val-de-Travers, présente un mélange d'espèces qui rend la distinction peu justifiée. (421)

NÉOCOMIEN.

1851. — **Campiche.** Dans ses *Observations sur les Ammonites,* le docteur Campiche divise le néocomien en trois couches ou étages. La couche inférieure, calcaire roux, limonite, renferme huit espèces d'Ammonites, qui lui sont toutes particulières.

La couche moyenne, des Marnes d'Hauterive, en renferme six, mais la couche supérieure ne lui en a fourni aucune. (158)

1852. — **D'Orbigny.** Le *Cours élémentaire de paléontologie*, de d'Orbigny, renferme un grand nombre d'indications de localités jurassiennes pour le néocomien. Elles sont basées sur les publications de Montmollin, de Marcou, et aussi de Carteron, qui lui avait communiqué les fossiles des environs de Morteau. C'est à cette époque qu'il propose le dédoublement de l'étage en donnant le nom d'*urgonien* à la partie supérieure, réservant celui de *néocomien* aux couches du calcaire jaune et de la marne bleue. (167)

1852. — **Delaharpe.** Jusqu'en 1852, on n'avait reconnu d'une manière positive au Mormont que la partie supérieure du néocomien. A ce moment, M. Delaharpe annonce la découverte des marnes à *Terebratula praelonga*, *Rhynchonella depressa*, etc. (164)

1853. — **Campiche.** De son côté, le docteur Campiche, dans l'énumération des étages reconnus aux environs de Sainte-Croix, maintient la subdivision, déjà proposée par lui, en trois couches ou sous-étages, indiquant pour chacun d'eux les localités classiques tant à Sainte-Croix qu'à la frontière française (Boucherans, Métabief). (178)

1853. — **Chavannes.** En 1853, M. S. Chavannes publie le résultat de ses études géologiques au Mormont, où il a recueilli une assez nombreuse série de fossiles, du néocomien supérieur surtout, dont on n'avait jusqu'alors guère cité que les Caprotines et les Radiolites. (169)

1853. — **Renevier.** Dans sa *Note sur le terrain néocomien*, M. Renevier fait l'historique des dénominations successives de ce terrain. Il constate que d'Archiac y avait réuni l'*argile à Plicatules* et le *Calcaire à Caprotines*, devenus plus tard les étages *aptien* et *urgonien* de d'Orbigny. Il rappelle les communications du docteur Campiche, qui avait distingué trois assises bien caractérisées, classification maintenant admise par les géologues neuchâtelois. Malgré l'absence de la *Caprotina ammonia*, il range dans l'urgonien les couches de Bôle et du Mormont, à Échinodermes, dont il énumère vingt-cinq espèces.

L'auteur étudie ensuite successivement les divers gisements du néocomien de Neuchâtel, de Bôle, du Mont de Chamblon et du Mormont, en établissant le parallèle avec celui de Sainte-Croix. Un tableau, servant de conclusion, présente la disposition et les caractères des trois étages du néocomien. (187)

1853. — **Chavannes, Delaharpe.** Dans son travail, M. Renevier classait dans l'urgonien tout le calcaire jaune. M. Chavannes fait observer que c'est à tort, puisqu'on retrouve la faune des marnes jusqu'à une certaine hauteur dans cette assise. (185) De son côté, M. Delaharpe estime que M. Renevier n'a pas fait ressortir suffisamment l'*unité*, du néocomien, dont les divers membres restent inséparables, et présentent toujours la même stratification. (174)

1853. — **Studer.** Dans sa *Géologie de la Suisse*, Studer divise le néocomien en trois étages : 1º *Supérieur*, comprenant le calcaire jaune de Montmollin et le calcaire à grains verts de Marcou ; 2º *Moyen*, des marnes néocomiennes, et 3º *Inférieur,* de la limonite, etc. Sous le nom de *Calcaire à rudistes*, il constitue un étage supérieur, correspondant à l'urgonien de d'Orbigny. Pour chacune de ces subdivisions, il indique les localités classiques de notre région et donne une liste des principaux fossiles. (190)

1854. — **Desor.** Jusqu'ici il n'avait pas été proposé de nom spécial pour l'étage inférieur du néocomien. Ce fut à son retour d'Amérique, et après avoir visité la collection Campiche, que Desor proposa le nom d'*Étage valanginien* pour désigner les couches à *Pygurus rostratus*, du calcaire roux et de la limonite, ainsi que les calcaires blancs ou jaunes à *Nucleolites Renaudi* et à *Toxaster Campichei*. Dans une *Énumération et diagnose des espèces d'Échinides*, déjà connues et nouvelles, il en indique une vingtaine, toutes caractéristiques du nouvel étage valanginien. (195)

1854. — **Chavannes.** La première communication de M. Chavannes devait être suivie bientôt d'un travail plus important, son *Essai sur la géologie d'une partie du pied du Jura*. Reprenant l'étude du Mont de Chamblon, où il reconnaît les trois étages du néocomien, il décrit ce terrain aux environs de Beaulmes, l'Abergement, Vallorbes, Ballaigues, Lignerolles, les Clées, la Russille, Orbe, Vaulion, Romainmôtiers et Valeyres-sous-Rances. (198)

1855. — **Nicolet.** Dans son discours d'ouverture de la Société helvétique à la Chaux-de-Fonds, M. Nicolet rappelle les faits qui ont conduit les géologues à admettre les trois étages reconnus par Campiche à Sainte-Croix, ainsi que la proposition de donner à l'étage inférieur le nom de *valangien*. (220)

1855. — **Desor**. Dans la section de géologie, M. Desor fait observer qu'à Valangin il y a une couche de marne entre le valangien et le portlandien, qui semblerait occuper ici la place du wealdien à fossiles d'eau douce, dont l'existence vient d'être signalée à la Société. Il indique aussi sur une carte les limites du valangien et du portlandien, avec lequel on l'avait confondu jusqu'ici. (223)

1855. — **Sautier**. Le mémoire du capitaine Sautier *sur le néocomien et le wealdien des Rousses,* affirme aussi la concordance entre les assises néocomiennes et portlandiennes. La description des couches est l'objet de développements très étendus, aussi bien que l'énumération des fossiles des différents niveaux. Le néocomien est divisé en trois sous-étages, comprenant une dizaine d'assises, et correspondant aux divisions qui venaient d'être reconnues ailleurs dans le Jura. (227)

1856. — **G. Tribolet**. En 1856, G. de Tribolet constate la présence des terrains crétacés dans les Gorges de la Reuse, où elles sont resserrées dans un pli étroit des couches jurassiques verticales. (235)

Le même auteur publie un *Catalogue des fossiles du néocomien moyen.* Le nombre des espèces est d'environ 230. Elles proviennent pour la plupart des collections du Musée de Neuchâtel, mais l'auteur ne donne aucune indication de gisement ou de localité. (237)

1856. — **Pillet**. Dans une *Lettre à M. le Chanoine Chamousset,* M. Pillet rend compte d'une excursion qu'il vient de faire aux environs de Neuchâtel, en vue de reconnaître les diverses assises du néocomien. A Bôle, près de Boudry, il a découvert les fossiles caractéristiques de l'urgonien des environs d'Aix et de Chambéry, mais les calcaires blancs à Hippurites (Rudistes), manquent. Quant aux couches inférieures aux marnes d'Hauterive, dont on veut faire l'*étage valangien,* il les considère comme *kimméridiennes,* n'ayant pas rencontré de fossiles vraiment caractéristiques du crétacé. (238)

1857. — **G. Tribolet**. Dans une note *sur le terrain valangien,* G. de Tribolet répond à M. Pillet au sujet des doutes de ce géologue sur l'âge de certaines couches, intermédiaires aux marnes d'Hauterive et aux formations jurassiques. Il décrit successivement trois coupes, prises au Vauseyon, à Valangin et à Sainte-Croix, et énumère quelques-unes des espèces du calcaire roux ferrugineux de cette localité. (254)

1857. — Etallon. Étallon n'admet, dans son *Haut-Jura*, qu'un seul étage crétacé, le *néocomien*, qu'il divise en quatre sous-étages, dont l'inférieur ou *wealdien*, est constitué par les couches à *Planorbis Loryi*. Son *néocomien inférieur* comprend le calcaire roux et les marnes bleues, et il réduit l'*étage moyen* aux *calcaires jaunes*. Enfin le *calcaire blanc, urgonien*, constitue son quatrième sous-étage. (264)

1857. — Tribolet. Ainsi qu'on l'a constaté presque partout dans le Jura, les fossiles de la marne néocomienne sont, pour la plupart, réduits à l'état de moule interne et privés de leur test. En 1857, nous fîmes la découverte d'une couche du calcaire jaune de Morteau, très riche en fossiles, surtout en mollusques acéphales, ayant tous conservé leur test. M. G. de Tribolet en a dressé une liste, bien incomplète d'ailleurs. (253)

1857. — Lory. Le *Mémoire sur les terrains crétacés du Jura*, renferme l'exposé des recherches collectives de Pidancet et Lory, que ces auteurs s'étaient proposé de publier déjà en 1850. Par suite de diverses circonstances, il ne parut qu'en 1857, rédigé par Lory seul.

Après avoir signalé l'erreur dans laquelle était tombé Marcou au sujet de la base du terrain crétacé, Lory établit la série des étages jurassiques supérieurs dans le Jura central et méridional. A défaut des fossiles, qu'on ne rencontre pas toujours, les roches dolomitiques constituent un indice certain de l'existence du portlandien; sur cette dolomie portlandienne repose toujours, soit le terrain wealdien, à fossiles d'eau douce et à gypse, soit le néocomien. Celui-ci se divise en trois étages distincts. L'*étage inférieur* comprend les couches calcaires infra-néocomiennes à *Pterocera pelagi*, *Strombus Sautieri*, Nerinées, etc., et les calcaires roux ferrugineux, en couches minces, dont ils sont séparés par une couche de *marne bleue*, qui renferme des fossiles, en particulier des spongiaires. L'*étage moyen* présente quelques différences, suivant qu'on l'observe dans la partie basse du Doubs, ou dans la partie haute, et dans le canton de Neuchâtel et le Jura vaudois, mais c'est toujours les calcaires jaunes et les marnes à *Ostrea Couloni* et *Toxaster complanatus* qui le caractérisent. Enfin l'*étage supérieur* se compose des couches compactes à Caprotines et Radiolites. L'auteur conclut en établissant la *concordance de stratification entre les terrains crétacés et le terrain jurassique*, et en dressant à l'appui une série de coupes prises sur différents points du Jura, et en indiquant sur plusieurs points, les *failles* qui avaient pu induire en erreur les géologues jurassiens. (250)

1858. — Marcou. Ces conclusions n'étaient pas de nature à satisfaire Marcou, toujours plus obstiné dans sa théorie de la *discordance*. Il répondit immédiatement par sa *Notice sur le Néocomien dans le Jura,* dissertation pleine d'aigreur, dont la valeur est singulièrement atténuée par les critiques adressées à tous les géologues qui n'admettaient point ses idées et ses théories. Après avoir reconnu son erreur au sujet de la fameuse *marne bleue sans fossiles,* il reprend longuement la question de *discordance,* évoquant le témoignage d'Élie de Beaumont, d'Itier, etc., puis il étudie, de bas en haut, la série des strates à partir du *Groupe de Salins,* nom sous lequel il désigne les couches portlandiennes dolomitiques, dans lesquelles il signale une faune très caractéristique. Abordant ensuite l'*Étage néocomien,* il désigne sous le nom de *Marnes de Villars,* les couches attribuées jusqu'alors au *wealdien,* et continue sur le même système; il crée une série de dénominations pétrographiques et géographiques nouvelles : *Roches d'Auberson, Limonite de Métabief,* etc., d'une application absolument impossible en pratique.

Remarquons d'ailleurs que le tableau ou *Section théorique des strates néocomiennes* est en parfaite harmonie avec tous les faits reconnus à cette époque sur la succession des assises et des faunes dans le Jura central. (263)

1859. — G. de Tribolet. M. G. de Tribolet ne tarda pas à s'élever avec force contre cette disposition de certains géologues à retrouver dans chaque couche l'équivalent de tel terrain d'un autre pays, en leur donnant des noms nouveaux. On pourrait tout aussi bien et avec autant de raison, dit-il, choisir aux environs de Neuchâtel des noms particuliers pour la plupart des subdivisions proposées par Marcou. (292)

1858. — Campiche et de Tribolet. La *Description géologique des environs de Sainte-Croix,* de Tribolet et Campiche, ne renferme pas de données nouvelles sur les trois étages du néocomien. La distinction de l'urgonien en deux séries de couches est toutefois nettement établie. Mais dans le tableau à part, de Pictet, l'étage est subdivisé en cinq assises, savoir le *calcaire à Caprotines* et le *calcaire et marnes jaunes* (urgonien), le *calcaire* *jaune* et *marne grise* (néocomien), les *marnes à bryozoaires* (intermédiaire), et enfin le *calcaire roux* et les *marnes inférieures* (valangien). (272)

1859. — **G. de Tribolet.** Dans une communication à la Société des sciences de Neuchâtel, M. G. de Tribolet fait ressortir la constance d'une couche de *Marne jaune*, à la base des marnes bleues du néocomien, qu'il propose d'appeler *Marnes à Ammonites Astierianus,* du nom du fossile le plus commun. (291)

1861. — **De Loriol.** La monographie des *fossiles du néocomien du Mont-Salève,* de M. de Loriol, est précédée d'une description des couches de ce terrain, dont la faune diffère presque absolument de celle qui a été recueillie aux Voirons.

M. de Loriol a reconnu au Salève les trois étages du néocomien, mais il borne sa description aux couches du néocomien moyen, dans lesquelles il distingue six assises, dont les cinq inférieures, marneuses, sont fossilifères, la sixième, celle du *Calcaire jaune,* ne renferme que quelques débris. La couche la plus inférieure, la *Marne à Ostrea rectangularis,* repose sur le valangien. (335)

1862. — **Rey.** Dans une notice sur *Orbe et ses environs au point de vue géologique,* M. Rey s'occupe de la formation crétacée. L'*urgonien supérieur,* calcaire compacte et massif, ayant résisté à l'érosion, forme le promontoire sur lequel est assise la ville d'Orbe. L'*urgonien inférieur* a été mis à découvert dans les tranchées de la nouvelle route de Jougne, près de la Russille. Il est riche en fossiles, surtout en oursins d'espèces nouvelles. C'est à ce géologue que nous devons la découverte de la couche que nous avons appelée plus tard *Couche de la Russille.* (348)

1864. — **Résal.** Dans la *Statistique géologique du Doubs,* M. Résal donne quelques coupes du néocomien à Pontarlier, Morteau, Ville-du-Pont, et une très longue liste des fossiles de ce terrain, avec indications des localités de gisement d'après la Paléontologie de d'Orbigny. Dans la *Notice sur la carte géologique du Jura,* il décrit assez longuement le néocomien inférieur, moyen et supérieur, en se basant d'ailleurs sur les travaux de Sautier. (366)

1867. — **Greppin.** M. Greppin s'est aussi occupé du néocomien dans son *Essai géologique sur le Jura suisse.* Dans son tableau des Étages, il intercalle, on ne sait trop pourquoi, un étage *barrémien* entre le néocomien et l'urgonien. Il donne quelques détails sur les étages valangien, néocomien et urgonien, dans le Val-de-Saint-Imier, sur les rives du lac de Bienne et au Landeron et, pour chaque étage, une liste des fossiles caractéristiques. (393)

1867. — Ogérien. Dans sa *Géologie du Jura,* le frère Ogérien divise le néocomien en dix zones, dont il étudie successivement les caractères, la puissance et les fossiles. Il indique aussi leur répartition dans le département du Jura, d'après Marcou, Sautier, etc. (398)

1867. — A. Favre. M. A. Favre a consacré au néocomien du Salève une attention particulière. Il distingue dans le valangien quatre assises de calcaires, dans lesquelles il a recueilli une dizaine d'espèces de fossiles. Le néocomien moyen, plus marneux, est divisé en six assises et renferme une faune riche et variée. Enfin il distingue l'urgonien proprement dit et le Calcaire à Ptérocères (celui-ci ne se trouve pas au Salève). La couche à Térébratules lui a fourni une faunule assez riche, dont les espèces ont été décrites et figurées par M. de Loriol. (392)

1868. — De Loriol. La *Monographie des couches de l'étage valangien d'Arzier* est précédée d'une courte notice, dans laquelle M. de Loriol distingue trois couches ou niveaux : la couche A. *Limonite,* la couche B. *Marne d'Arzier* et la couche C. *valangien inférieur.* C'est la couche moyenne qui renferme la plus grande abondance de fossiles, surtout en Spongiaires et Bryozoaires. (415)

1869. — Renevier. Dans ses *Coupes aux environs d'Yverdon,* M. Renevier indique les trois étages du néocomien. Il subdivise l'étage moyen en *Marnes d'Hauterive* et *Calcaire jaune néocomien* et reconnaît le bien fondé des observations de M. Chavannes au sujet des *colonies,* qu'il avait cru reconnaître dans cette assise. Il croit que tout le pied du Jura a été émergé depuis la fin de l'époque urgonienne jusqu'à celle de la molasse. (424)

1869. — Gilliéron. La monographie de l'Étage urgonien du Landeron est suivie d'une *Notice sur les terrains crétacés,* de Saint-Blaise à Bienne, accompagnée de coupes de l'urgonien inférieur et du néocomien. M. Gilliéron signale, dans la *pierre jaune* de Neuchâtel, une *cross-stratification,* que j'ai souvent observée moi-même ailleurs dans ce terrain, et qui indique des conditions particulières dans le dépôt des couches. Il constate l'absence des couches de l'urgonien blanc, du Jura neuchâtelois et vaudois, et fait ressortir la liaison intime des deux calcaires jaunes, au point de vue orographique et même pétrographique. Enfin, il signale des remaniements et intercalations assez curieuses de marnes néocomiennes, ayant pris la place des marnes valangiennes, par suite de dislocations difficiles à comprendre. Les mélanges de fossiles des trois étages sont nombreux dans cette région. (423)

1869. — Jaccard. Dans mon *Jura vaudois et neuchâtelois*, je distingue l'urgonien supérieur et l'urgonien inférieur et je donne pour chacun d'eux une liste de fossiles, en indiquant dans le premier les espèces du calcaire blanc crayeux de Chatillon-de-Michaille, et de quelques localités du Jura. Dans le second, je réunis les espèces de la couche de la Russille à *Terebratula Ebrodunensis* à celles du calcaire jaune à *Goniopygus peltatus*.

Je divise également le néocomien moyen en deux sous-étages. La couche à fossiles avec leur test, de Morteau, me permet de dresser une liste d'espèces assez longue, mais qui, pour la plupart, se retrouvent dans le néocomien marneux.

Pour l'Étage valangien, même subdivision; je réunis la *Marne à Bryozoaires* de Campiche au *Calcaire roux* et aux *Couches de Villers-le-lac,* ainsi qu'aux *Marnes d'Arzier.* Le calcaire blanc à Nérinées et les marnes *Toxaster granosus,* constituent l'étage inférieur, dont la faune est bien moins riche que celle de l'étage supérieur.

Dans un tableau final, je démontre l'existence de dix zones ou stations fossilifères, pour les trois étages du groupe néocomien dans le Jura, en indiquant la prédominance des Brachiopodes, Échinides et Spongiaires aux différents niveaux. (424)

1870. — Jaccard. Dans mon *Supplément,* j'ai adopté une forme un peu différente et me suis attaché à donner une série de descriptions locales des vallons de Morteau, de Villers-le-lac, du Russey, du Val-de-Ruz, et du littoral du lac de Neuchâtel. J'ai aussi risqué la proposition de distinguer la partie supérieure du valangien sous le nom d'*Étage aubersonien*, comme l'aurait désiré le docteur Campiche. (435)

1870. — Greppin. Le docteur Greppin, dont la carte, feuille VII, renferme un territoire occupé aussi par les terrains crétacés, leur a consacré un chapitre de sa monographie. Il indique les diverses localités du Val-de-Saint-Imier et du littoral du lac de Bienne, et donne des listes de fossiles, dans lesquelles on trouva réunies des espèces de provenance diverse, c'est-à-dire empruntées aux travaux de Gilliéron, Hisely, de Loriol, Jaccard, etc. (441)

WEALDIEN, DUBISIEN, PURBECKIEN.

1850. — **Lory.** Les observations géologiques de Lory sur la Dôle, et sa note sur la présence de fossiles d'eau douce dans les couches à gypse, réputées sans fossiles, marquent le début de l'histoire d'un terrain dont nous aurons désormais à nous occuper souvent. (153)

1853. — **Studer.** Dans sa *Géologie de la Suisse*, Studer rappelle les premières observations de Marcou sur la *marne bleue sans fossiles* (qui n'était pas celle de Lory) suivies bientôt de la découverte des fossiles à Charix près de Nantua, par Lory. Il dit aussi qu'un peu plus tard Chopard fit la découverte des mêmes fossiles aux environs de Morteau. (190)

1855. — **Sautier.** Sous le nom d'*Étage wealdien*, le capitaine Sautier décrit les couches lacustres qui s'interposent entre les *Dolomies portlandiennes* et le *néocomien inférieur*. Sur une épaisseur de onze mètres, il distingue une dizaine de couches de calcaires et de marnes en alternance, observées dans les fossés du Fort-des-Rousses, et dans le ravin de la Chaille. Plusieurs sont riches en fossiles, appartenant aux genres *Physa (P. wealdiana) Planorbis (P. Lory) Melania, Cyclas, Anodonta Paludina, Cypris*, etc. (227)

1857. — **Perron.** La *notice géologique sur l'Étage portlandien*, des environs de Gray, nous fait connaître des assises qui ont les plus grands rapports avec celles que j'observais à cette époque dans notre Jura. (265)

1855. — **Coquand.** Les deux espèces de fossiles d'eau douce, recueillies par le capitaine Sautier, furent décrites et figurées dans un petit mémoire de Coquand et devinrent, depuis cette époque les espèces caractéristiques du terrain d'eau douce infra-crétacé, ou wealdien. (218)

1855. — **Coquand.** La même année, Coquand signalait à la Société helvétique, réunie à la Chaux-de-Fonds, l'analogie qui existe entre le terrain wealdien des Deux Charrentes et celui du Jura, et déclarait que ses études personnelles lui avaient démontré la parfaite concordance entre le wealdien et le portlandien. Il considérait aussi le wealdien comme le commencement des terrains jurassiques, plutôt que comme le commencement de la formation crétacée.

Après avoir entendu cette communication, la société se transportait à Villers-le-lac et, sous la conduite de M. Chopard, de Morteau, plusieurs géologues recueillirent les fossiles d'eau douce (Physes, Planorbes, Lymnées, etc.) signalés dans cette localité. (222)

1857. — **Oppel.** Le *Tableau des couches jurassiques* de Oppel, dressé d'après les publications de Marcou, en 1846-48 et en 1857, place les *Marnes de Villars* (Villers-le-lac, près du Locle) au niveau des *Couches de Swanage,* en Angleterre, et des *Serpulit* du Hanovre. (239)

1857. — **Étallon.** Dans ses recherches sur le Haut-Jura, Étallon avait aussi reconnu l'existence des couches d'eau douce à *Planorbis Loryi,* et il signale les gisements de Septmoncel, ceux des Combes et de la Serre, à Saint-Claude, et celui de Cinquétral qui lui a fourni ses fossiles. (264)

1857. — **Renevier.** Dans les années qui suivirent la réunion de la Société helvétique à la Chaux-de-Fonds, j'avais recueilli avec soin les nombreux fossiles du gisement de Villers-le-lac. Ceux-ci ayant été soumis à l'examen de M. Renevier, il reconnut un mélange de formes qui lui parut de nature à paralléliser ces couches avec le *Purbeck* d'Angleterre. Il concluait dès lors à les faire rentrer dans la partie supérieure des terrains jurassiques, d'accord avec les paléontologistes anglais. (258)

1857. — **Renevier.** Les *Archives des sciences naturelles,* ont résumé la Note de M. Renevier, et signalé les espèces correspondant positivement aux couches de Purbeck d'Angleterre. Le compte rendu se termine par la reproduction du *Tableau,* indiquant le parallélisme des assises crétacées en Suisse et en Angleterre. (258 *a*)

1857. — **Lory.** C'est encore sous le nom de *Terrain wealdien* que Lory décrit, en 1857, les couches à gypse et à fossiles d'eau douce infra-crétacées. Il indique le *faciès normal* dans un grand nombre de localités du Jura bernois et neuchâtelois et des départements du Doubs, du Jura et de l'Ain, tandis que le *faciès exceptionnel* est moins répandu. Le gypse a cependant été reconnu ou exploité à Morteau, Ville-du-Pont, la Brévine, Sainte-Croix, la Rivière, Foncine, etc. (250)

1857. — Marcou. Ainsi que nous l'avons vu, le mémoire de M. Lory fut suivi bientôt d'une réponse de M. Marcou, expliquant la cause de son erreur au sujet des *marnes sans fossiles de la fontaine du Poirier,* près de Censeau, et insistant de nouveau sur la discordance de stratification qu'il vient d'observer près de Saint-Cergues.

Il adopte l'expression de *Marnes de Villars* proposée par Renevier, et en fait même l'un de ses horizons caractéristiques du Jura, mais il repousse le parallélisme avec le purbeck d'Angleterre, représenté pour lui par les *calcaires de Salins,* c'est-à-dire par le *portlandien.* Les Marnes de Villers-le-lac correspondraient donc aux *Sables d'Hastings* et rentreraient dans les terrains crétacés. (263)

1858. — Coquand. Dans son Mémoire sur l'*Etage purbeckien dans les deux Charentes,* M. Coquand rectifie certaines expressions de M. Renevier au sujet des couches de Villers-le-lac. Il analyse le mémoire de Lory, et se prononce de nouveau en faveur de la réunion des argiles gypsifères à la formation jurassique. (267)

1858. — Renevier. A la suite d'une excursion dans le Jura neuchâtelois et aux environs de Morteau, M. Renevier confirme ses appréciations sur la convenance de réunir les couches de Villers-le-lac au jurassique. (281)

1858. — Tribolet et Campiche. Quoique n'ayant découvert ni le gypse ni les fossiles d'eau douce, aux environs de Sainte-Croix, Tribolet et Campiche désignent sous le nom de *wealdien* les couches de marnes inférieures au valangien. (272)

1859. — Desor et Gressly. Comme pour augmenter encore la confusion au sujet de la dénomination des couches lacustres infra-crétacées, Desor et Gressly les désignent sous le nom de *terrain dubisien* (de *Dubis,* le Doubs), afin de ne pas préjuger, disent-ils, des affinités de ce dépôt avec les couches d'Angleterre. Le mémoire ne renferme du reste aucune donnée nouvelle, sinon le fait que les marnes noires bitumineuses, de la tranchée de la Sauge, près de Chambrelien, sont abondamment chargées de gypse (ce que je n'ai jamais eu l'occasion de constater). (298)

1863. — **Sandberger.** M. F. Sandberger a décrit, dans un mémoire que je n'ai pas eu l'occasion de consulter, quelques-unes des espèces de fossiles des couches de Villers-le-lac, que je lui avais communiquées. (358)

1864. — **Desor et Gressly.** Ensuite de cette publication de M. Sandberger, M. Desor annonce que, les espèces reconnues par ce paléontologiste étant identiques avec celles du purbeck d'Angleterre, il y a lieu de renoncer au nom de *terrain dubisien,* proposé par lui et par Gressly en 1859. (367)

1868. — **Jaccard.** M. de Loriol ayant entrepris la description des fossiles recueillis par moi à Villers-le-lac et autres localités du Jura, je rédigeai en matière d'introduction à ce mémoire une *Etude géologique,* en m'attachant plus spécialement à la description des environs de Villers-le-lac et de Neuchâtel. Je divise l'étage en trois sous-groupes. Celui du *Calcaire d'eau douce,* passant au valangien par des calcaires oolitiques à fossiles saumâtres est, de beaucoup, le plus riche en fossiles. Le sous-groupe des *Marnes à gypse* et calcaire celluleux, n'en renferme aucun. Mon troisième sous-groupe, des *Dolomies portlandiennes,* renferme des fossiles saumâtres *(Corbula Forbesiana, Cardium Villersense)* qui, se trouvant aussi dans les divisions supérieures, établit la transition au portlandien marin. (377)

1867. — **Greppin.** L'*Essai géologique,* de Greppin, signale l'existence du purbeckien fossilifère sur les bords du lac de Bienne, au Val-de-Saint-Imier, et indique les espèces les plus fréquentes, dont quelques-unes trouvées à Alfermée et à Vigneule. (393)

1867. — **Ogérien.** Les *Couches à Planorbis Loryi,* constituent la vingt-troisième zone, et la base du terrain crétacé, du frère Ogérien. Il indique les couches de cette zone dans la coupe du Moulin-du-Saut, mais ne paraît pas y avoir découvert d'autres fossiles que des *Cypris.* A la gypserie de Foncine-le-bas, il indique des fossiles d'eau douce : Planorbes, Physes, Paludines. (398)

1867. — **A. Favre.** Dans le chapitre de son ouvrage consacré au Salève, A. Favre soulève la question de l'existence du purbeckien au Salève. Il n'en voit d'autre trace que celles de cailloux noirs, dans un calcaire bréchiforme, sur le sentier de la Grande Gorge. (392)

1869. — **Jaccard.** Le chapitre consacré au *purbeckien,* dans ma *Description géologique,* ne renferme pas de données bien nouvelles sur le purbeckien. Je maintiens la division en trois sous-étages, et je donne la liste des espèces décrites dans la monographie de M. de Loriol. (421)

1870. — Jaccard. M. Sandberger, ayant revu les fossiles de ma collection, y reconnut quelques espèces à ajouter à la liste de M. de Loriol, surtout dans la *couche saumâtre supérieure,* qui présente les plus grands rapports avec certaines couches du *purbeckien de Swanage,* en Angleterre. C'est ce qui m'a engagé à les distinguer de celles de la zone moyenne, et à dresser trois listes de fossiles pour cet étage. (435)

1870. — Greppin. M. Greppin reproduit presque textuellement, dans la huitième livraison des *Matériaux pour la carte géologique de la Suisse,* ce qu'il a dit du purbeckien dans ses *Etudes géologiques.* (441)

JURASSIQUE.

1852. — D'Orbigny. Comme pour les terrains crétacés, d'Orbigny indique dans le Jura quelques-uns de ses étages jurassiques, Cependant il ne les connaît encore que bien imparfaitement, surtout les étages inférieurs. Le *callovien* est indiqué à Mémont et à Rosureux (près de Morteau), à la Dent de Vaulion. Le *corallien* est cité à Grand-Combe des Bois et il paraît exister à la Chaux-de-Fonds, ainsi que le *kimméridgien* (aussi indiqué à Sainte-Croix). Il ignore la découverte des couches lacustres à *Planorbis* de Charix, près de Nantua. (167)

1853. — Lardy. Les recherches géologiques sur le Jura vaudois sont inaugurées par Lardy, qui présente à la Société helvétique réunie à Porrentruy une coupe de la première chaîne, du néocomien jusqu'à l'oolitique, qui affleure sous la Dent de Vaulion. (183)

1853. — Campiche. De son côté le docteur Campiche présente à la Société vaudoise la carte géologique des environs de Sainte-Croix, et l'énumération des étages qu'il a observés dans cette région, rangés dans l'ordre adopté par d'Orbigny. Pour le jurassique, ce sont, de bas en haut, le *bajocien,* le *bathonien,* le *callovien,* l'*oxfordien,* le *corallien,* le *kimméridgien* et le *portlandien.* (178)

1853. — Studer. M. Studer, dans sa *Géologie de la Suisse,* reproduit les indications des géologues vaudois sur les environs de Sainte-Croix, Vallorbes, ainsi que ceux de Montmollin sur le canton de Neuchâtel. (190)

1855. — Gressly. Dans le Jura neuchâtelois, Gressly, appelé à faire l'étude des couches qui devaient traverser les grands tunnels du Jura industriel, présente à la Société des sciences naturelles une coupe géologique de la chaîne des Loges et du Mont Sagne. Les différents groupes du portlandien (jurassique supérieur), atteignent une épaisseur considérable. (214)

1855. — Nicolet. Toutefois M. Nicolet déclare que l'étude des couches jurassiques est encore bien peu avancée, surtout en ce qui concerne les étages supérieurs. (220)

1857. — Étallon. L'*Esquisse d'une description géologique du Haut-Jura*, est l'une des monographies les plus importantes qui aient paru dans cette période. La description des divers étages et les listes de fossiles sont rédigées d'après la méthode de Thurmann, et la nomenclature des *Étages* d'après d'Orbigny, mais ceux-ci sont subdivisés en *assises*, pour lesquelles l'auteur propose quelques dénominations nouvelles *(Diceratien, Spongitien*, etc.). (264)

1857. — Marcou. Les *Lettres sur les roches du Jura*, adressées par Marcou à son ami Albert Oppel, à Munich, en 1856 et 1857, ont été rassemblées en volume en 1860. L'auteur se propose de remédier à l'anarchie qui règne dans la nomenclature des terrains, et il établit un parallélisme entre les diverses assises des terrains en Allemagne, en Angleterre et dans le Jura. Il substitue aux divisions en étages, avec terminaison euphonique de d'Orbigny, des désignations géographiques : telles que *Groupe du département du Doubs, calcaire de Salins, marnes du Banné*, etc., dont l'emploi est tout aussi impossible que ceux proposés par le même auteur pour le néocomien. (265 *a*)

1857. — A. Favre. M. A. Favre s'est empressé de faire ressortir le fait que, bien loin d'atténuer le mal, le remède fourni par Marcou l'augmente encore. Il rend cependant hommage aux descriptions des divers étages, et au parallélisme que l'auteur cherche à établir entre les formations des différents pays, sujet qui n'avait pas encore été abordé par les géologues. (266)

1858. — Desor. M. Desor dit que les couches supérieures du Jura, malgré leur épaisseur de 200 à 300 mètres, n'ont pas encore été classées ou parallélisées avec les terrains d'autres pays. Il admet le parallélisme du

ptérocérien avec le kimméridien, mais considère celui de l'astartien comme
douteux. (274)

1858. — **Tribolet et Campiche**. La *Description des terrains jurassiques,*
dans la monographie de Pictet et Campiche, comprend une étude succincte
des différents étages et de leurs caractères locaux. Elle ne renferme pas de
listes de fossiles, mais seulement l'indication de quelques espèces caractéristiques des divers niveaux ou étages. (272)

1859. — **Desor et Gressly**. La formation jurassique ou oolitique est
divisée dans le *Mémoire* de Desor et Gressly, en quatre groupes, supérieur,
moyen, inférieur et lias. On trouve dans ce travail beaucoup plus de
considérations générales et de dissertations, que de descriptions stratigraphiques locales, et il n'est pas toujours facile de se reconnaître dans les
divisions et subdivisions des étages ou des assises, dont l'étude se rapporte
surtout aux couches rencontrées dans les grands tunnels des Loges et du
Mont Sagne. En un mot, la dualité résultant du fait que l'un des auteurs
observait, pendant que l'autre rédigeait, produit une confusion qui ne permet
pas une analyse satisfaisante de ce travail. (298)

1859. — **A. Favre**. M. A. Favre a publié un résumé du travail de Desor
et Gressly, et fait ressortir son importance au point de vue du percement
des tunnels du chemin de fer. (298 a)

1860. — **Jaccard**. Comme introduction à la monographie des *Reptiles
et poissons de l'étage virgulien,* j'ai donné un *Aperçu géologique sur les
Etages supérieurs du terrain jurassique du Jura neuchâtelois.* Incertain
encore au sujet du synchronisme de ces couches avec le portlandien anglais,
je les désignais sous le nom provisoire de *virgulien,* dans lequel je distinguais trois massifs, incontestablement supérieur au ptérocérien. (304)
M. Desor a rendu compte de ce travail dans le *Bulletin de la Société des
sciences naturelles de Neuchâtel.* (219) Les *Archives* en ont aussi fait
mention. (306)

1862. — **Résal**. La *Carte géologique du Département du Doubs,* de M.
Résal, a paru en 1862. Elle est accompagnée d'une série de profils géologiques, et comporte une partie étendue de notre territoire. La légende indique
sous une couleur unique le *terrain crétacé,* de la craie chloritée aux argiles
wealdiennes. Le *système oolitique* se subdivise en *supérieur, moyen* et *infé-*

rieur. L'oolitique supérieur comprend trois subdivisions : *portlandien et kimméridien, marne et calcaire à astartes, corallien.* (355)

1864. — **Mayer.** Le *Tableau synchronistique des terrains jurassiques* de Charles Mayer divise ceux-ci en *Étages kimméridgien, argovien, oxfordien, bathonien,* etc. et en *Couches,* ou sous-étages, au nombre de quatre ou cinq pour chaque étage. Une colonne est consacrée au Jura franco-suisse; elle indique les faciès superposés, les fossiles caractéristiques, et les localités classiques, mais ce travail laisse bien des incertitudes sur la géologie de notre région. (373)

1864. — **Desor.** En 1864, M. Desor, qui avait reconnu les défectuosités de son *Tableau des formations du canton de Neuchâtel,* en présentait une seconde édition, revue, modifiée et complétée par les observations recueillies dans les dernières années. Aux noms des étages ou terrains sont ajoutés les caractères pétrographiques, les fossiles caractéristiques, et les localités ou gisements types du Jura neuchâtelois. (365)

1864. — **Résal.** La liste des fossiles du portlandien de M. Résal, indique plusieurs espèces de gastéropodes: nérinées, natices, de Remonot, Morteau, Villers-le-lac. (366)

1865. — **Jaccard.** Dans mon *Étude géologique* sur Villers-le-lac, je donne quelques détails sur le groupe portlandien, dans ses rapports avec les dolomies et les couches à *Planorbis Loryi.* (377)

1865. — **Waagen.** M. Waagen a aussi publié un *Tableau* des couches jurassiques, dans lequel il introduit les divisions de Thurmann. (380)

1867. — **Moesch.** Dans son *Jura argovien,* Moesch mentionne à diverses reprises les équivalences des assises avec celles du Jura neuchâtelois. La *Dalle nacrée* est un faciès des *Varianschichten,* partie supérieure; les couches à ciment de Noiraigue en sont la partie inférieure. Le *calcaire à scyphies ou spongitien,* présente un faciès et une faune absolument semblables à celle des *Birmensdorfschichten,* etc. (391)

1867. — **A. Favre.** A. Favre décrit sous le nom de *Groupe corallien,* le terrain jurassique du Salève, dans lequel il distingue le *calcaire corallien,* à Polypiers très nombreux, mais pour la plupart indéterminables, et l'*oolite corallienne,* dans laquelle il a recueilli une cinquantaine d'espèces, déterminées par de Loriol. (392)

1867. — **Ogérien**. Dans son *Histoire naturelle du Jura*, le frère Ogérien divise le terrain jurassique en trente zones ou sous-étages. Ce sont surtout les assises supérieures qui sont signalées dans le Haut-Jura, des environs de Nozeroy, de Saint-Laurent, etc. (398)

1869. — **Jaccard**. Dans ma *Description géologique,* je me suis montré
moins réservé, à mesure que l'équivalence ou le synchronisme de nos couches à *Planorbis Loryi* venait d'être reconnu. Dans toute cette section consacrée aux terrains jurassiques, j'ai cherché, en ce qui concerne la nomenclature, à tenir un compte aussi équitable que possible des travaux de mes
devanciers, renonçant absolument à proposer de nouvelles dénominations, et
m'attachant surtout à faire connaître les caractères des terrains dans les différentes régions de la carte dont je venais de tracer les contours géologiques.
J'ai dû, pour réaliser ce programme, renoncer à publier nombre d'observations stratigraphiques, de coupes géologiques intéressantes, mais qui m'eus-
sent entraîné à donner à mon mémoire une extension beaucoup trop considérable. (421)

PALÉONTOLOGIE.

a) Monographies de Pictet de la Rive.

1854-58. — **Pictet**. La *Description des fossiles du terrain aptien* de la
Perte-du-Rhône, est la première des monographies de Pictet publiée sous le
titre de *Matériaux pour la paléontologie suisse*. Outre les fossiles de la
Perte-du-Rhône, recueillis en grande partie par Renevier, elle comprend un
certain nombre d'espèces de la collection Campiche, provenant des environs
de Sainte-Croix et du Val-de-Travers. (210)

1855. — **Pictet, Gaudin et De la Harpe**. Le *Mémoire sur les animaux
vertébrés du terrain sidérolitique* traite d'une division zoologique, et répond
ainsi au programme que s'était proposé Pictet. La découverte récente de
dents et ossements, dans des dépôts jugés contemporains des gypses éocènes
du bassin de Paris, fait époque dans les annales de la science en Suisse, et les
matériaux recueillis sont devenus, grâce au travail de Pictet, l'une de nos
richesses paléontologiques les plus importantes. (226)

1856. — **Pictet et Humbert.** Pour être moins imprévue, la découverte de nombreux chéloniens, dans les diverses assises de la molasse suisse, et en particulier aux environs de Lausanne, méritait aussi de faire le sujet d'une monographie spéciale. Vingt-cinq espèces sont décrites et figurées dans la *Monographie des chéloniens de la molasse vaudoise.* La plupart proviennent des environs de Lausanne. (247)

1856. — **Pictet et Humbert.** Un superbe échantillon de tortue, du genre *Emys*, ayant été découvert dans le portlandien des environs de Saint-Claude, a été décrit et figuré sous le nom d'*Emys Etalloni.* (245)

1858. — **Pictet et Campiche.** C'est en 1858 que commence la publication de la *Description des fossiles du terrain crétacé des environs de Sainte-Croix*, qui est, de beaucoup, la plus importante des *Matériaux.* Dans cette première partie, nous trouvons la description des *vertébrés, reptiles* et *poissons*, peu nombreux, et le commencement de celle des *céphalopodes.* Ce ne sont du reste pas seulement les matériaux des environs de Sainte-Croix qui figurent dans cette monographie. Les gisements de Morteau, Villers-le-lac, le Val-de-Travers, etc., fournissent de nombreuses espèces de la plupart des étages crétacés. (287)

1860. — **Pictet et Jaccard.** Avec la *Description des reptiles et poissons fossiles de l'étage virgulien du Jura neuchâtelois,* nous retrouvons une monographie zoologique. Depuis Agassiz, qui n'avait connu que quelques mâchoires, dents, ou écailles de ganoïdes, bien des matériaux avaient été réunis dans les collections particulières et au Musée de Neuchâtel. La découverte d'un poisson et celle d'une carapace de tortue, fournit à Pictet l'occasion d'entreprendre cette monographie, qui nous fait connaître, plus ou moins complètement, une quinzaine d'espèces de vertébrés du terrain jurassique supérieur. (304) Les *Archives des sciences*, de Genève ont rendu compte de cette publication. (305)

1861. — **Pictet et Campiche.** La seconde partie de la *Description des fossiles du terrain crétacé*, etc., comprenant douze livraisons, parut de 1861 à 1866. Elle contient la fin des *céphalopodes* et les *gastéropodes.* Avec celle-ci l'œuvre tend à prendre les proportions d'une encyclopédie, grâce aux catalogues des espèces de chaque genre, découverts en dehors du Jura (331)

1864. — **Pictet et Campiche.** De 1864 à 1867, parurent neuf livraisons de la même monographie. Celles-ci comprennent l'étude des *mollusques acéphales orthoconques,* étudiés et décrits dans les mêmes conditions que les *gastéropodes.* Comme précédemment, un grand nombre d'espèces des gisements de Villers-le-lac, Morteau, Val-de-Travers, sont intercalés parmi ceux des environs de Sainte-Croix. (370)

1868. — **Pictet.** Il en est de même pour la quatrième partie qui traite des *mollusques pleuroconques,* publiée de 1868 à 1871. C'est au cours de la publication de celle-ci, que le docteur Campiche fut enlevé à la science et à ses amis, mais ses matériaux restaient entre les mains de Pictet qui annonçait son intention de poursuivre la publication. (413)

b) Monographies de M. de Loriol.

1861-63. — **De Loriol.** Le néocomien du Salève est, relativement, riche en fossiles, mais pendant longtemps leur détermination avait beaucoup laissé à désirer. C'est ce qui engagea M. de Loriol à en entreprendre une monographie sur le plan de celles de Pictet. Si le nombre des espèces nouvelles n'est pas considérable, du moins ce travail rendit de grands services pour la détermination de celles du néocomien des autres parties du Jura. (335)

1864. — **De Loriol.** La *Description de quelques brachiopodes crétacés* permit également la détermination de plusieurs espèces nouvelles, que j'avais recueillies dans le valangien de Villers-le-lac, où elles se rencontrent avec les *Terebratula collinaria, Carteroni,* etc. M. de Loriol joignit à cette description celle de la *Terebratula ebrodunensis,* d'Agassiz, qui n'avait jamais été figurée. (371)

1865. — **De Loriol.** La découverte, à Villers-le-lac, de nombreuses espèces de mollusques d'eau douce du purbeckien rendait nécessaire la publication d'une monographie de ce niveau stratigraphique si important. M. de Loriol l'entreprit, et fit connaître 27 espèces, dont plus de la moitié étaient nouvelles. Les autres se retrouvent, soit en Angleterre, dans les Purbeck-beds, soit dans les couches infra-wealdiennes de l'Allemagne. (377)

1867. — **De Loriol.** La *Description des fossiles de l'oolite corallienne de* *l'étage valangien et de l'étage urgonien du mont* ¦*Salève*, complète d'une façon très satisfaisante nos connaissances sur les fossiles de cette montagne, qui a fait l'objet de tant de recherches géologiques. (399)

1868. — **De Loriol.** Dans la monographie de *l'étage valangien d'Arzier,* M. de Loriol nous fait connaître l'une de ces faunules, dont les espèces indiquent la transition d'un étage à un autre. L'abondance des bryozoaires et des spongitaires donne à ces couches un intérêt spécial. (415)

1868. — **Desor et de Loriol.** Quoique signée des noms de Desor et de Loriol, la *Description des oursins fossiles de la Suisse,* première partie, *Echinides jurassiques,* est en entier l'œuvre de M. de Loriol. Ce splendide ouvrage est accompagné d'un *Atlas* de six planches, représentant 217 espèces, dont un bon nombre proviennent de notre région du Jura. (403)

1869. — **De Loriol.** La découverte du gisement fossilifère urgonien du Landeron, par M. Hisely, a donné lieu à une publication analogue à celle du valangien d'Arzier. Plus de 90 espèces, dont un tiers de spongitaires, constituent la faune de ce niveau géologique. (422)

c) **Notices diverses.**

J'ai déjà mentionné, en parlant des terrains, diverses publications indiquant la découverte de fossiles. Il me reste cependant à enregistrer bon nombre de citations dans le domaine de la paléontologie.

1851. — Le *Prodrome de géologie stratigraphique,* d'A. d'Orbigny indique un très grand nombre d'espèces du Néocomien du Jura, de l'Albien, de la Perte-du-Rhône, etc.

1852. — **De la Harpe et Gaudin.** Le mémoire de MM. De la Harpe et Gaudin, renferme la description de quelques-uns des ossements découverts, dans les brèches éocènes du Mormont *(Palœotherium, Anoplotherium, Lophiotherium,* etc.) (161)

1852. — **Gaudin.** M. Gaudin présente à la Société vaudoise divers fossiles recueillis dans la molasse des environs de Lausanne, entre autres une tortue nouvelle, à laquelle M. Pictet a donné le nom d'*Émys Gaudini.* (160)

1852. — **De la Harpe.** M. De la Harpe présente également une carapace de tortue de la molasse à lignite de Belmont, appartenant au genre *Émys.* (162)

1852. — Gaudin. Dans la même séance, M. Gaudin place sous les yeux de la société deux molaires d'*Anthracotherium* et d'autres ossements, également de la molasse à lignite de Belmont. (159)

1852. — De la Harpe. En décembre 1852, M. De la Harpe signale la découverte de nombreuses feuilles de Monocotylédonnées dans la molasse d'eau douce des environs de Lausanne, immédiatement au-dessous des couches de la molasse marine à dents de squales. (163)

1853. — Gaudin. En 1853, les richesses paléontologiques de la molasse se sont singulièrement accrues. M. Gaudin présente un aperçu de la faune et de la flore des divers étages de la molasse aux environs de Lausanne et de Rivaz. Dix espèces d'insectes coléoptères, des Palmiers, des Lauriers, etc., ont été recueillis et soumis à l'examen du professeur Heer qui a reconnu 22 espèces nouvelles pour la Suisse. (168-171)

1853. — Morlot. M. Morlot, ayant communiqué à M. Heer des graines de *Chara* de la molasse, il s'ensuivit une longue discussion sur le point de savoir si c'était la *Chara helicteres*, Brg. ou la *Chara Meriani* H. (173)

1853. — Gaudin. Le percement du tunnel de la Borde, à Lausanne, qui avait procuré à découverte d'insectes, fournit également à M. Gaudin plusieurs fougères remarquables appartenant aux genres *Pteris, Polypodium, Aspidium, Asplenium,* et des débris d'œufs d'oiseaux. (170-172)

1853. — Morlot. Ce même gisement avait également fourni à M. Morlot un tronc d'arbre fossile, dont les racines s'étalaient dans des marnes, résidus d'une couche végétale. (177)

1853. — Pictet. En 1853, M. Pictet présentait à la Société helvétique réunie à Porrentruy le prospectus, ou pour mieux dire, le plan de l'ouvrage qu'il allait entreprendre sous le titre de *Matériaux pour la Paléontologie suisse.* Deux sortes de monographies aideraient à résoudre la question de savoir comment l'organisme s'est renouvelé à la surface de la terre, les unes consacrées aux fossiles d'une seule ou de plusieurs assises, les autres, à un groupe zoologique particulier. (189)

1853. — Desor. L'*Énumération et diagnose des espèces d'échinides de l'Etage valanginien* de M. Desor comprend neuf espèces déjà connues et figurées par Agassiz et d'Orbigny, et onze espèces nouvelles. (196)

1854. — Blanchet M. Blanchet annonce la découverte, à Moudon, dans le terrain d'alluvion, de deux cornes de ruminants, cornes de cerfs, etc. (193)

1854. — **De la Harpe.** La présence de tortues fossiles dans la molasse vaudoise avait été constatée déjà par Razoumowsky. En 1854, M. De la Harpe présentait un exemplaire du genre *Emys* resté enfoui dans une collection d'amateurs depuis quarante ans. (201)

1854. — **De la Harpe.** Le même géologue présentait à la Société vaudoise de nouveaux échantillons de feuilles fossiles de la molasse rouge du Chatelard près de Lutry, où M. Blanchet avait déjà recueilli un grand nombre de feuilles de palmier *(Sabal rhaphifolia).* (202)

1854. — **De la Harpe.** Grâce aux nombreuses découvertes réalisées, M. De la Harpe se voyait en mesure de publier une monographie, malheureusement privée de figures, sur les ossements de l'*Anthracotherium magnum* des environs de Lausanne. Un squelette énorme, dont il put recueillir une centaine de pièces, avait été découvert dans la couche de lignite, dite le petit filon, à Rochette. Les mâchoires supérieure et inférieure purent être restaurées, ainsi que divers ossements. (209)

M. De la Harpe annonce encore que, parmi les plantes fossiles envoyées à M. Heer, se trouve le genre *Lygodium,* représenté par trois espèces *(L. Gaudini, L. Laharpii, L. agrostichoides).* L'une d'elles est voisine du *Lygodium circinatum,* qui croît aux Indes. (194)

1855. — **Bayle.** La *Notice sur quelques mammifères découverts dans la molasse miocène de la Chaux-de-Fonds,* de M. Bayle, mérite d'autant plus notre attention que, jusqu'ici, ces restes importants n'ont fait l'objet d'aucune monographie spéciale. (228)

1856. — **Coquand.** En 1855, M. Coquand ajoute à la description des deux espèces du terrain Wealdien : *Planorbis Loryi* et *Physa wealdiana,* celle de divers Gastéropodes du néocomien inférieur des Rousses. (218)

1856. — **Gaudin.** M. C.-T. Gaudin annonce qu'ensuite des observations les plus récentes, la flore de Rivaz est l'une des plus riches de la Suisse. Elle compte 145 espèces. (234)

1855. — **Pictet.** A l'occasion de la récente publication des Chéloniens de la molasse suisse, Pictet commence une série de notices, résumant les connaissances acquises par l'étude à laquelle il vient de se livrer. Les genres *Testudo, Emys, Cistudo* et *Trachyaspis* sont représentés par une dizaine d'espèces dans la molasse de la Suisse occidentale. (244)

1857. — **De la Harpe.** M. P. De la Harpe a aussi publié une notice sur le même sujet dans le Bulletin de la Société vaudoise. (262)

Le même auteur signale la découverte de trois nouveaux squelettes d'*Anthracotherium* dans les lignites de Rochette. (261)

1855-59. — **Heer.** Le commencement de la publication de la *Flore tertiaire de la Suisse*, de Heer, coïncidait avec les découvertes de plantes fossiles par Gaudin et De la Harpe, aux environs de Lausanne et de Vevey; aussi les matériaux communiqués par ces deux observateurs obtinrent-ils immédiatement place dans les premières livraisons de cet important ouvrage de paléontologie. Plus tard, la découverte du gisement du Locle fournit aussi un riche contingent d'espèces dont une partie fut publiée seulement en 1859 dans un *Supplément*. (225)

1858. — **Desor.** Le *Synopsis des Echinides fossiles*, de Desor, fait en quelque sorte suite au *Catalogue raisonné* d'Agassiz. Cet ouvrage comprend l'énumération, avec une courte diagnose, de toutes les espèces découvertes en tous pays depuis une vingtaine d'années. Le Jura fournit un riche contingent d'espèces nouvelles, jurassiques et crétacées. Parmi ces dernières, je dois signaler celles que le docteur Campiche avait recueillies à Sainte-Croix et celles que mes recherches pour la carte géologique m'avaient fait découvrir dans les gisements du Val-de-Travers, de Morteau et de Villers-le-lac. (271)

1858. — **Heer.** Mentionnons ici deux publications de O. Heer sur des fossiles de notre région. Dans *Quelques mots sur les Noyers*, il cite la découverte intéressante d'empreintes de feuilles du genre *Juglans*, à Rivaz. L'une d'elles est voisine du *Juglans nigra*, d'Amérique. (270) Dans *Ueber die fossilen Calosomen*, ce sont les élitres de deux espèces de Calosomes *(C. Jaccardi et C. caraboides)*, découvertes dans la couche à feuilles du Locle qu'il fait connaître. (270 a)

1858. — **Étallon.** L'*Etude sur les rayonnés du corallien du Haut-Jura*, d'Étallon, a presque exclusivement pour but les fossiles du gisement de Valfin, près de Saint-Claude, et rentre par conséquent dans notre domaine. Quel que soit le jugement que l'on porte sur ce travail, auquel il manque d'être accompagné de figures des espèces, il ne peut être mis de côté par les paléontologistes jurassiens. (268)

1858. — **Pictet.** La *Notice sur les poissons des terrains crétacés* de Pictet fait connaître les Ganoïdes, Pycnodontes, etc., du néocomien et les Squalides du gault de Sainte-Croix. (269)

1858. — **Jaccard.** La découverte dans le calcaire d'eau douce du Locle, de débris assez importants de tortues appartenant au genre *Testudo,* arrivant trop tard pour pouvoir prendre place dans la monographie de Pictet, j'en ai fait l'objet d'une notice dans le Bulletin de la société des sciences de Neuchâtel. (277)

1859. — **Renevier.** En 1859, on découvrait aux Brulées sur Lutry un énorme bloc de molasse, dans lequel M. Renevier reconnut un grand nombre de coquilles d'*Unio (U. flabellatus).* (294)

1859. — **Gaudin.** M. Gaudin signale en 1859 la découverte d'un nouveau gisement de feuilles fossiles à Lavaux, non loin de Rivaz. Il y recueille dix-sept espèces, déjà connues du Moulin-Monod. (296)

1859. — **De la Harpe.** M. Ph. De la Harpe découvre dans la gravière de Cully une corne de renne. *(Cervus tarandus).* (297)

1859. — **Contejean.** L'une des plus sérieuses difficultés que j'aie éprouvé dans la rédaction de ma *Description géologique,* était la détermination des fossiles du jurassique supérieur, aussi je dois signaler ici l'importante *Etude de l'étage kimméridien dans les environs de Montbéliard,* par M. Contejean, accompagné de vingt-sept planches de fossiles, supérieurement dessinées, et de descriptions très fidèles. (300)

1860. — **Blanchet.** M. Blanchet a consacré une notice, accompagnée d'une planche, à diverses pièces du genre *Goniobates,* voisin des Raies. (303)

1860. — **Gaudin.** M. Gaudin signale la découverte de seize fruits d'*Apeibopsis* dans une carrière de molasse près de Lausanne. (309)

1860. — **Delaharpe.** Depuis la publication de la *Monographie des chéloniens de la molasse,* M. Delaharpe a découvert, dans les lignites, de nouveaux débris de tortues, appartenant à une douzaine d'individus parmi lesquels il reconnu deux espèces du genre *Emys (E. Charpentieri, E. Laharpei).* (314)

1860. — **Étallon.** On trouvera dans les *Recherches paléontostatiques,* *préliminaires à l'étude des Polypiers*, d'Étallon, des considérations intéressantes sur la distribution zoologique de ces fossiles, leurs niveaux stratigraphiques, etc. (306)

1861. — **Étallon**. La *monographie du Corallien* d'Étallon est, en quelque sorte, le complément de l'*Etude sur les Rayonnés,* du même auteur. Il fait ici pour les Vertébrés, Articulés, Mollusques et Brachiopodes ce qu'il avait fait pour les Polypiers et les Échinides, une série de diagnoses, aboutissant à des listes de plusieurs centaines d'espèces, provenant presque toutes du gisement de Valfin. (325)

Dans une notice présentée à la société jurassienne d'Émulation, Étallon revient encore sur la *Paléontostatique du Jura* et présente un tableau synoptique des faunes du Haut-Jura, du Jura graylois et du Jura bernois. (327)

Étallon s'est aussi occupé des crustacés fossiles. Dans sa *Note sur les crustacés jurassiques du bassin du Jura,* il a décrit, outre les espèces du Haut-Jura, de Saint-Claude, celles que je lui avais communiquées du Jura neuchâtelois. (324)

1861. — **Pictet**. Dans sa *Note sur la succession des Céphalopodes crétacés,* Pictet passe en revue les faunes successives, du valangien au cénomanien. Il fait ressortir l'absence de tout représentant de la famille des ammonitides dans l'urgonien et la richesse des faunules des trois étages du gault. L'étude de ces gisements lui fournit une nouvelle preuve de la durée limitée des espèces et du renouvellement constant des faunes. (329)

1861. — **De la Harpe**. M. P. De la Harpe annonce la découverte, dans les lignites de Belmont, de diverses pièces de crocodiles appartenant vraisemblablement à deux espèces différentes, ainsi que des fragments de *Tryonix*. (340 a)

1861. — **Desor**. En décembre 1861, M. Desor présente à la Société des sciences naturelles le premier crâne humain qu'on ait trouvé à la station lacustre d'Auvernier. Il vient de la station de l'âge du bronze et donne lieu à une discussion au sujet de la perforation qu'il présente. (339) Un second crâne trouvé en 1863 était celui d'un enfant. (364 a)

1861. — **De la Harpe**. M. P. De la Harpe annonce la découverte de fossiles dans la molasse marine de Moudon. Ce sont des coquilles bivalves, implantées le dos en l'air, au milieu des ondulations des couches, dans le lit de la Broye. (332)

1861. — **Cotteau**. Un certain nombre d'Échinides crétacés que j'avais communiqués à Cotteau ont été décrits et figurés dans la *Paléontologie française, terrains crétacés*. (333)

1861. — **Coulon**. M. Coulon a signalé la découverte de tortues fossiles dans le portlandien des environs de Neuchâtel. Deux d'entre elles appartiennent à des espèces nouvelles pour le Jura neuchâtelois. (340)

1862. — **Coulon**. L'année suivante, il signalait la découverte de têtes d'Elan dans une Baume de la Côte-aux-Fées. Une description avec figures a paru dans le Rameau de sapin. (347)

1862. — **Renevier. M.** Renevier a aussi fait connaître la découverte de plantes fossiles du genre *Zamia* dans le Jurassique supérieur du Mont Rizoux. (352)

1862. — **De la Harpe, Blanchet.** En 1862, M. De la Harpe découvre de nouvelles carapaces de tortues dans la molasse de Rochette, et M. Blanchet celle d'une mâchoire de cerf et corne de renne, dans la gravière de Saint-Légier. (353-354)

1863. — **Sandberger.** Les fossiles du purbeckien de Villers-le-lac, examinés par Sandberger, ont été cités dans sa Monographie sur les mollusques terrestres. (358)

1863. — **Sandberger.** Il en est de même de nos mollusques oeningiens du Locle. (361)

1863. — **De la Harpe.** M. Ph. De la Harpe présente à la Société vaudoise une mâchoire d'*Anthracotherium* des lignites de Belmont, remarquable par ses canines longues et effilées. (363)

1864. — **Pictet.** Procédant de la même façon qu'il l'avait fait pour les Céphalopodes, Pictet passe en revue les faunes de Gastéropodes qui se sont succédées pendant l'époque crétacée à Sainte-Croix et dans le Jura. Il constate l'indépendance des espèces entre le valangien et le jurassique, mais une analogie incontestable pour les genres *Nerinea, Pterocera*, etc. (368)

1867. — **Ogérien.** Le frère Ogérien a décrit et figuré un certain nombre d'espèces du diceratien de Valfin, encore considéré à cette époque comme synchronique du corallien de la Caquerelle. (398)

1869. — **Schimper**. La *Paléontologie végétale* de Schimper renferme l'indication de la plupart des espèces de plantes de l'oeningien du Locle.

1869. — **De la Harpe**. La publication du *Supplément à la description des animaux invertébrés du sidérolitique* a permis à M. De la Harpe de dresser une liste complète des vertébrés éocènes découverts en Suisse, ainsi qu'une comparaison des faunes des gisements vaudois, soleurois et argoviens, étudiés par Rutimeyer. (432)

A S P H A L T E.

1855. — **Hessel et Kopp**. En 1855, deux chimistes, MM. Hessel et Kopp, ont publié une notice sur l'asphalte des mines du Val-de-Travers. La première partie traite de l'histoire de la découverte, de l'exploitation et du gisement de cette substance. Au sujet de l'origine, deux théories sont en présence. La première, celle de M. Abich, d'après laquelle le bitume serait sorti liquide du sein de la terre pour s'épancher dans le terrain urgonien et aptien; mais on n'a pas encore observé de cheminée ou de point vers lequel convergent les infiltrations. La seconde attribue le bitume à la décomposition de végétaux, à la façon des houilles, mais on n'a encore découvert aucune trace de cette flore urgonienne ou aptienne. (224)

1858. — **Desor et Kopp**. On a aussi découvert et exploité l'asphalte à Saint-Aubin. MM. Desor et Kopp ont publié une notice sur ce gisement. Deux zones de l'urgonien sont asphaltifères, mais de richesse inégale. La teneur en bitume n'est que de 2,89 pour cent dans la zone supérieure, et de 0,75 pour cent dans la zone inférieure, tandis qu'au Val-de-Travers la roche contient en moyenne 10 pour cent d'asphalte. (275)

1860. — **Benoît**. Suivant Benoît, l'asphalte est venu à la fin de la formation sidérolitique, puisque les sables de ce groupe en sont imprégnés sur plusieurs points, ainsi que les sables du gault (?). Les localités à signaler sont : Pyrimont, Chalonges, Volant, Lovagny, etc. « L'asphalte a flotté. — D'où venait-il? — Il a forcément une origine éruptive. Il peut, comme le pétrole, être le résultat de combinaisons chimiques, formées sous l'influence

puissante et encore inconnue de la pression et de la chaleur souterraine. »
(302)

1866. — Desor. Au sujet d'une lettre de Léo Lesquereux sur la formation du pétrole aux Etats-Unis, M. Desor observe que l'on pourrait expliquer
plus facilement la présence de l'asphalte dans le canton de Neuchâtel, qui a
tout à fait l'apparence d'une infiltration de matières huileuses. (387)

1866. — L. Malo. En 1866, dans son *Guide pratique pour la fabrication
et l'application de l'asphalte*, Léon Malo donne la définition et la description de l'asphalte, du bitume, etc., puis il présente l'historique de cette
substance, les théories sur son origine géologique, et une nomenclature des
principales mines d'asphalte. Il constate la très grande richesse en bitume
du minerai du Val-de-Travers, comparé à celui de Seyssel. (386)

1867. — Desor. En 1867, M. Desor entretient la Société des sciences
naturelles des mines d'asphalte du Val-de-Travers et des sondages pratiqués en vue du renouvellement de la concession. Il indique les conditions
géologiques générales de la couche exploitée, à la partie supérieure de l'urgonien, l'existence d'une couche bitumineuse dans le grès aptien supérieur,
et serait tenté de considérer nos asphaltes comme le résidu de quelque
dépôt de charbon qui aurait disparu. (396)

Notons ici une observation très importante de M. Desor sur le calcaire
urgonien blanc, imprégné de bitume, dans une carrière abandonnée à l'est
d'Auvernier. (397) Je l'ai retrouvée récemment.

1867. — Desor. La question de l'origine de l'asphalte a été longuement
discutée à la réunion de la Société helvétique des sciences naturelles à Einsiedeln. Au Val-de-Travers, M. Desor ne croit pas à l'infiltration, ni d'en
haut, ni d'en bas. Il n'admet pas non plus la distillation des plantes marines,
aucun dépôt de ce genre n'existant dans le terrain crétacé. En revanche,
il paraît disposé à se rallier à l'origine animale. (404)

1868. — Jaccard. En vue de déterminer les conditions d'existence de
l'asphalte au Val-de-Travers, je donne une coupe de la montagne qui sépare
les gisements de la Presta et de Saint-Aubin. De plus, je signale sa présence
dans les marnes vesuliennes près de Vallorbes et dans la molasse d'eau
douce inférieure du pied du Jura. (405)

1868. — Desor. En 1868, M. Desor communique à la Société des sciences naturelles de Neuchâtel des fragments de l'ouvrage de Fraas sur le pétrole de la mer Rouge actuellement encore en voie de formation, ainsi que sur le bitume de la mer Morte. Fraas a trouvé à réitérées fois en Egypte, des coquilles de mollusques fossiles, dont les cavités intérieures sont remplies d'un bitume noir et luisant. Le bitume de la mer Morte s'échappe de la tranche des couches crétacées qui en forment l'enceinte pour s'amasser sur le rivage. (406)

1869. — Knab. En 1869, M. l'ingénieur Knab, chargé de la direction des sondages, présente à la même société sa *Théorie de la formation de l'asphalte au Val-de-Travers.* Ce travail débute par une définition des divers composés bitumineux et une revue des théories relatives à leur origine. Il condamne la théorie éruptive et abandonne la théorie végétale pour celle de l'origine animale. A l'appui de celle-ci, il invoque l'énorme quantité des mollusques fossiles du genre *Caprotina,* contenus dans l'urgonien supérieur. (427)

1869. — L'asphalte du Val-de-Travers a aussi fait le sujet d'une notice dans l'**Almanach de la République.** (428)

1869. — Jaccard. Dans mon *Mémoire sur le Jura vaudois et neuchâtelois,* j'ai dit quelques mots de l'asphalte en traitant de l'urgonien et fait ressortir les relations du calcaire blanc crayeux avec le calcaire imprégné de bitume au Val-de-Travers.

J'y reviens encore dans le chapitre consacré aux matières minérales et je fais l'historique des sondages qui venaient d'être pratiqués en vue de constater l'extension du grand banc exploité sur la rive droite de la Reuse. Enfin je résume la nouvelle théorie de l'origine animale et végétale en l'appliquant aux gisements bitumineux de la molasse vaudoise et des environs de Genève. (421)

HYDROLOGIE, SOURCES, ETC.

La circulation souterraine de l'eau, la formation et le régime des sources, sont intimément liés à la nature des terrains, à leurs dispositions stratigraphiques, aussi la géologie est-elle de plus en plus appelée à se prononcer sur des questions de ce domaine.

1858. — **Desor**. En 1858, Desor publiait dans la *Revue Suisse* une notice *sur les sources du Jura,* destinée à initier le public aux notions les plus indispensables à quiconque veut se rendre compte de l'origine des grandes sources, dites vauclusiennes, et du rôle des entonnoirs ou *Emposieux,* de nos hautes vallées du Jura. (287 *a*)

1858. — **Kopp**. Au mois de février 1858, le Doubs étant descendu à vingt ou trente pieds au-dessous de son niveau ordinaire, on vit apparaître plusieurs sources gazeuses, ou plutôt des ouvertures dans la glace, livrant passage à l'eau, qui s'élevait en bouillonnant, accompagnée d'une multitude de globules d'un gaz inflammable. Le professeur Kopp, appelé à rendre compte du phénomène, l'attribua au dégagement du gaz des marais, accumulé dans les profondeurs du bassin de la rivière. (280)

1858. — **Dr Ravier**. Le docteur Ravier, de Morteau, s'est aussi occupé de ces dégagements de gaz dans le Doubs, qu'il ne veut pas confondre avec la source minérale ferrugineuse de Villers-le-lac. (273)

1859. — **Kopp**. Les observations pluviométriques sont de la plus grande importance au point de vue des sources et de la circulation de l'eau. Aussi M. le professeur Kopp dit que le Val-de-Ruz se prêterait à ce genre d'expériences, relativement au régime du Seyon. M. G. de Tribolet fait observer que ce ruisseau n'est pas le seul collecteur de ce bassin, et que la Serrières le met à contribution dans une assez large proportion. (293)

1859. — **Desor**. A propos de recherches d'eau aux environs de Peseux, M. Desor annonce la découverte d'une source, à la naissance d'un petit ruz, qui débouche de la combe valangienne, au nord du village. (290)

1860. — **Kopp**. M. le professeur Kopp, ayant analysé l'eau sulfureuse des Ponts, déclare que la quantité de soufre est suffisante pour qu'on puisse la recommander pour des bains. La température est de 9º 5 et la source abondante. M. le docteur Cornaz présente également une analyse de celle de la Brévine, faite en 1827. (310)

1864. — **Desor**. En 1864, M. Desor entreprenait quelques expériences en vue de déterminer le temps qu'il faut aux eaux qui pénètrent dans les *Emposieux* de la vallée des Ponts pour parvenir à la source de la Noiraigue. (372) Il a traité le même sujet dans l'*Almanach de Neuchâtel*. (382)

1866. — **L. Reymond**. Les essais de M. Desor sur les Emposieux de la

vallée des Ponts engagèrent M. L. Reymond à tenter des expériences semblables sur les Entonnoirs de Bonport au lac de Joux. Il en a rendu compte
dans le *Journal de la Société d'utilité publique*. (380 *b*)

1866. — **L. Dufour**. Au sujet des expériences de Bonport, dont le résultat a été négatif, M. L. Dufour pense que des observations sur les variations
de température, répétées un grand nombre de fois, aux entonnoirs et à la
source, seraient d'une grande valeur pour éclaircir la question. La source
de l'Orbe varie de 11° dans le cours d'une année, tandis que les sources
ordinaires sont à peu près invariables. (388 *a*)

1866. — **Desor**. M. Desor propose d'employer le mot *dou* ou *doue* pour
désigner les grandes sources qui, dans le Jura, donnent naissance à une
rivière. Ce terme lui paraît préférable à celui de *source vauclusienne* proposé par M. Fournet. (382 *a*)

1866. — **W. Fraisse**. La notice de M. l'ingénieur Fraisse, sur la *mesure
des eaux de source*, est très importante à consulter pour quiconque s'occupe
d'hydrologie et de sources. L'auteur indique comme équivalent de l'*once
d'eau*, expression usitée autrefois, le chiffre de débit de quatre litres et demi
à la minute. (387 *a*)

1866. — **Knab**. La note insérée dans le *Bulletin de la Société des sciences naturelles* sur le jaugeage de quelques sources du canton de Neuchâtel
me paraît aussi très importante. Elle permet de constater, pour certaines
sources, une variation de débit bien supérieure à ce que l'on connaît des
rivières collectrices d'eaux superficielles d'un bassin hydrographique. (390)

1866. — **J. De la Harpe**. Les *Investigations géologiques à la source des
Cases* de M. J. De la Harpe, lui ont fait reconnaître que cette source a pour
bassin d'alimentation un massif de graviers et de sables, très puissant et très
étendu, reposant sur l'argile glaciaire imperméable. (390 *a*)

1866. — **Desor**. La *Fontaine froide*, au fond du Creux-du-Vent, dont la
température invariable est de 3° à 4°,5, a fait l'objet d'une étude de M. Desor
dans les *Courses scolaires*. M. Desor attribue cette basse température au
fait que le réservoir d'alimentation, constitué par les terrains d'éboulis de
cette région, est abrité des rayons solaires d'une façon à peu près continue
par l'amphithéâtre de rochers qui constitue ce site remarquable de notre
Jura. (383)

1867. — **Ogérien.** Le frère Ogérien a consacré à chacun de ses *terrains* un article traitant de l'hydrogéologie, et aussi de l'hydrographie. Ces notices s'appliquent à une certaine partie de notre territoire. (398)

1869. — **Jaccard.** Dans mon *Jura vaudois,* j'ai déterminé le rôle de chacune des assises de nos terrains de la plaine et du Jura dans la formation des sources, et expliqué la cause de leur absence sur de vastes surfaces dans la région des Montagnes. Je me suis aussi occupé des causes de la diminution du débit de certaines sources et de leur changement de régime. (421)

GROTTES, CAVERNES, BAUMES, ETC.

De tout temps l'existence de cavités souterraines dans les roches du Jura a fixé l'attention des populations. J'ai rendu compte de quelques-unes des publications auxquelles elles ont donné lieu avant 1850. La géologie n'y joue qu'un rôle accessoire. Il n'en est pas de même depuis cette époque; la genèse de leur formation, la découverte de restes d'animaux et de vestiges de la présence de l'homme, sont des questions qui rentrent dans le domaine de la géologie, et il y a lieu maintenant de rassembler les documents qui pourront servir à l'histoire de ces accidents du sol, si fréquents dans nos montagnes.

1859. — **Desor.** En 1858, les travaux du chemin de fer franco-suisse dans les Gorges de la Reuse ayant amené la découverte, près de Rochefort, d'une grotte ou caverne de dimensions assez vastes, M. Desor qui l'avait visitée reconnut que cette excavation se trouvait au milieu des bancs de calcaire dolomitique (Jaluze), du portlandien. Elle ne paraît pas avoir renfermé des ossements. (289)

1860. — **De la Harpe.** M. Ph. De la Harpe rend compte d'une visite à la grotte d'Agiez, et dit qu'elle ne renferme aucun ossement ni débris d'animaux, comme c'est du reste le cas dans toutes les cavernes recouvertes par les glaciers à l'époque glaciaire. (315)

1861. — **De la Harpe.** Le même auteur a exploré quelques cavernes du Jura aux environs de Nyon. Il y a recueilli des ossements de vertébrés vivants, parmi lesquels se trouve probablement l'élan. Il croit que les caver-

nes à ossements, de l'âge de l'ours des cavernes, n'existent pas dans notre
Jura. (326)

1861. — **Thury.** Il existe dans le Jura plusieurs grottes ou cavernes,
connues pour recéler dans leur intérieur des amas de glace permanente,
susceptible de se renouveler lorsqu'on l'a exploitée, en partie ou en totalité.
L'une des plus remarquables est celle de Saint-Georges sur le Mont-Tendre
qui fut étudiée par M. le professeur Thury, de Genève, en 1857 et 1858. Celle
du Pré de Saint-Livre, fut également étudiée et décrite en 1861. Une troisième glacière est indiquée à la Genollière, entre Saint-Cergues et les Rousses, ainsi que celle de Monlezi, entre Môtiers et la Brévine. (344)

1862. — **Coulon.** Une forme particulière des grottes ou cavernes est la
Cheminée, ouverture verticale, qui met en communication avec l'extérieur
les galeries ou cavernes proprement dites. On les rencontre fréquemment
à la surface des chaînes larges et surbaissées de nos Montagnes. C'est dans
l'une de ces cavités, près de la Côte-aux-Fées, que furent découvertes des
têtes d'élan au sujet desquelles M. L. Coulon a publié une petite notice
en 1862. (347)

1862. — **Otz.** La grotte de Trois-Rods ou grotte du Four fut explorée
en 1862 par M. Otz qui y découvrit d'abord quelques ossements d'animaux
actuels, puis, sous un banc de rocher, un foyer autour duquel se trouvaient
en quantité des os, entiers ou brisés, de bœuf, de mouton, et surtout de
porc. Plus tard il y retourna et y découvrit un nouveau foyer, avec des os
et des poteries brisées, ornées de dessins à la pointe rappelant les vases de
l'âge de la pierre. (351)

1867. — **Otz, Desor.** En 1867, M. Otz découvrit à un niveau un peu
inférieur à celui de la Grotte, dite du chemin de fer, une autre caverne, rendue intéressante par la présence de nombreux ossements et dents de l'ours
des cavernes. Certains indices lui semblent indiquer le travail de l'homme.
Les ossements se trouvent au-dessous d'une couche stratifiée de 1m 30
d'épaisseur, au milieu de laquelle M. Desor découvrit quelques jours plus
tard des galets alpins et jurassiques. (394)

Cette grotte de Cottencher est devenue l'une des plus importantes de notre Jura, puisqu'elle nous révélait la possibilité de découvrir chez nous de véritables *cavernes à ossements,* d'âge quaternaire.

M. Desor, après l'avoir visitée avec MM. Otz et Knab, indique la disposition suivante, de haut en bas, des matériaux accumulés dans la grotte.

4º Une couche irrégulière de stalagmite;

3º Une couche de 1 m. à 1ᵐ 20 d'un limon calcaire blanc très fin, en minces couches horizontales;

2º Une couche un peu plus dure de ce même béton de 0ᵐ 30 à 0ᵐ 50, renfermant des ossements mêlés à des galets jurassiques et à *quelques galets alpins;*

1º A la base un banc de brèche ou de béton limoneux mêlé de cailloux essentiellement jurassique, dans lequel se trouvent tous les ossements qui ont été recueillis. M. Desor conclut de ces faits que la caverne avec ses ossements doit être antérieure à l'époque glaciaire. (395)

1868. — A. Favre. On a donné quelquefois le nom de *Grotte de Veirier* à la station de l'âge de la pierre, découverte en 1868, au milieu d'un grand éboulement, provenant de la chute des couches presque verticales du Mont Salève. M. A. Favre en a donné une description très fidèle, et a cherché à établir à quel moment de l'époque quaternaire l'homme avait pu s'établir sur ce monticule, et il conclut que c'était à l'époque du renne. Ce qui a valu à cette découverte une certaine notoriété, c'est le fait qu'à côté des silex taillés à éclats, on a recueilli un os, portant une gravure ou dessin, représentant un animal, probablement un bouquetin. (417) Un grand nombre de publications ont fait connaître la station de Veirier. Je me suis borné à indiquer dans ma liste celle de M. Cellerier. (411)

1869. — Jaccard. A propos des dépôts de stalactites et de stalagmites qui se forment dans les cavernes, j'ai énuméré les principaux accidents de ce genre que l'on rencontre dans l'étendue de la feuille XI de la carte géologique. Plus loin, j'ai reproduit les observations de MM. Otz, Knab et Desor sur la grotte à ossements de Cottencher, découverte en 1859 et les conclusions auxquelles était arrivé M. Desor. (421)

1869. — Delachaux. La grotte ou *Cave aux Plaints*, au flanc d'une gorge profonde, au nord de Couvet, a été explorée par M. Delachaux, étudiant, qui en a fait une description et a cherché à percer la couche du tuf qui recouvre le sol. Il n'y a trouvé qu'un fragment de corne. (419 *a*)

OROGRAPHIE, SOULÈVEMENTS, COUPES GÉOLOGIQUES, ETC.

1832. — **Thurmann.** La seconde partie de l'*Essai sur les soulèvements jurassiques*, constitue la base et le point de départ de tous les travaux sur l'orogénie et les formes extérieures du sol, résultant des dislocations ou actions mécaniques qui ont affecté les terrains sédimentaires. Ne fût-ce qu'à ce titre, je devais le mentionner dans ce *Résumé historique*. Mais il y a plus, la planche II renferme plusieurs coupes du Chasseral qui sont particulière-ment caractéristiques des soulèvements du second ordre. (35)

1836. — **Thurmann.** Le second cahier de l'*Essai sur les soulèvements*, accompagné de la *Carte géologique du Jura oriental, et partie du Jura central,* nous touche encore de plus près. Les *Excursions* nous amènent jusqu'au Montoz, au Val-de-Tavannes et à celui de Saint-Imier, au Chasseral, avec sa bordure néocomienne, et enfin aux Franches-Montagnes et à la vallée du Doubs, à travers les *cluses* et les *ruz*, les *cirques,* les *vallons* et les *combes* aux formes plus ou moins caractéristiques. (44)

1852. — **Thurmann.** Des circonstances diverses devaient empêcher Thurmann de donner suite à la publication des cahiers de son *Essai*, et ce ne fut qu'en 1852 que parut, sous une autre forme, les *Esquisses orographi-ques de la chaîne du Jura*, avec la carte de 1836, quinze *coupes transversa-les* et douze *aspects longitudinaux*. Dans la *Notice explicative*, il caractérise les formes diverses des terrains, au point de vue orographique général, puis à un point de vue plus spécial de la carte et des profils géologiques. La carte elle-même renferme une nomenclature, ou liste générale des accidents orographiques de la région. (166)

1853. — **Thurmann.** En 1853, Thurmann, appelé à présider la réunion générale annuelle de la Société helvétique, présente son *Résumé des lois orographiques générales du système des Monts Jura*, pour servir de *Pro-drome* à son nouvel ouvrage, qui, malheureusement, n'a pas vu le jour. Après avoir rappelé rapidement la structure des chaînes jurassiques, il donne des exemples et des diagnoses de quelques-unes de ces chaînes. Ainsi, celle du Mont-Aubert, du Salève, du Grand-Colombier, du Reculet, etc. (181)

1855. — **Thurmann.** Préoccupé de l'idée d'examiner sous toutes ses faces la question des actions dynamiques qui ont exercé leur influence sur la formation du relief jurassique, Thurmann avait rédigé un travail sur le *pélomorphisme des roches*, dont un résumé fut publié dans les *Actes de la société helvétique*, réunie à la Chaux-de-Fonds. Il n'entre pas dans mon programme d'en donner une analyse, d'autant plus que ce sujet, malgré l'intérêt qu'il présente, n'a jamais été repris par aucun des géologues qui se sont occupés du Jura. (230)

1855. — **Desor.** Malgré la disposition verticale des couches calcaires du Jurassique supérieur près de Rochefort, M. de Montmollin avait, dans sa carte et ses coupes géologiques, indiqué la Montagne de Boudry comme formant la contre partie des rochers des Tablettes de la Tourne. En 1855, M. Desor reconnaissait qu'il y avait là en réalité deux voûtes distinctes, séparées par une synclinale ou vallon resserré. Une coupe en travers indique leur disposition théorique. (213)

1856. — **G. de Tribolet.** Dans sa *Notice sur les terrains crétacés*, M. G. de Tribolet revient sur cette question. Il a reconnu avec Gressly l'existence du néocomien au Champ-du-Moulin, et conclut en disant que le Val-de-Travers, le Champ-du-Moulin et le Val-de-Ruz ne sont qu'un même vallon géologique. (235)

1856. — **Desor.** L'*Orographie du Jura* est l'une des premières publications de Desor, destinées à initier le grand public aux questions de géologie appliquée. En termes simples et clairs, il fait connaître ces *accidents* du sol, que l'habitant du Jura désigne sous le nom de *Combe, Crêts, Cluses, Ruz, Cirques* ou *Creux*, etc., dans leurs rapports avec les *vallons* et les *vallées*, indiquant des exemples pris dans le Jura neuchâtelois, vaudois ou bernois. (248)

1856. — **Jaccard.** M. Nicolet paraît être le premier qui ait observé aux environs de la Chaux-de-Fonds le singulier phénomène des *couches renversées*. Pidancet et Lory l'ont signalé aux environs de Sainte-Croix. Les études de Gressly, de Greppin, de G. Tribolet ont démontré que loin d'être exceptionnel, il se présentait sur un grand nombre de points du Jura. J'en ai fait le sujet d'une notice accompagnée de coupes. (257)

1856. — **Desor.** En 1856, M. Desor entretient la Société des sciences de Neuchâtel de l'importance des études géologiques pour la construction des tunnels. (242)

1865. — **Desor.** La notice *sur les tunnels du Jura* est, en quelque sorte, un complément de celle dont je viens de parler. Les *vallons,* les *cluses,* les *ruz* et les *combes,* ces dépressions du sol qui avaient permis l'établissement des voies de circulation, venaient d'être reconnues insuffisantes, on voulait creuser à travers les montagnes des galeries, des tunnels, pour les voies ferrées : Il s'agissait de prévoir quelle serait la nature des roches ou des terrains que l'on rencontrerait, et c'est à faire connaître les inductions ou les prévisions de la science géologique que Desor s'est appliqué dans ce travail. Une coupe géologique des deux chaînes des Loges et du Mont-Sagne est placée en regard de celle du Hauenstein qui, toutes trois, allaient être traversées par un tunnel à travers les couches jurassiques disposées en voûtes plus ou moins régulières. (249)

1859. — **Gaudin et de Rumine.** A l'occasion de l'ouverture d'une tranchée pour le chemin de fer de Lausanne à Vevey, MM. Gaudin et de Rumine ont relevé une coupe intéressante de l'*axe anticlinal de la molasse,* sur un point où les couches inclinées passent à la molasse horizontale. L'indication de ces couches, très nombreuses, donne une idée de la variété des faciès de ce terrain. (295)

1860. — **Desor.** Dans sa notice *sur la physionomie des lacs suisses,* M. Desor distingue deux types principaux, qui sont les *lacs orographiques* et les *lacs d'érosion.* Les premiers sont situés dans l'intérieur des montagnes, les seconds dans la plaine ou sur la lisière des montagnes ; les uns et les autres se subdivisent en différentes espèces. Il peut arriver qu'un lac réunisse plusieurs types, comme le lac des Quatre-Cantons, etc. (307)

1861. — **Desor.** Citons en passant une remarque de M. Desor, qui s'étonne que les cirques en fer à cheval ont leur convexité tournée du côté de l'est. Il dit en outre que les cluses lui paraissent contredire la théorie du soulèvement lent du Jura. Ces brisures portent le caractère de déchirures violentes (!) etc. (316)

1861. — **Gressly et Desor.** En 1861, Gressly présente une carte géologique de la contrée parcourue par le chemin de fer des Verrières, en signalant la variété des caractères orographiques et les anomalies de structure qu'on y observe, principalement dans les Gorges de la Reuse, au Champ-Moulin. (318)

1861. — **Fournet.** Le mémoire de M. J. Fournet qui a pour titre *Aperçus sur la structure du Jura septentrional*, est une œuvre complexe, inspirée des idées et du *Système des soulèvements*, d'Élie de Beaumont, dont je me serais dispensé de parler si l'auteur ne s'était occupé d'une portion assez étendue du Jura central. Je résumerai les idées de l'auteur en citant un alinéa de son travail.

« La juxtaposition de certains chaînons jurassiques peut être assimilée aux juxtapositions de plusieurs filons parallèles, faisant partie d'une même zone filonienne. Du reste il est connu que les chaînes sont ordinairement composées de chaînons parallèles, laissant entre eux les vallées longitudinales signalées par de Saussure. »

Dans l'étude de la distribution des axes N.-E. S.-O., Fournet prend pour point de départ les environs de la Chaux-de-Fonds « qui, dit-il, sont affectés par d'intenses dislocations, mais où il entrevoit quelques traces du croisement du système E.-O., sur le plateau des Éplatures, qui sépare le Locle d'avec la Chaux-de-Fonds, » etc. (328)

1862. — **Desor.** En 1862, M. Desor publiait un travail important sur l'*Orographie des Alpes dans ses rapports avec la géologie*. Dans la partie terminale, qui a pour titre *Résumé de l'histoire du sol alpin*, l'auteur est amené à parler de la période postérieure au soulèvement. « C'est alors, dit-il, que survint le plus grand événement dont notre hémisphère ait été le témoin, le soulèvement de la chaîne des Alpes ». Et plus loin : « Si la création tout entière n'a pas été détruite par cette grande catastrophe, il est certain du moins qu'elle a été la cause du retrait de la mer molassique sur les deux versants de la chaîne, et marque ainsi pour nous la fin, non seulement de l'époque miocène, mais aussi de la période tertiaire. »

« Il est possible, dit-il encore, que l'envahissement des glaces pendant la période glaciaire ait été provoqué par le soulèvement même des Alpes; ce qui est certain, c'est qu'il est postérieur ainsi que l'attestent les polis des glaciers (?) les blocs qu'ils ont transportés, et surtout les stries et les sillons qu'ils ont tracés sur les parois des vallées, et qui se sont conservés en place jusqu'à nos jours. » (350)

1866. — **Desor.** Dans une lettre à l'abbé Stoppani à Florence, M. Desor revient sur l'orographie comparée, ou plutôt sur la nomenclature des accidents que présentent les terrains sédimentaires. Aux expressions admises plus ou moins généralement, il voudrait en ajouter de nouvelles, qui fussent applicables à toutes les chaînes de montagnes et en particulier aux Appennins. (388)

1866. — **J. Delaharpe.** Indépendamment de la *ligne anticlinale*, la molasse du Jorat vaudois occidental est affectée par des *lignes de fracture* au sujet desquelles M. J. Delaharpe père a publié une note très importante, à la suite de son étude sur la *Source des Cases*. Ces lignes de fracture, assez rapprochées l'une de l'autre, sont parallèles à l'axe anticlinal, et sont plus ou moins faciles à reconnaître et à suivre dans les ravins entre Lausanne et Vevey. (390 *b*)

Travaux divers.

1850. — **L. Coulon.** M. L. Coulon a publié une notice biographique sur Frédéric Dubois de Montperreux, dont le nom est lié aux premières observations sur les terrains crétacés des environs de Neuchâtel. (152)

1851. — **Thurmann.** La notice de Thurmann sur *Abram Gagnebin*, de la Ferrière, est très importante à consulter pour quiconque désire s'initier aux travaux des premiers observateurs du sol jurassien, Louis Bourguet, Pierre Cartier, Élie Bertrand, etc. (157)

1853. — **Lardy.** En 1853, M. Lardy a publié dans le Bulletin de la Société vaudoise une *notice sur la carte géologique de la Suisse*, de Escher et Studer, qui venait de paraître. (192)

1854. — **Bonjour.** La *géologie stratigraphique du Jura*, par Jacques Bonjour, conservateur du Musée de Lons-le-Saunier, renferme un grand nombre d'indications sur les étages jurassiques, crétacés et tertiaires, du département du Jura, et en particulier des environs de Nozeroy. Des listes de fossiles caractéristiques, des localités où se présentent les étages, des coupes géologiques, empruntées aux géologues, tels que le frère Ogérien, l'indication des matières utiles, sont renfermées dans ce travail, mais il ne m'a pas été possible de les utiliser dans les différentes parties de mon Résumé historique. (212 *a*)

1857. — **Vuillemin.** Le *Manuel du Voyageur dans le canton de Vaud,* renferme une notice géologique, dans laquelle l'auteur passe en revue successivement les assises calcaires du Jura, les couches néocomiennes du Chamblon et du Mormont, la molasse de la plaine, etc. (262 a)

1858. — **Morlot.** M. Morlot a aussi consacré un Appendice à son *Guide aux environs de Lausanne,* dans lequel il expose les caractères des quatre étages de la molasse, les fossiles qu'ils renferment, etc. Il distingue dans le terrain quartaire (quaternaire), les dépôts erratiques et les terrasses diluviennes. (285 a)

1859. — **Jaccard.** Mon *Étude géologique sur la faune et la flore du terrain d'eau douce supérieur* du Locle, publiée dans une feuille locale et en brochure, est un premier essai de vulgarisation des découvertes de la science, bien plutôt qu'un document géologique. Néanmoins j'ai cru devoir le signaler ici comme premier début dans ce genre de publications. (288)

1861. — **Jaccard.** Un autre essai du même genre est le Bulletin littéraire sur la *Description des reptiles et poissons fossiles du Jura neuchâtelois.* (330)

1861. — **Commission géologique.** En 1861, la Commission géologique suisse publiait un *Tableau des couleurs,* employées pour la carte géologique, ainsi que des *Instructions,* pour les géologues appelés à travailler à la carte géologique de la Suisse. C'était, à vrai dire, un essai ou un avant-projet, auquel on ne devait pas tarder d'apporter des modifications qu'exigeait la reconnaissance des terrains. Le cas s'est présenté déjà lors de la publication des feuilles VI, XI et XVI. (317)

1863. — **Jaccard.** En 1863, j'ai publié dans l'*Itinéraire des montagnes neuchâteloises,* une esquisse de la géologie du canton de Neuchâtel, mise à la portée du grand public. (359)

En 1863, j'ai présenté à la Société vaudoise des sciences naturelles un résumé de mes premières recherches pour la carte géologique. Déjà alors je pouvais signaler l'analogie évidente de la plupart des divisions ou étages, du quaternaire au jurassique inférieur. (357)

1864. — **Jaccard.** Dans *le charbon de pierre du Locle,* j'ai présenté une esquisse historique des recherches tentées à la fin du XVIIIᵉ siècle, en vue d'exploiter une substance plus ou moins semblable à la houille ou au lignite, dont on avait reconnu des traces dans la vallée du Locle. J'ai consacré un chapitre à la description des alternances de lignite et de calcaire crayeux qui se superposent au nombre de dix-huit, sur une épaisseur de 1m 50. Quelques considérations sur l'origine du dépôt, et sa comparaison à l'asphalte et à la houille ne méritent plus guère aujourd'hui l'attention. (369)

1865. — **Desor.** Dans une *Lettre à M. Aug. Bachelin*, M. Desor présente quelques considérations, accompagnées d'une coupe géologique, sur les lacs de Neuchâtel, de Bienne et de Morat, dans leurs rapports avec les deux premières chaînes du Jura. Au point de vue de la profondeur, ces lacs sont loin d'atteindre celle des lacs alpins. La rive neuchâteloise du lac de Neuchâtel est formée par les couches inclinées du néocomien, identiques à celles des Gorges de la Reuse, en aval du Champ-du-Moulin, et à celles de la vallée des Ponts, tandis que le fond et la rive opposée, comme au lac de Bienne, sont formés des couches de la molasse. (379)

1866. — **J. Delaharpe.** A partir de l'année 1865, on s'est beaucoup occupé des *galets sculptés*, de la grève de nos lacs, principalement de celui de Neuchâtel. Une notice assez étendue de M. J. Delaharpe père, suivie d'observations de M. F. Forel, fut publiée en 1866 dans le *Bulletin de la Société vaudoise des sciences naturelles.* (390 c)

1867. — **E. Favre.** En 1867, M. Ernest Favre a publié quelques remarques sur la seconde édition de la *Carte géologique de la Suisse*, de MM. Escher et Studer, révisée et complétée d'après les propres observations des auteurs et celles des collaborateurs à la nouvelle carte au $^{1}/_{100\,000}$, parmi lesquels, Jaccard, Gilliéron, Greppin, etc. (400, 402)

1868. — **P. Morthier.** La note de M. P. Morthier sur une *algue calcaire* du lac de Neuchâtel se rapporte au sujet des galets sculptés. (418)

1868. — **F. Berthoud.** Sous le titre de : *Le tombeau de Chilpéric*, M. F. Berthoud fait la description de deux *accidents orographiques*, du plateau qui s'étend entre le Creux-du-Vent et le Chasseron. Il s'agit d'abord d'un enfoncement en forme de cirque régulier, dont rien ne permet d'entrevoir la cause et l'origine. Puis l'auteur figure et décrit une pierre énorme qu'on dirait posée de main d'homme, mais qui n'est sans doute que l'un de ces vestiges de couches, dont la plus grande partie ont disparu ensuite des érosions atmosphériques. (419)

1869. — **Jaccard**. Ma notice sur *les fossiles du Chatelot* ne peut évidemment rentrer dans la section des travaux paléontologiques. Dans cette esquisse j'ai essayé de présenter aux membres d'une société d'instruction mutuelle, un aperçu de la formation des couches sédimentaires du Jura, suivi d'une revue des principales formes de fossiles répandues dans les couches du corallien du Mont Chatelot (ou Chatelu) près de la Brévine, dans celles du portlandien, etc. (430)

1870. — **Jaccard**. En 1870, j'ai commencé à publier dans le *Rameau de Sapin*, diverses notices destinées à initier les jeunes membres du *Club jurassien* aux notions de géologie et en particulier à l'étude des fossiles.

Dans l'*Éboulement du Col-des-Roches*, j'ai fait l'historique d'un phénomène prévu depuis longtemps, celui de la chute d'une masse de roches verticales de calcaires et de dolomies, dominant le passage de la route du Locle à Morteau. (437)

La comparaison entre les *Térébratules vivantes de la mer des Antilles*, qui venaient d'être découvertes par F. de Pourtalès, et les *Térébratules fossiles du Jura*, fait l'objet d'une courte notice dans le *Rameau de sapin* de Janvier. (438 a)

Dans mon étude *sur les fossiles du Jura*, je cherche à faire connaître plus en détail les formes de *Brachiopodes* les plus fréquentes dans notre pays. (439)

La découverte d'un superbe échantillon de carapace de tortue *Emys Jaccardi Pict*, est racontée dans un second article dans lequel j'expose les principaux traits de la structure de ces animaux. (438)

1870. — **Tribolet**. M. de Tribolet en fait de même au sujet d'un squelette de saurien du groupe des crocodiliens *(Telesaurus Picteti)* découvert dans les carrières du portlandien des environs de Neuchâtel. (440)

1870 — **Jaccard**. Dans une *Notice sur les cartes géologiques*, j'ai essayé de présenter à mes collègues de la Société des sciences naturelles de Neuchâtel les principes sur lesquels repose la figuration et la nomenclature des terrains indiqués sur les feuilles VI, XI et XVI de l'atlas fédéral, dont je venais d'achever la publication. Je fais ressortir le contraste que présente la région des chaînes secondaires du Jura, comparée au plateau molassique vaudois, et la nécessité pour tout travail de ce genre d'être accompagné de coupes et profils indiquant la topographie souterraine. (436)

De 1871 à 1893.

Cette période comprend les travaux qui ont paru depuis la publication de ma *Description géologique du Jura vaudois et neuchâtelois*. Le nombre en est considérable, puisqu'il dépasse le chiffre de 600. Ce sont surtout les phénomènes actuels et les dépôts erratiques et quaternaires qui ont fixé l'attention. Les applications pratiques, l'étude des roches à ciment, des phosphates, l'hydrologie, etc., ont aussi pris un développement considérable. Enfin les recherches dans le Jura franc-comtois et méridional ont fait le sujet de publications très importantes, surtout en ce qui concerne les terrains jurassiques.

Terrains modernes, phénomènes actuels.

1871. — **Martins.** L'origine des plantes actuelles de nos tourbières jurassiennes date de l'époque glaciaire, tel est le fait que M. Ch. Martins entreprenait de démontrer à la suite de ses investigations dans les tourbières des Ponts, de la Brévine et de Noiraigue en 1871. Celles-ci résultent de la présence, à la base du dépôt, d'une couche imperméable, produite par la décomposition des roches feldspathiques, alumineuses et siliceuses erratiques; c'est de la boue glaciaire, à la surface de laquelle se sont développées les espèces végétales des régions boréales.

Ainsi, les phénomènes auxquels nous devons la formation de nos tourbières du Jura auraient commencé immédiatement après le retrait des glaciers, et rien ne nous permet d'établir une distinction entre les dépôts de formation contemporaine et ceux de formation plus ancienne. (453)

1873. — **Résal.** En 1873, M. Résal a publié un mémoire sur les *tourbières supra-aquatiques*, ou émergées, du Haut-Jura français, dans lequel il s'occupe aussi de diverses tourbières de notre région. Il admet qu'à l'altitude de 700 mètres et au-dessus, la tourbe se reproduit, et qu'elle recroît de 3 mètres de hauteur par siècle.

Toutefois cette reproduction et cet accroissement cessent sous l'influence de causes diverses. La formation des dépôts tourbeux est due à

l'obstruction des entonnoirs : Les tourbières sont limitées par des entonnoirs non obstrués, dans lesquels l'eau s'écoule assez lentement pour que
les plantes aquatiques puissent se maintenir à la surface et y subir la transformation chimique qui les convertit en tourbe.

L'auteur termine son travail par un aperçu des conditions physiques
des marais des Ponts et de la Brévine. (500)

1874. — F. Tripet. M. F. Tripet signale, dans un ruisseau de la Brévine,
la présence d'une matière noirâtre, un peu friable, combustible, et présentant l'aspect de la tourbe. Elle a une épaisseur d'un pied et demi, et provient sans doute de la décomposition des plantes et des résidus tourbeux,
entraînés par l'eau.

1874. — F.-A. Forel. Dans son étude sur la *faune profonde du Léman,*
M. Forel décrit la nature du fond du lac. Celui-ci est très égal ; le sol est
formé par une argile limoneuse d'une grande régularité, dont les matériaux
sont d'une ténuité remarquable ; il ne renferme que quelques débris végétaux à tous les degrés de décomposition. C'est dans la partie tout à fait
supérieure que se rencontrent, vivants, les animaux qui constituent la faune
profonde. (519)

1875. — Risler. Le sol arable, que nous nommons la *terre végétale,* est
formé par le sous-sol, ou les *terrains géologiques.* C'est une formation essentiellement *détritique,* mélange de particules minérales et de débris végétaux
décomposés. Dans la plaine vaudoise et le canton de Genève, deux terrains,
la molasse et le diluvien glaciaire, contribuent à la formation du sol arable.

Le premier est essentiellement sableux. Le second est très variable suivant qu'il s'agit du glaciaire pur, argileux, ou des sables et graviers remaniés. Il faut ajouter les *alluvions modernes,* des vallées à fond plat, constituées
par le mélange et le transport de matériaux plus anciens ainsi que le *sablon
pourri,* très ferrugineux, des environs de Genève. (539)

1875. — Forel. Les recherches si importantes de M. F.-A. Forel sur le
Léman touchent de près à la géologie et à la paléontologie. Tel est le cas de
son étude sur la *faune et la flore profonde du Léman,* dans laquelle nous
trouvons entre autres l'énumération des mollusques dont les coquilles se
trouvent soit à la surface du sol sous-lacustre, soit dans le limon de formation récente. (528)

1875. — **Renevier.** En 1875, M. Renevier a présenté divers ossements recueillis pendant la construction d'un tunnel à Montbenon, Lausanne, au-dessus de la boue glaciaire. (537 *a*)

1875. — **L. Guillaume.** L'abaissement des eaux du lac de Neuchâtel ayant mis à découvert de nombreux trous dans les rochers qui forment la falaise, M. le Dr Guillaume attribue leur origine à l'action du glacier du Rhône. M. Ritter n'est pas de cet avis, et croit à une action toute récente des eaux du lac. (571)

1875. — **Ritter.** M. Ritter voyant les pilotis s'enfoncer rapidement dans une marne vaseuse élastique du lac de Bienne, croit que celle-ci est consti-tuée par la molasse désagrégée et diluée. (572)

Dans une séance subséquente, il présente des échantillons de cailloux roulés qui ont été arrondis dans l'espace d'un an. (576)

En 1878, il parle encore de curieuses fissures rencontrées dans les cou-ches calcaires, pendant le creusage de la galerie des eaux, dans les Gorges du Seyon. (608)

1876. — **Desor, Tribolet.** Les tremblements de terre et leurs causes ont, à diverses reprises, occupé les géologues neuchâtelois. MM. Desor, Tri-bolet, en ont entretenu la société des sciences naturelles de Neuchâtel. (567, 568)

1879. — **Tribolet.** MM. de Tribolet et Rochat ont fait de nouvelles études sur les émissions ou sources boueuses, dites *bonds de Bière.* Leur mémoire contient des données intéressantes sur les phénomènes qui accom-pagnent les éruptions momentanées de ces sources. (577)

Dans une note formant supplément au travail qui précède, M. Tribolet annonce que le nombre des sources signalées par les premiers observateurs s'est augmenté graduellement. On en compte une vingtaine. (582)

Le même auteur signale un glissement de terrain au Crêt-Taconnet, près de Neuchâtel. (609) Il s'est aussi occupé des trous de la falaise du lac de Neuchâtel, considérés comme des phénomènes glaciaires, et appelés, à tort, *marmites de géants.* (612 *a*) Enfin, il a publié une note sur un effondrement à la colline du Gibet, près de Neuchâtel. (613)

1879. — **Forel.** L'une des formes des dépôts actuels est celle du tuf lacustre. M. Forel a fait des recherches sur son origine et son mode de formation, qui se lie à celui des algues incrustantes et des galets sculptés. (587, 606, 621, 622)

1880. — **Ritter.** M. Ritter, ingénieur, a publié en 1880 des observations intéressantes sur l'action des vagues sur les sables des bords du lac de Neuchâtel. L'abaissement du niveau des eaux a eu pour conséquence de permettre aux vents et aux ouragans d'affouiller les sables du lac, dans la zone profonde de quatre mètres environ, où ils étaient précédemment au repos. Ces sables proviennent des Alpes et de l'usure des matériaux morainiques, et non, comme on eût pu le croire, de la destruction de la molasse de la rive fribourgeoise, etc. (638)

1881. — **Girardot.** M. Abel Girardot a publié une *Note sur les mouvements du sol dans le Jura.* Il a recueilli, dans les environs de Salins, divers témoignages, desquels il résulterait que, actuellement, il se produit des changements de niveau, que l'on devrait attribuer, soit à des affaissements, soit à des relèvements du sol. (646)

1882. — **Jaccard.** Il est bien rare que l'occasion se présente d'observer les processus de fossilisation dans les temps modernes. Aussi ai-je profité avec empressement de celle qui se présentait en 1882, d'étudier le limon lacustre du petit port de Bevaix. Dans ce limon, régulièrement stratifié, j'ai recueilli des feuilles carbonisées, pour la plupart très bien conservées, appartenant à une demi douzaine d'espèces, parmi lesquelles deux étaient surtout abondantes, le chêne et le hêtre. J'ai aussi constaté la présence de Cypris, de Lymnées, de Planorbes, etc. (662)

1883. — **Chautems.** C'est aussi des phénomènes de sédimentation actuelle que nous entretient l'article de M. Chautems sur la stratification des dépôts lacustres d'Auvernier. La couche superficielle est composée de sable plus ou moins épais, 20 à 25 centimètres. Une couche de 30 centimètres, remplie de coquilles de mollusques aquatiques, lui succède; puis viennent des débris végétaux avec des poteries et autres objets de l'âge du bronze. Un dépôt de coquilles analogues au précédent, sépare la couche du bronze de celle de l'âge de la pierre polie, qui a 50 centimètres d'épaisseur. Enfin l'extrémité des pilotis s'enfonce dans un dépôt puissant de coquilles friables, passant à une sorte de craie lacustre. (691)

1882. — **Schardt.** M. Schardt est l'un des géologues qui ont le plus, fixé leur attention sur les dépôts de formation récente. En 1882, il a observé près d'Yverdon une série de couches intéressantes de sables et graviers, d'ancienne terre végétale, de sables fins, etc., avec coquilles terrestres et d'eau douce, etc. Il a aussi décrit un dépôt de limon argileux très fin, avec coquilles d'eau douce et terrestres. (692)

1883. — **Jaccard.** Sous ce titre : *Un phénomène géologique contemporain,* j'ai fait connaître les conséquences résultant des terrassements ou remblais, opérés à la surface du marais tourbeux du fond de la vallée du Locle.

Les matériaux, en s'enfonçant dans le sol fluide, provoquèrent le soulèvement du sol, à une hauteur de 3 mètres, au-dessus de la route, et la déviation de 3ᵐ 75 de celle-ci. Les travaux en tranchée exécutés pour le redressement permirent d'observer les ondulations et les crevasses, résultant de la pression latérale exercée par les matériaux du remblai. (686)

1883. — **Jaccard.** Dans mon *Étude et rapport sur le drainage du Val-de-Ruz,* j'ai distingué quatre types ou faciès de sol arable, dont l'origine est plus ou moins récente. Ce sont : les *terrains de graviers et de sables calcaires,* les *terrains sablo-siliceux,* les *terres fortes, argileuses et marneuses,* et les *terrains limoneux et marécageux.* Les deux derniers seulement exigeraient le drainage. (704)

1883. — **Tribolet.** Je mentionne ici le dépôt peu étendu, signalé par M. de Tribolet, d'un limon terreux au bord de la Reuse, au Champ-du-Moulin, dans lequel on découvre en abondance des feuilles de hêtre, des aiguilles de sapin et des fragments de bois carbonisés. (719)

1883. — **T. Studer.** M. Th. Studer a publié une importante étude sur la faune des stations lacustres du lac de Bienne. Il s'est attaché à faire ressortir les changements survenus dans les relations des animaux sauvages et des animaux domestiques. Les premiers prédominent dans l'âge de la pierre, tandis qu'à l'âge du bronze ils ont disparu devant les animaux domestiques. Le cheval fait son apparition, etc. (716)

1884. — **Schardt.** On observe à Montreux une terrasse ou berge lacustre, formée de graviers et de sables stratifiés grossièrement, élevée d'environ 7 mètres au-dessus du lac. Dans une couche de terre brune, on a trouvé un certain nombre de squelettes, de l'âge du bronze, à en juger par les objets découverts par les ouvriers. (727)

1885. — **Bourgeat.** M. l'abbé Bourgeat conteste l'assertion de M. Martins, que les tourbières du Jura aient toujours comme sous-sol des matériaux de glaciers alpins. Un grand nombre reposent sur le glaciaire jurassien ou sur les assises sédimentaires en place. Les vraies tourbières sont entre 800 et 850 mètres d'altitude, etc. (768)

1885-87. — **Forel.** M. Forel a publié divers mémoires sur la faune profonde des lacs suisses, sur la plus grande profondeur du Léman, sur le ravin sous-lacustre du Léman, etc., que je me borne à citer ici (764, 786, 802). Il a aussi parlé de l'effondrement du quai Lochmann à Morges, sous l'action de la surcharge du remblai. (801)

1886. — **M. Tripet.** L'étude de M. Maurice Tripet, *sur les mammifères de l'âge de la pierre et du bronze*, est accompagnée d'une série de figures, représentant les cornes des principales espèces de ruminants et cervidés de la faune lacustre du lac de Neuchâtel. Le cerf, le bison, le bouquetin, le renne, l'élan, le daim, le chevreuil et, plus rarement, le chamois ont été découverts dans nos palafites. L'auteur signale encore le sanglier, et divers carnivores, le castor, etc. (780)

1888. — **Schardt.** M. Schardt décrit plusieurs gisements de terrains quaternaires, avec fossiles d'eau douce. Il distingue la *craie lacustre* et le *limon argilo-sableux*, qui forment divers gisements aux environs de Nyon tandis que le *limon calcaire crayeux* existe à Vallorbes et à Territet. (818)

1888. — **Cruchet.** M. Cruchet a découvert à Pailly un banc de tourbe de 0,50 à 1 m. d'épaisseur entre des couches d'une marne argileuse blanchâtre. Elle contient des coquilles d'helix et de lymnées. (840)

1889. — **Tribolet.** On a souvent parlé d'oscillations lentes du sol, ayant pour conséquence une dénivellation locale ou régionale. M. de Tribolet est disposé à admettre ces faits et pense qu'il y aurait lieu de les soumettre à une enquête sérieuse. (839)

1889. — **Jaccard.** L'éboulement de Fleurier, le 11 février 1889, est dû à des causes absolument physico-géologiques. Un puissant dépôt d'éboulis calcaires, superposé aux couches marneuses du gault, sur un plan incliné, s'est transformé par congélation en une masse rigide, comparable à la glace d'un glacier. Une rupture s'est produite à la partie supérieure, et la masse entière s'est mise en mouvement, renversant une maison, sans que toutefois le déplacement ait dépassé 2 à 3 mètres. (843)

1889. — F.-A. Forel. M. Forel s'est aussi occupé de l'origine du Léman, et il est arrivé à la conclusion que cette grande entaille doit être attribuée à l'érosion, de même que la vallée du Rhône en amont de Saint-Maurice. (853)

A propos du volume de ce lac, le même auteur a calculé qu'il faudrait quinze ans aux eaux du Rhône pour le combler. Le comblement par les limons fins, suspendus par l'eau du Rhône, durerait 450,000 ans au minimum. Le volume de ce limon atteint deux millions de mètres cubes annuellement, soit une couche de un centimètre par année. (852)

1889. — Ritter. La note de M. G. Ritter *sur le sondage du Crêt,* fait connaître la succession des couches de sable, de gravier et de limon argileux à cailloux roulés, de formation récente, qui constituent le fond du lac à l'extrémité de la Grande promenade. (836)

1889. — Ritter. Le même auteur s'est occupé de *la formation des lacs du Jura,* et de quelques phénomènes d'érosion des rives de ces lacs.

La correction des eaux du Jura lui a fait reconnaître que le phénomène du creusement de la nappe lacustre unique primitive s'est opéré par érosion, pendant l'époque quaternaire. C'est postérieurement à la retraite des grands glaciers que, par des attérissements et par le transport des matériaux dus à l'érosion des rives, le grand lac fut divisé en trois bassins, reliés par les deux rivières de la Thielle et de la Broye. (835)

1891. — Jaccard. Dans la partie de son cours qui précède la chute, le Doubs traverse les bassins pittoresques, connus sous le nom de lac des Brenets ou de Chaillexon. Le fond de ces bassins est rempli d'un limon fin d'alluvion, au sein duquel paraît se former, dans une très forte proportion, l'hydrogène carboné ou gaz des marais.

Aussi longtemps que l'équilibre de la pression reste statique, rien n'en révèle l'existence. En revanche, lorsque à la suite des sécheresses la glace de la surface atteint la vase limoneuse, le gaz se dégage en grande abondance au contact de la glace. Il suffit de perforer celle-ci pour qu'il se dégage et donne lieu à une combustion momentanée. Ce gaz est dû évidem-

ment à la décomposition des substances animales (mollusques, poissons,
etc.) et des végétaux, ensevelis dans le limon. (914)

1890. — F.-A. Forel. M. Forel poursuit ses recherches sur l'origine du
Léman et présente plusieurs communications à la Société vaudoise des
sciences naturelles. (874, 889, 890) M. Heim annonce qu'il est d'accord avec
M. Forel au sujet de l'origine du Léman. (956)

1890. — Thoulet. M. Thoulet s'est aussi occupé de l'étude des lacs en
Suisse et, plus spécialement du lac Léman. (893)

1891. — Baeff. Nous possédons encore fort peu de données sur l'érosion et la sédimentation des cours d'eau qui se déversent dans les lacs. Le
travail de M. Baeff sur *les eaux de l'Arve,* quoique se rapportant à une
région étrangère à la nôtre, mérite d'être signalé à l'attention des géologues
suisses. (922)

1891. — Duparc et Baeff. Le même sujet a été traité par MM. Duparc
et Baeff, dans une note sur l'érosion et le transport dans les rivières torrentielles ayant des affluents glaciaires. (921)

1892. — Schardt. Si les mouvements lents d'exhaussement et d'affaissement sont difficiles à constater dans notre région, il n'en est pas de même
des *déplacements* ou *glissements,* qui se produisent sur certains points.
M. Schardt a signalé un fait de ce genre aux environs d'Épesses, dans la
région de Lavaux. Le mouvement, qui a lieu depuis des siècles, atteint une
couche de glaise argileuse, qui se meut sur la surface des bancs de molasse
qui plongent au S.-E. (938)

1892. — Schardt. Je ne puis songer à rendre compte ici du remarquable travail de M. Schardt *sur l'effondrement du quai de Trait-de-Baye à
Montreux.* Cet accident, dû aux mêmes causes que nombre d'autres, survenus dans ces dernières années sur les rives de nos lacs suisses, résulte des
empiétements opérés par les constructions sur la grève naturelle, et même
dans le domaine des lacs. L'auteur s'est appliqué à faire connaître la nature
et la structure des dépôts modernes qui constituent cette grève, tant sous
sa forme émergée que dans sa partie immergée, connue sous le nom de
beine ou de *blanc-fond.* Des cartes, plans et profils, d'une grande netteté,
permettent de saisir d'un coup d'œil les diverses phases et les causes de ces

phénomènes, et rendront de grands services aux ingénieurs soucieux de les éviter ou de les prévenir. (944)

TERRAIN ERRATIQUE.

1871. — A. Favre. Dans son *quatrième Rapport,* M. A. Favre analyse le chapitre consacré au terrain quaternaire par Heer dans le *Monde primitif de la Suisse.* Il résume aussi le Rapport de M. Lochmann sur ce qui a été fait dans le canton de Vaud, et donne des listes de blocs erratiques dont la conservation est assurée dans différents cantons et dans la Haute-Savoie. (447)

1871. — Marcou. En 1871, Marcou signale des stries et polis glaciaires sur des roches en place aux environs de Salins. (448)

1871. — Otz. M. Otz annonce que les travaux exécutés sur la colline du Château de Neuchâtel ont fait découvrir des sables stratifiés, de même nature que ceux des Valangines. Aux Sablons, en revanche, il a reconnu en sous-sol une accumulation de blocs erratiques (478). M. Otz pense que les graviers du Château forment la moraine d'un glacier. (477)

1873. — A. Favre. Le *cinquième Rapport* de M. A. Favre a paru en 1873. Il ne renferme que deux communications, l'une de M. Rhyner, de Schwytz, l'autre de M. Neinhaus, de Châtel-Saint-Denis. Il signale aussi un recueil de trente-cinq photographies de M. Vionnet, pasteur à Étoy, représentant des monuments mégalithiques de la Suisse occidentale. (497)

1873. — Vouga. Dans une communication à la Société des sciences naturelles de Neuchâtel, M. le Dr Vouga revient sur les dépôts de limons stratifiés, graviers, poudingues, formés dans des lacs latéraux au glacier du Rhône. Profitant d'un séjour à Mont près d'Aubonne, il a examiné les terrasses qui bordent le bord du plateau de la Côte, au pied desquelles se développent, d'Aubonne à Coinsins, les vignobles, et y a constaté les mêmes superpositions de dépôts qu'au débouché des vallées du Jura. (491)

1873. — Renevier. M. Renevier a réussi à indiquer d'une façon très ingénieuse les rapports des glaciers quaternaires avec les glaciers actuels, aussi bien qu'avec les alluvions anciennes infra-glaciaires. Grâce à son *Tableau des terrains sédimentaires,* il est facile de se rendre compte de la *durée relative,* et du *moment,* où se sont formés les moraines et les dépôts glaciaires, dans la plaine et dans le Jura, et l'on constate la nécessité d'abandonner ces limites tranchées, si longtemps en faveur, des périodes et des époques géologiques. Dans un premier tableau, il divise la *période anthropique* en deux époques ou systèmes, *contemporain* et *diluvien,* subdivisés eux-mêmes en *âges* ou étages. Pour le contemporain, il admet les âges du fer, du bronze et de la pierre polie. Dans le diluvien rentrent les terrains post-glaciaire, glaciaire et préglaciaire. Les alluvions du fond des vallées, tufs et tourbières récentes, caractérisent les dépôts les plus récents dans le Jura. Dans le diluvien se présentent également des tufs et tourbières, l'erratique jurassique et le dépôt à *Ursus spelaeus* de la Grotte de Cottencher près de Neuchâtel. (487)

1875. — De la Harpe. La note de M. De la Harpe *sur un gisement de tourbe glaciaire* à Lausanne est très importante, à mesure qu'elle nous fait connaître les rapports de cette tourbe avec un dépôt de craie lacustre, renfermant neuf espèces de coquilles, appartenant toutes à la faune actuelle. (535)

1875. — Favre. La réunion de la Société géologique de France à Genève a donné lieu à plusieurs communications sur le terrain quaternaire et l'erratique.

Dès le début de la première séance, M. Favre attire l'attention sur le terrain quaternaire, dans lequel il distingue, de bas en haut :

L'alluvion ancienne, de Necker, bien caractérisée au Bois-de-la-Bâtie, formée de cailloux roulés, tantôt à l'état meuble, tantôt solidement liés par un ciment calcaire.

Le terrain glaciaire, composé d'argile bleuâtre, contenant des cailloux striés et polis, des blocs erratiques, etc. Il est parfois mélangé de cailloux plus ou moins arrondis et roulés.

L'alluvion post-glaciaire, ou *alluvion des terrasses,* composé de graviers meubles, stratifiés horizontalement ou inclinés; on y a trouvé quelques débris de l'*Elephas primigenius* et du renne. Sur tout le pourtour du lac, ces terrasses de gravier sont horizontales; le niveau le plus remarquable est à 30 mètres au-dessus des eaux actuelles. (537)

1875. — E. Favre. M. Ernest Favre a réuni quelques observations qui tendent à prouver que l'alluvion ancienne a dû se déposer dans le voisinage immédiat des glaciers. Les principales d'entre elles sont les intercalations d'argile glaciaire dans ce terrain au Bois-de-la-Bâtie et à Mategnin près de Genève, la présence de cailloux striés dans l'alluvion ancienne de cette localité, etc. (544)

1875. — Lory. M. Lory a observé le long des berges du Rhône une nappe de boue glaciaire pénétrant au milieu de l'alluvion ancienne, où elle se termine en biseau. Il en conclut à la liaison intime qui existe entre la formation de cette alluvion et l'ancienne extension des glaciers, et il explique ce fait par un retrait momentané du glacier. (543)

1875. — Colladon. M. Colladon fait une communication sur l'origine et les causes de la formation des terrasses d'alluvions. Il distingue des *terrasses sous-lacustres*, provenant de l'altération des berges par l'action des vagues, tandis que d'autres sont des *deltas*, formés à l'embouchure des torrents et des rivières, sous forme de remblais successifs, dans les eaux dormantes du lac. Leurs couches sont *inclinées* et se terminent brusquement à un plan supérieur, presque horizontal. Ils sont surmontés d'une couche horizontale, d'où l'on peut conclure que ces terrasses sont bien d'anciens deltas. M. Colladon rappelle aussi les observations de M. Dausse sur les terrasses du Léman. (547)

1875. — Desor. C'est en 1874 que commença la longue controverse sur l'âge et l'origine des lacs du revers sud des Alpes. Dans son travail intitulé *Le paysage morainique, son origine glaciaire*, M. Desor est conduit à parler aussi des dépôts qui ont conservé leur forme morainique primitive, soit dans les environs de Colombier, soit dans la Vallée des Ponts, et à Vallorbes, Jougne, Pontarlier. (538)

1875. — Falsan et Chantre. MM. Falsan et Chantre ont commencé la publication de leur importante monographie sur le bassin erratique du Rhône. (534)

1876. — Benoit. Il semble que, malgré leur importance, les recherches de M. Émile Benoit sur les dépôts erratiques dans le Jura aient été prédestinées à un oubli peu justifié. En 1876, ce géologue revient sur cette question dans la *Note sur une expansion des glaciers alpins dans le Jura central* *par Pontarlier.* Après avoir exploré de nouveau tout le Jura central, et plus spécialement les environs de Pontarlier, il y a découvert de nombreux blocs alpins, au milieu de blocs plus nombreux de calcaires jurassiens, et, de plus constaté l'existence d'une moraine bien caractérisée à Pontarlier même, la colline du Mont, coupée en tranchée par les travaux du chemin de fer, dans laquelle les blocs alpins atteignent près d'un mètre cube.

Au delà, vers le sud-ouest, se formaient d'autres moraines entièrement jurassiques, qui subsistent encore à Bonnevaux, Frâne, Nozeroy, Champagnole, Andelot, tandis que le glacier du Rhône, suivant son impulsion directe, s'en allait déposer les blocs alpins que nous trouvons au-dessus de Salins, à Ornans, etc.

Ce qui rend le travail de M. Benoit particulièrement important c'est qu'il est accompagné d'une carte, sur laquelle le chemin suivi par les blocs alpins est indiqué par des lignes parallèles, ou divergentes, jusqu'à l'extrémité supposée du glacier. D'autre part, des lignes de points concentriques marquent l'emplacement des moraines des glaciers jurassiques. Il est curieux de trouver indiquée ici déjà la disposition en ligne semicirculaire formant barrage d'un lac ou d'un étang.

M. Benoit s'occupe aussi du glacier du Rhône en avant de Pontarlier, c'est-à-dire à Sainte-Croix et au Val-de-Travers, et donne une foule d'indications que l'on ne se fût pas attendu à trouver dans ce travail. Ainsi, il indique la superposition de l'erratique alpin à l'erratique jurassique, à Covatannaz près de Sainte-Croix.

Enfin, il rappelle les indications de Deluc sur l'existence de nombreux blocs erratiques entre Ornans et Pontarlier, blocs qui ont aujourd'hui disparu par suite de leur exploitation comme matériaux.

N'en ayant pas trouvé aux Verrières, il ne croit pas que cette vallée ait été occupée par le glacier alpin. Nous verrons plus tard qu'il y en existe encore, ainsi que des moraines de petits glaciers jurassiens. (562)

1866. — **Colladon.** En 1876, M. Colladon a communiqué à la Société vaudoise une nouvelle note sur *les terrasses lacustres du Léman* et la constitution de la terrasse sur laquelle est construite la ville de Genève. (560)

1876. — **Vézian.** La *Revue géologique suisse* rend compte du travail de M. Vézian sur le développement des anciens glaciers dans le Jura, et sur la lutte qui s'est établie entre les glaciers locaux et celui du Rhône. Sur le versant occidental, les débris alpins ont pénétré par quatre points ou cols. Cette ancienne extension a été précédée et suivie d'un dépôt de diluvium. Le diluvium pré-glaciaire n'est mélangé d'aucun débris provenant des Alpes, le diluvium post-glaciaire, au contraire, en renferme. (563)

1877. — E. Favre. M. Ernest Favre a reproduit, dans les *Archives*, quelques observations tendant à prouver que l'alluvion ancienne a dû se déposer dans le voisinage immédiat des anciens glaciers. Il se base en particulier sur la présence de cailloux striés dans l'alluvion ancienne du Bois-de-la-Bâtie près de Genève. (585)

1877. — Ebray. M. Ebray a aussi publié une notice sur le même sujet. Il n'est pas d'accord avec MM. E. Favre et Lory et dit que les conglomérats de l'alluvion ancienne reposent directement sur la molasse. Il explique aussi différemment le dépôt de cette alluvion en aval du lac. (586)

1878. — Chavannes. Dans une notice géologique sur les environs de Montreux, M. S. Chavannes rappelle la classification des terrains quaternaires, de Morlot, et admet deux envahissements successifs du glacier, séparés par une première formation diluvienne. (595)

1879. — Falsan et Chantre. C'est en 1879 que parut le premier volume de l'œuvre capitale de MM. Falsan et Chantre, la *Monographie des anciens glaciers et du terrain erratique du bassin du Rhône.* Dans la première partie, *catalogue des blocs erratiques,* on trouve un grand nombre de citations se rapportant à notre région, aux environs de Gex, Divonne, Collonges, Bellegarde, etc. Les auteurs signalent entre Gex et Vesancy un terrain erratique inférieur, à matériaux purement jurassiques, recouvert par des moraines à éléments alpins. La *Revue analytique* mentionne les travaux de J.-A. de Luc, Charpentier, Necker, Blanchet, Guyot, Studer, Benoit, Pidancet et Lory.

M. de Tribolet a publié une analyse de ce travail. (642)

1879. — Renevier. Dans sa *Note sur la partie culminante de l'ancien glacier du Rhône,* M. Renevier signale sur les flancs du Jura, entre Sainte-Croix et Mauborget, un lambeau de l'ancienne moraine frontale du glacier du Rhône. On avait bien signalé déjà les nombreux blocs erratiques des Rasses, mais ici nous sommes en présence de véritables collines glaciaires atteignant l'altitude de 1233 mètres. (615)

1879. — G. Boyer. Dans une *Excursion aux Gorges de la Reuse,* M. G. Boyer observe, à Brot-Dessous et à Noiraigue, sur le chemin du Creux-du-Vent, les blocs erratiques alpins à l'altitude de 840 mètres, et semble croire qu'ils indiquent la hauteur absolue de la moraine, ce qui n'est pas exact. (624)

1880. — Chavannes. M. S. Chavannes donne une description très intéressante de la gravière de Romanel, dans laquelle on trouve un mélange de matériaux alpins et molassiques. Ceux-ci prédominent à la base du dépôt et se composent de débris de la molasse rouge des environs de Chexbres et de Vevey. On trouve aussi des fragments de calcaire bitumineux de la Paudèze. (627)

1880. — Favre. La *Description géologique du canton de Genève,* par A. Favre, permet à ce savant de donner tous leurs développements aux observations recueillies pendant une quarantaine d'années. Les descriptions de l'alluvion ancienne et de ses fossiles, celle du terrain glaciaire, avec des notions sur les glaciers actuels, celle du terrain post-glaciaire, sont l'objet de chapitres spéciaux, renfermant une foule de données importantes, au sujet desquelles on éprouve le regret qu'elles soient relatives seulement au territoire du canton de Genève. (634) J'ai publié un compte rendu de ce travail (629), de même que M. Desor. (636)

1880. — Desor. Dans sa *Note sur les deltas torrentiels, anciens et modernes,* M. Desor revient sur les observations de M. Colladon, relatives à l'inclinaison des couches de gravier dans les terrasses du Léman. (639) M. Tribolet en a publié un résumé dans le *Bulletin,* de Neuchâtel. (640)

1881. — Jaccard. Préoccupé dès longtemps du désir de faire comprendre au public cultivé de notre pays les principaux phénomènes de la période glaciaire, j'avais, à l'exemple de Falsan et Chantre, tracé sur les feuilles au $^{100}/_{1000}$ et au $^{250}/_{1000}$ de la Suisse, le chemin parcouru par les blocs alpins du glacier du Rhône, ainsi que celui de nos glaciers jurassiens. Je présentai ces cartes à la Société des sciences naturelles de Neuchâtel, en les accompagnant de quelques explications sur le but que je m'étais proposé. (649)

1881. — Jaccard. La même année, je soumettais ces cartes à la Société helvétique, réunie à Aarau, en insistant sur la nécessité d'adapter les cartes à la représentation des *phénomènes erratiques* et non d'en faire de simples cartes géologiques. Ce n'est que par ce procédé que nous pourrons faire ressortir, ainsi que l'ont fait MM. Falsan et Chantre, l'existence des glaciers jurassiens avant et après la grande extension du grand glacier du Rhône. Le point de départ des glaciers quaternaires doit être cherché dans la région des glaciers actuels, tout comme ceux-ci indiquent encore, en quelque sorte, la phase terminale du phénomène. Ce que nous devons établir c'est l'extension maximale qui, pour le glacier du Rhône, est beaucoup plus grande qu'on ne l'avait d'abord indiquée. Il en est de même de l'altitude, qui n'est point déterminée par la zone des gros blocs de protogine. La carte que M. Favre se propose de publier, devrait indiquer les glaciers qui ont occupé les vallées du Jura septentrional, Tavannes, Moutier, Delémont, etc. (654)

1883. — **Bourgeat**. M. Bourgeat a fait des recherches sur l'ancienne extension des glaciers du Jura. Une série de moraines se trouve dans la vallée étroite, comprise entre Château-des-Prés et les Prés-de-Valfin et se continuent en amas considérables au S. et à l'O. de cette vallée. Il a constaté la présence de roches polies et moutonnées, ainsi que de nombreux cailloux jurassiques et crétacés striés. Les blocs erratiques sont à l'altitude de 800 à 1060 mètres. (706)

1883. — **Bourgeat**. Le même auteur s'est occupé des amas de sable situés à de grande hauteur dans la chaîne du Jura, en dehors de l'action des cours d'eau actuels. Ils sont nettement stratifiés, et formés d'un sable bien lavé, et leur superposition à des bancs d'argile avec coquilles d'eau douce, le porte à attribuer leur formation à de petits lacs ou étangs temporaires, dus à des barrages opérés par des moraines. (703)

1883. — **A. Favre**. M. A. Favre a constaté aux environs de Soleure plusieurs terrasses post-glaciaires, qui n'ont pu se former que par le dépôt des graviers et cailloux dans un lac. Celui-ci devait s'étendre vers le sud, jusqu'au Mormont, formant barrage naturel. Peut-être même les eaux de ce lac, de 100 kilomètres de longueur, se sont-elles déversées pendant un certain temps dans le bassin du lac de Genève. (714)

1883. — **Schardt**. En 1883, M. Schardt s'occupe de nouveau d'un terrain d'alluvion stratifié, dans la vallée de l'Orbe, près des Clées. Celui-ci serait antérieur à l'extension des glaciers alpins, et aurait eu pour cause une obstruction de l'ancien lit de l'Orbe. (711)

1883. — **Ritter.** En procédant aux recherches et travaux relatifs à la captation des sources des Gorges de la Reuse, M. Ritter reconnut l'existence, au fond du ravin, en amont du Champ-du-Moulin, d'un superbe dépôt d'argile fine, d'une plasticité remarquable, en couches lamelleuses d'un parallélisme parfait. Ces bancs d'argile, dont les strates sont en général horizontales, ne sont autre chose, dit-il, que le dépôt des eaux du lac glaciaire qui devait exister d'une manière presque permanente contre la moraine frontale du glacier dans les Gorges. On retrouve dessus, dessous, et même entièrement noyés dans le banc, de volumineux blocs erratiques; on n'y a découvert aucune trace d'organisme animaux ou végétaux. (681)

1883. — **A. Guyot.** Une lettre d'Arnold Guyot à M. Louis Coulon renferme des données rétrospectives très importantes sur les circonstances qui, en 1840, le déterminèrent à diriger son attention sur le terrain erratique et sa répartition entre les sept bassins du versant nord des Alpes. Les résultats obtenus devaient former le second volume du *Système glaciaire* par *Agassiz*, *Guyot* et *Desor*. Ce second volume ne fut jamais publié, et Guyot emporta en Amérique et déposa au musée géologique de Princeton les 5000 échantillons de blocs erratiques alpins, qui devaient servir de base à ce travail définitif. (687)

1883. — **Falsan.** L'*Esquisse géologique du terrain erratique et des anciens glaciers de la région centrale du bassin du Rhône*, par M. Falsan, est non seulement un résumé de la *Monographie*, mais encore un exposé synthétique des faits et des théories relatives aux anciens glaciers. Un chapitre spécial est consacré à la partie supérieure du bassin du Rhône, Valais et lac de Genève, à la Basse-Suisse, etc. Le profil en long, d'une partie de la rive droite de la vallée du Rhône, nous montre l'épaisseur du glacier au-dessus du lac de Genève. Au-dessus de cette puissante masse de glace surgissent les sommets du Chasseron, de la Dôle, du Reculet. (700)

1884. — **Favre.** C'est en 1884 que A. Favre publia sa *Carte du phénomène erratique et des anciens glaciers de la Suisse*. Des divers glaciers de cette période, c'est celui du Rhône qui présente la plus grande importance, celui sur lequel on possède les données les plus étendues. Une analyse de ce travail m'entraînerait trop loin. D'ailleurs l'*Explication*, qui a paru en même temps que la *Carte*, ne renferme pas d'observations importantes sur notre territoire. Une seule teinte est consacrée aux glaciers jurassiens et à leurs névés. (721,722)

1884. — **Tribolet.** M. de Tribolet a rendu compte de la carte de M. A. Favre, et fait ressortir le procédé par lequel l'auteur a pu indiquer l'épaisseur du glacier du Rhône au-dessus des diverses régions qu'il recouvrait, ainsi que la pente presque nulle entre les Alpes et le Jura. (737)

1884. — **Tribolet.** Un peu plus tard, M. de Tribolet présentait à la Société des sciences de Neuchâtel, une carte d'un grand intérêt. C'est celle qu'Arnold Guyot avait dressée vers 1845 sous le nom de *Carte des bassins erratiques de la Suisse*, et qui était restée manuscrite. M. de Tribolet fait ressortir le mérite principal de Guyot, celui d'avoir reconnu « que les roches des différentes vallées des Alpes ne se mélangent point entre elles, mais qu'elles forment de longues rangées collatérales, que l'on peut suivre depuis le lieu de leur origine jusqu'à leur dernière limite. » C'est précisément ce *chemin,* des blocs erratiques, que Guyot avait indiqué par des traits de couleur variée, suivant les roches qu'ils doivent représenter. Ainsi, dès cette époque, Guyot put affirmer que toute hypothèse tendant à évoquer des cataclysmes et des bouleversements devait être exclue d'emblée. (758)

1885. — **Boyer.** L'étude du terrain erratique dans ses rapports avec les phénomènes diluviens a fait le sujet d'un travail de M. G. Boyer qui a pour titre : *Sur la provenance des galets silicatés et quartzeux dans l'intérieur et sur le pourtour des Monts-Jura.* Le point de départ de cette étude se trouve aux environs de Pontarlier et de Nozeroy, région où se rencontrent ces galets silicatés, que nous appelons les *quartzites*; mais l'auteur les ayant rencontrés jusqu'à Besançon est conduit à rechercher leur origine, et il semble disposé à considérer leur transport comme antérieur à la grande extension glaciaire et par conséquent à l'époque pliocène. (760)

1885. — **Jaccard.** En 1885, reconnaissant l'impossibilité d'arriver à la publication de l'une ou l'autre de mes cartes des phénomènes erratiques, je me décidai à en présenter une réduction à la Société vaudoise des sciences, qui voulut bien l'admettre dans son *Bulletin,* avec quelques pages de texte, destinées à populariser les données relatives aux phénomènes erratiques en Suisse, ainsi qu'à initier les observateurs auxquels on avait fait appel pour la recherche et la conservation des blocs erratiques. (754)

1886. — Boyer. En 1886, M. G. Boyer revient sur le sujet des phénomènes de l'époque quaternaire dans le Jura.

Dans une lecture faite à la société d'Émulation du Doubs, il décrit *Un épisode de l'histoire géologique des Monts-Jura*. Cet épisode, c'est « la nappe des anciens glaciers, au-dessus desquels la longue falaise du Jura, qui s'étend du Grand Colombier à la Dôle et au Mont-Tendre, se terminait par un chapelet d'îlots. C'étaient les sommets de la Dent de Vaulion, du Suchet, des Aiguilles de Beaulmes, du Chasseron, du Creux-du-Vent, du Mont d'Amin et du Chasseral. » (777)

1886. — Chavannes. M. S. Chavannes signale des stries glaciaires observées récemment à la surface des bancs de molasse de la Ponthaise, à Lausanne même. Elles sont remarquables par leur direction, qui est exactement S.-N., ce qui indique que l'influence de la résistance du Jura à l'extension du glacier du Rhône s'exerçait à partir d'un point plus rapproché des Alpes qu'on n'était porté à l'admettre. (783)

Le même auteur parle de différents types de moraines, et en particulier de celle qu'il a observée entre Lutry et Savigny, qu'il nomme moraine d'éboulis. (785)

1886. — Forel. M. Forel présente un gros morceau de quartz arrondi en forme d'œuf, trouvé aux environs de Bière. (784)

1887. — Ritter. En 1887, M. Ritter revient sur le dépôt glaciaire lacustre du Champ-du-Moulin, et signale son extension dans tout le fond de la vallée, le fait qu'il est recouvert de matériaux morainiques alpins, et enfin que dans le centre de la vallée on ne rencontre pas de cailloux mélangés, mais seulement vers les bords, où ils sont généralement de petite taille.

Ce c'est pas tout, M. Ritter a observé que les bancs de glaise sont relevés d'une façon très accusée vers les bords du bassin, sans qu'il soit possible d'attribuer cette disposition à un tassement postérieur à leur dépôt. Il n'hésite dès lors pas à attribuer le phénomène à la persistance de l'action soulevante des couches jurassiques postérieurement à leur formation c'est-à-dire à l'époque actuelle. (789 c)

1887. — Benoit. Dans la notice explicative de la feuille Nantua, M. Benoit réunit sous le nom d'*alluvion ancienne, terrain glaciaire*, tous les dépôts quaternaires des plateaux à l'ouest et à l'est du Reculet-Vuache. Il fait observer

que sous ce nom d'alluvion ancienne les géologues français désignent généralement nos alluvions post-glaciaires. (799)

1888. — Chavannes. M. Chavannes signale la découverte d'ossements
de marmottes dans la gravière de Montoie, ainsi qu'un morceau de charbon
de bois, du glaciaire de la moraine de Penthalaz. (809) Il dit que nous
n'avons pas de moraines frontales sur le plateau, qui a été parcouru assez
rapidement par le glacier. Il n'en est pas de même dans les cantons de
Neuchâtel, Berne et Soleure, où ces moraines sont d'aspect varié. M. de Meuron constate qu'à Neuchâtel, le glaciers a rendu plusieurs endroits stériles,
soit par amas de blocs, soit par enlèvement de terre. (810)

1888. — Lugeon. M. Lugeon a aussi découvert des fossiles dans le glaciaire de la Paudèze. Sous un dépôt de 2 à 3 mètres de boue glaciaire, à
cailloux anguleux et striés, il a recueilli des fruits de *Fagus sylvatica* et un
insecte. (813)

1889. — Ritter. Les phénomènes d'érosion et la formation des lacs du
Jura ont fait l'objet d'une notice très importante de M. Ritter. L'érosion s'est
manifestée dans la plaine suisse par l'enlèvement de zones entières de tertiaire, en laissant des massifs isolés tels que le Jolimont, l'île de Saint-Pierre,
le Vully. On doit aussi à cette cause la disparition d'une grande partie des
masses urgoniennes, dont le Crêt, la Pierre à Mazel, les Saars, près de Neuchâtel, sont les témoins restants. Tous ces matériaux ont été transportés au
loin. Il en est autrement des pierres anguleuses de néocomien, d'urgonien,
etc., qui gisent au fond du lac ou sur ses rives, et qui proviennent d'une
action postérieure des eaux du grand lac jurassique, qui a fait suite à la
période des grands courants. Ce lac, comblé en partie par des sédiments de
diverse nature et de provenance variée, n'est plus représenté que par les trois
nappes de Neuchâtel, de Morat et de Bienne. (835)

1889. — Falsan. Dans l'ouvrage qui a pour titre *La période glaciaire en
France et en Suisse,* M. Falsan est naturellement conduit à parler de nouveau du grand glacier du Rhône, ainsi que des glaciers jurassiens, dont les
moraines sont mélangées de blocs alpins, preuve que des rameaux du grand
glacier ont pénétré par les échancrures, telles que le Val-de-Travers, le col
des Étroits, la vallée de Jougne, pour aller déposer leurs matériaux jusqu'à
Ornans et à Mouthier. (855)

1889. — **Schardt.** On doit à M. H. Schardt d'importantes recherches sur les fossiles des dépôts et quaternaires récents, auxquels il a consacré trois chapitres ou notices, dans le Bulletin de la Société vaudoise. Il distingue trois types distincts ou faciès : la *craie lacustre,* le *limon argilo-sableux* et enfin le *limon calcaire crayeux,* qui tous renferment des mollusques d'eau douce et terrestres de la faune actuelle. (832)

1889. — **Bertrand.** M. Bertrand indique les dépôts quaternaires de la plaine de Pontarlier comme alluvion ancienne, et produits par le remaniement des dépôts glaciaires. Ceux-ci forment rarement de véritables moraines. Les débris alpins deviennent de plus en plus nombreux à mesure qu'on se rapproche de la Suisse.

Les dépôts glaciaires, boue avec cailloux striés, couvrent de vastes surfaces à l'est de Nozeroy, et se relient avec ceux de Pontarlier. Les puissantes alluvions de la vallée de l'Ain proviennent en partie du remaniement de ces dépôts. (854)

1890. — **Du Pasquier.** En 1890, M. L. Du Pasquier commence la série de ses publications sur les phénomènes glaciaires et le terrain erratique. Dans son étude *sur la périodicité des phénomènes glaciaires,* il fait d'abord l'historique de la question et rappelle les travaux de Morlot, de Heer, puis il donne quelques explications sur sa Carte des alluvions glaciaires du nord de la Suisse. (877)

Dans une note subséquente, il s'occupe du déplacement des cours d'eau pendant l'époque quaternaire. L'Aar et le Rhin, en particulier, paraissent avoir subi des déplacements assez notables.

1890. — **Boyer.** L'*étude sur le quaternaire dans le Jura bisontin,* par MM. G. Boyer et Albert Girardot touche de près à notre région, et renferme des vues et des données très importantes relativement au terrain erratique, mais son étendue ne me permet pas d'en présenter ici une analyse. (913)

1890. — **Ritter.** D'après M. G. Ritter, aucune cause extraordinaire n'est intervenue dans les phénomènes glaciaires. La formation et la grande extension des glaciers sont dues au refroidissement progressif et normal des continents, et au soulèvement des terres ou des montagnes à de grandes hauteurs. Pendant l'époque quaternaire « l'atmosphère s'est définitivement débarrassée des masses de vapeurs dues à la chaleur primitive du globe.

La précipitation de ces masses de vapeurs sous forme de neige, sur les hautes montagnes, suffisamment froides pour cela, est la cause des formidables glaciers d'autrefois. » (873)

Dans une comunication subséquente, M. Ritter revient sur la période quaternaire et sur les phénomènes érosifs des énormes précipitations de pluie, et surtout des amas de neige, sur les hautes régions qui ont précédé l'avénement de notre époque. (882)

1891. — **Ritter.** Une troisième fois, M. Ritter revient sur le même sujet et présente une thèse en trois points, savoir :

1° Les précipitations aqueuses, ainsi que les courants d'eau et les glaciers de l'époque quaternaire, sont le résultat normal dû au refroidissement de la terre, ensuite de la diminution à sa surface des effets de la chaleur centrale, et nullement celui d'un refroidissement exceptionnel, etc.;

2° La phase glaciaire a été une, et non divisée en périodes distinctes et séparées ; elle a été seulement variable en intensité;

3° Le phénomène glaciaire proprement dit n'est point périodique; il a eu lieu et ne se reproduira plus sur notre terre. (904)

1891. — **Du Pasquier.** Le mémoire *sur les limites de l'ancien glacier du Rhône, le long du Jura,* traite d'une manière plus spéciale de notre région. Il rappelle qu'on a de bonne heure distingué en Suisse deux zones de dépôts glaciaires : la *zone externe,* ou du *glaciaire sporadique,* et la *zone interne* ou des *grandes moraines terminales.* Puis il aborde l'étude de la moraine qui forme la limite de la branche orientale du glacier du Rhône entre l'Aiguille de Beaulmes et Oberbipp. (907)

M. Du Pasquier a aussi présenté quelques observations sur les communications de M. Ritter relatives à la période glaciaire. (905)

1891. — **Baltzer.** M. Baltzer s'est occupé de la limite des anciens glaciers du Rhône et de l'Aar. Il admet deux invasions successives des glaciers et le refoulement du glacier de l'Aar par celui du Rhône. (880)

1891. — **Du Pasquier.** En 1891, M. L. Du Pasquier a publié une note *sur les alluvions glaciaires de la Suisse.* Ce travail concerne plus spécialement le bassin du Rhin, mais je crois devoir le citer, puisque les données sur lesquelles il repose s'appliquent nécessairement au bassin du Rhône. M. Du Pasquier admet trois glaciations, alternant avec trois phases d'érosion des hautes et des basses terrasses des vallées du Plateau suisse (Eclog. géol. helv. II n° 5.)

1892. — Du Pasquier. La question des blocs erratiques, après avoir été longtemps abandonnée, reprenait en 1892, grâce à l'initiative de M. L. Du Pasquier, une activité toute nouvelle dans le canton de Neuchâtel. Dans une note sur *la conservation des blocs erratiques,* M. Du Pasquier s'attache à faire connaître les raisons qui doivent engager à recueillir toutes les observations, tous les documents qui peuvent contribuer à faire connaître cette phase de l'histoire du globe. (929)

M. Du Pasquier a aussi traité ce sujet dans le *Rameau de sapin.* (930)

La *Circulaire de la Commission des blocs erratiques* rappelle l'élan avec lequel fut accueilli l'*Appel* de MM. Favre et Soret, suivi bientôt de l'apathie et de l'indifférence de ceux qui avaient paru s'y intéresser. Il est fait de nouveau appel à la bonne volonté de tous, administrations et particuliers, pour obtenir des réponses à la circulaire qui sera répandue dans le canton. (931)

1892. — Jaccard. Dans ma notice *sur les phénomènes glaciaires,* je rappelle mes travaux antérieurs et en particulier les cartes restées manuscrites, dans lesquelles j'avais cherché à faire ressortir l'indépendance des glaciers alpins et du grand glacier du Rhône. (934)

Dans un second travail, sur *les dépôts et les blocs erratiques,* je réunis, en les condensant, une foule de notes, recueillies au cours de mes excursions géologiques dans la partie du Jura comprise entre Morteau, le Locle et la vallée de Joux, ainsi que dans la plaine vaudoise et le pied du Jura. (935)

1892. — De Blonay. Sur une demande de M. de Blonay, une discussion s'engage à la Société vaudoise des sciences naturelles, au sujet de savoir quels seraient les meilleurs moyens de suivre à l'entreprise de la conservation des blocs erratiques. Le comité prendra les mesures pour que la Commission soit reconstituée et rentre en activité. (947)

BLOCS ERRATIQUES.

1871. — A. Favre. Dans son quatrième rapport, M. A. Favre indique divers blocs des communes de Corcelles et Cormondrèche, Bôle, etc., dont la conservation est assurée. Il en est de même de plusieurs blocs du pied du Jura, Begnins, Montlaville, etc., de la Pierre à Niton dans le port de Genève, etc. (447)

1871. — **Vionnet.** Parmi les blocs erratiques, il en est un certain nombre qui présentent des traces du travail de l'homme sous forme d'entailles creusées à leur surface, et auxquels on a donné le nom de *pierres à écuelles.* En 1871, M. P. Vionnet entreprit la tâche de réunir en un album photographique les monuments les plus remarquables de ce genre. Il en signale une quinzaine dans notre région. (446)

1872. — **X.** A quelque distance de Montalchez, près d'une ferme, se trouvent deux magnifiques blocs, qui ont été mesurés et figurés dans le *Rameau de sapin*, en 1872. (469)

1872. — **0. Huguenin.** Le superbe bloc erratique de Mont Boudry, près de Bôle, a été figuré par Oscar Huguenin, et les dimensions indiquées, environ 6500 pieds cubes. (471)

1873. — **A. Favre.** Le cinquième *Rapport* de M. A. Favre, annonce que le Conseil d'État du canton de Genève a fait l'acquisition de la *Pierre aux dames*, gneiss sculpté de la commune de Troinex. Il indique également le recueil de trente-cinq photographies des monuments mégalithiques de la Suisse occidentale, publié par M. Vionnet. (Il n'a paru qu'un petit nombre d'exemplaires de cette publication ; l'un d'eux est au Musée géologique de Lausanne.) (497)

1875. — **Falsan et Chantre.** En 1875, MM. Falsan et Chantre distribuaient aux membres de la réunion de la Société géologique de France l'introduction à la *Monographie géologique des anciens glaciers*, etc., dont le premier volume ne devait paraître qu'en 1879. On y trouve déjà l'indication d'un grand nombre de blocs, avec leurs dimensions, leur nature, leur position, etc., aux environs de Divonne, de Gex, Vesancy, Thoiry, etc. (534)

1876. — **Vézian et Choffat.** En 1876, M. Vézian et M. Choffat ont signalé les blocs d'origine alpine qui se rencontrent dans les environs de Pontarlier, de Salins et dans la vallée de la Loue. Un bloc de schiste chloriteux a été indiqué au Mont Poupet au-dessus de Salins. (545)

1876. — **Jaccard.** La même année, j'ai rendu compte d'une excursion faite avec M. A. Favre aux environs de Pontarlier et dans laquelle nous avons observé de petits blocs de quartzites, gneiss chlorités, etc. Au revers nord du Mont Pouillerel, les travaux de construction d'une nouvelle route ont révélé la présence de blocs plus volumineux de gneiss chlorités de Bagnes, d'Arkésine, de la Dent Blanche, etc. Des blocs de même nature se retrouvent sur la rive gauche du Doubs, au bord de la route de Maîche. (546)

1876. — Otz. M. Otz communique à la Société des sciences naturelles de Neuchâtel un fragment d'un petit bloc de gneiss, rencontré à quinze mètres du sommet du Mont d'Amin, soit à l'altitude de 1400 mètres sur mer. (555) M. A. Favre a publié une note sur ce bloc en 1877 dans le *Rameau de sapin*. (592)

1876. — Vouga. En 1876, quelques semaines avant sa mort, le Dr Vouga adressait au *Rameau de sapin* une photographie du bloc erratique qu'il avait érigé dans sa propriété à Chanélaz, près de Boudry, et sur lequel il se proposait de faire graver les noms des savants qui ont le plus contribué à expliquer les phénomènes de la période glaciaire. (554)

1877. — De Pury. M. E. de Pury attire l'attention de la Société des sciences naturelles sur deux blocs remarquables, situés au haut des Prises de Gorgier, et demande que la Société prenne des mesures pour assurer leur conservation. La société décide de faire les démarches nécessaires, et d'écrire à M. Borel, à Vauroux, pour le prier de veiller à la conservation du menhir qui se trouve sur son domaine. (579)

1878. — Desor. Près de Mont-la-Ville, les archéologues ont signalé dès longtemps un bloc connu des habitants de la contrée sous le nom de *Pierre des écuelles,* parce qu'elle porte à sa surface des bassins taillés dans le granit. Il a aussi signalé l'ouvrage de M. Vionnet sur les monuments préhistoriques de la Suisse occidentale et de la Savoie. (605)

1880. — Desor. En 1880, M. Desor a aussi décrit et figuré un bloc erratique remarquable des environs du Landeron, connu sous le nom de *Pierre à écuelles,* et remarquable par le grand nombre de celles dont il est creusé. (641)

Le même numéro du *Rameau de sapin* renferme une vue de la moraine de Préfargier, que les travaux d'abaissement du lac venaient de mettre à découvert. Le bloc le plus volumineux est un Poudingue de Vallorsine ;

il y a également des Euphotides' de Saas, des Arkésines de la Dent-Blanche, etc. (655)

1880. — A. Favre. M. A. Favre constate que les gros blocs erratiques, signalés par J.-A. de Luc en 1827, dans le canton de Genève, ont à peu près disparu. Il en est de même de ceux du Mont de Sion. (634)

1881. — Quiquerez. M. Quiquerez a figuré et décrit le *caillou de Sornetan*, bloc erratique de quartzite creusé de deux écuelles. (659)

1881. — Chavannes. M. Chavannes propose de prendre des mesures pour la conservation de quelques-uns des blocs découverts à Montbenon, Lausanne. (668)

1882. — Vouga. En 1882, M. Vouga a signalé une pierre à écuelles, servant de bouteroue, à l'entrée du village de Saint-Aubin. (666)

1882. — Jaccard. Le bloc le plus important de ceux qui avaient été signalés par de Luc dans la vallée de la Sagne a été figuré et décrit dans le *Rameau de sapin*, de Janvier 1882. C'est une variété d'Arkésine du massif du Mont-Rose, près du glacier d'Arolla. (667)

1883. — Falsan. Dans son *Esquisse géologique*, etc., M. Falsan a rappelé quelques-uns des blocs remarquables des environs de Divonne, la *Boule de Samson*, le *Galet de Gargantua*, la *Pierre de Goliath*, etc. (700)

1883. — Fellenberg. M. de Fellenberg a trouvé près de Sonvillier, à 900 mètres de hauteur, un bloc erratique du glacier du Rhône, que M. Stelzener a reconnu être une épidote à glaucophane. (705)

1883. — Tribolet. En 1883, M. de Tribolet présente un bel échantillon de minerai de nickel, trouvé à l'état erratique, au bord du lac près de Neuchâtel. (C'est un petit bloc de quinze centimètres de longueur sur dix centimètres de largeur et de hauteur.) (697)

1883. — Jaccard. M. Zintgraf découvrait à la même époque, dans la grève du lac à Saint-Blaise, divers échantillons d'une roche qui, travaillée, présentait un aspect translucide, ce qui me portait à la considérer comme une *chloromélanite*. Plus tard je pus m'assurer que ce n'était qu'une variété de serpentine. (690)

1885. — Golliez et Bertholet. La Commission vaudoise des blocs erratiques s'étant reconstituée, en 1885 M. Golliez présentait son rapport à la Société vaudoise et l'entretenait de ses démarches pour assurer la conservation du bloc dit *la Pierre à Baulet*, sur le territoire de Beaulmes, à la cote 1257 mètres. Ce bloc mesure quinze mètres de longueur, dix mètres de largeur et dix mètres de hauteur.

M. Bertholet envoie deux croquis de blocs remarquables, soit par leur position élevée, soit par leurs dimensions, dans les communes de l'Isle et de Mont-la-Ville. (746)

1886. — **De Sinner.** En 1886, M. de Sinner communique ses observations sur un groupe de cinquante blocs erratiques, maintenant à découvert sur la grève du lac, à une faible distance d'Yverdon. (779)

1888. — **De Meuron.** Le rapport de M. de Sinner sur les blocs erratiques des environs d'Yverdon, suggère à M. de Meuron l'idée de rappeler ses souvenirs sur ceux qu'il a eu l'occasion d'observer dans sa jeunesse et qui, en partie du moins, ont disparu ou que l'on a perdu de vue. (Ainsi, celui qui se trouve au nord de Pouillerel dans la forêt du Bois-de-Ville appartenant à la commune du Locle, A. J.) (822)

1888. — **Golliez.** M. Golliez présente trois échantillons de *magnétite* erratique, trouvés à Mont-la-Ville. Ils proviennent probablement de Mont-chemin sur Martigny. (830)

1889. — **Falsan.** Dans son livre sur la *Période glaciaire*, M. Falsan a reproduit la figure de la *Pierre de Mont-la-Ville*, de Desor, et celle de la *Pierre aux Dames*, de Favre. Il considère les débris de roches alpines du Mont Poupet comme apportés par les habitants. (855)

1891. — **L. Favre.** En 1891, le bloc erratique de Mont-Boudry, dont la conservation avait été annoncée comme assurée par A. Favre en 1871, était menacé de destruction par la commune de Bôle, propriétaire. Diverses subventions et souscriptions en ont assuré définitivement la conservation. (908-932)

1892. — **Renevier.** M. Renevier signale un bloc erratique, visible dans la ville même de Lausanne, d'environ huit mètres cubes, il est composé de poudingue métamorphique d'Outre-Rhône. (927)

MOLASSE.

1871. — **Heer.** Le *Monde primitif de la Suisse*, de Heer, renferme un chapitre que l'on peut considérer comme la synthèse de tout ce qui, à cette époque, avait paru sur la molasse. A la vérité ce travail est plutôt paléontologique que stratigraphique, mais les détails qu'il renferme sur la molasse de la Suisse occidentale méritent d'être signalés dans cette revue bibliographique. (443)

1873. — **Renevier.** M. Renevier a consacré une colonne de son *Tableau des terrains sédimentaires* à la molasse de la Suisse occidentale, et indiqué le parallélisme des dépôts avec les divers étages miocènes des autres contrées de l'Europe. Sa *formation molassique* comprend les *systèmes subappenien, falunien, aquitanien*, subdivisés en *étages œningien, tortonien, helvétien, langhien, aquitanien*. (487)

1873. — **Mayer.** Dans sa *Classification naturelle, uniforme,* etc., M. Ch. Mayer admet, pour les *étages*, des noms semblables à ceux de Renevier (sauf le *subappenin* qu'il appelle *messinien*).

Les *sous-étages* sont numérotés de bas en haut, de I à III, avec désignations géographiques, dont aucune n'est choisie dans les gisements tertiaires suisses. (522)

1875. — **Benoît.** Dans son *Essai d'un tableau des terrains tertiaires du bassin du Rhône et des Usses*, M. E. Benoît donne une description des différentes assises des mollasses inférieures, dites mollasses d'eau douce. Il distingue plusieurs *mollasses rouges*, des *grès micacés*, des *couches d'eau douce*, qui seules renferment des fossiles, au-dessus desquelles viennent les *mollasses marines miocènes*, subdivisées elles-mêmes en plusieurs assises, etc. (532)

1875. — **Renevier.** La classification des assises tertiaires de la Perte-du-Rhône par M. Renevier subit, en 1875, quelques modifications.

Les 240 mètres de molasse marine à dents de *Lamna*, surmontant 45 mètres de marnes bigarrées, sans fossiles, sont aquitaniennes et non crétacées, comme il l'avait d'abord annoncé. (548)

1879. — **Schardt.** Depuis longtemps l'étude de la molasse vaudoise avait été délaissée. En 1879, M. Schardt faisait à la Société vaudoise une communication sur la molasse rouge du pied du Jura, insistant sur les rapports intimes qui existent, suivant lui, entre cette molasse et le terrain sidérolitique. Il annonce avoir découvert celui-ci sous une forme nettement stratifiée. Certains faits le porteraient à paralléliser ce sidérolitique avec la molasse rouge, qui serait plus ancienne qu'on ne l'avait admis.

C'est ainsi que les marnes rouges sont interstratifiées avec des gompholites ou conglomérats, comme dans le Jura bernois. (620)

1880. — **Schardt.** En 1880, M. Schardt revient dans un mémoire plus étendu sur ce sujet, et modifie quelque peu ses premières appréciations. Il distingue deux faciès dont l'un, *torrentiel*, est formé entièrement de matériaux jurassiens, gompholites, grès siliceux, et renferme deux espèces d'*Helix (H. rugulosa* et *H. nov. sp.)* l'autre, le faciès à *stratification régulière*, composé de grès micacés gris marneux, interposés à des couches de marnes rouges violacées. Près de Rances, cette molasse rouge paraît manquer, et l'urgonien est recouvert par des bancs de calcaire d'eau douce, qui constitue un troisième faciès de la molasse rouge. En résumé, M. Schardt considère cette molasse rouge du pied du Jura comme la partie inférieure de l'aquitanien. Sa coloration résulterait du remaniement des dépôts sidérolitiques de cette région. (635)

1880. — **A. Favre.** Dans le second volume de la *Description géologique*, A. Favre procède par études régionales. Chacun des coteaux ou des ravins molassiques des environs de Genève est étudié très minutieusement. Il rappelle les puits ou sondages de Cologny, Vandœuvres, Prégny, etc., la présence de la molasse sous les eaux du lac, les tentatives d'exploitation du bitume à Dardagny, et au Nant de Roulavaż, etc. (634)

1880. — **Maillard.** Le ravin de la Paudèze près de Lausanne, si remarquable par la présence des couches de lignites et par les fossiles qui y ont été recueillis, présente une structure géologique compliquée de failles, de discordances et de plis anticlinaux et synclinaux, qui en rendent l'étude difficile. Néanmoins un jeune géologue, G. Maillard, ne craignait pas, en 1880, de dresser pour cette région une carte et des profils géologiques, dans lesquels nous constatons la superposition ou la juxtaposition des diverses assises de la molasse marine, du langhien, de l'aquitanien et de la molasse rouge. (630)

Le même auteur a signalé à Cheseaux, près de Lausanne, un nouveau gisement de feuilles fossiles, au-dessous des grès de la molasse marine. (632)

1881. — C. Mayer. En 1881, C. Mayer publie un nouveau *Tableau des terrains de sédiment*. Dans chaque étage il distingue trois sous-étages : *inférieur* I, *moyen* II, et *supérieur* III. Ceux-ci se divisent en couches, dont quelques-unes de notre région sont citées dans les explications. Ainsi les marnes rouges rentrent dans le *tortonien*, la molasse marine dans l'*helvétien supérieur III, steinabrunin*, etc. (651)

Le même auteur a publié une note sur les relations des étages helvétien et tortonien du plateau suisse-allemand. A l'époque du grès coquillier (helvétien) la mer entrait en Suisse par la Perte-du-Rhône. A l'époque suivante elle passait par le Jura neuchâtelois. (660)

1882. — Jaccard. J'ai consacré au gypse du Champ-du-Moulin une courte notice dans le *Rameau de sapin*. Elle est accompagnée d'une coupe géologique destinée à faire ressortir la position de la molasse et des autres terrains de cette région. (672)

1883. — Cruchet. En 1883, M. Cruchet, instituteur, signale la découverte de fossiles, *Planorbis, Helix*, etc., à Vuarrens près d'Échallens. (728)

1883. — Tribolet. M. de Tribolet a fait une étude détaillée de la molasse aquitanienne du Champ-du-Moulin. Après avoir rappelé l'histoire des terrains de cette région, il donne une coupe des diverses couches visibles sur le sentier des Gorges, et une liste des coquilles terrestres et d'eau douce d'une couche de calcaire lumachellique de 0m10 d'épaisseur. Il ajoute, à tort, que le terrain d'eau douce inférieur ne pénètre pas dans les vallées intérieures du Jura. Or nous savons qu'il est très développé au Val-de-Travers sous forme de marnes et d'argiles à briques, ainsi qu'à Noirvaux, près de Sainte-Croix, où le calcaire d'eau douce fossilifère, alterne avec les marnes et les grès de la molasse. M. de Tribolet conteste aussi la coupe dressée par moi de cette région, dans laquelle j'indique des failles ou déplacement de couches. (715)

1887. — E. Favre et Schardt. La feuille XVII de la carte géologique comprend une partie de la région molassique à l'E. de la feuille XVI. MM.

Favre et Schardt s'en sont occupés dans leur monographie; ils constatent que l'étage langhien perd son faciès normal à mesure qu'on s'approche des Alpes, et passe aux poudingues du Mont Pèlerin et de Châtel-Saint-Denis. La molasse et les marnes rouges des environs d'Orbe sont considérées par ces auteurs comme synchronique de la molasse rouge de Vevey. (789 *k*)

1887. — Dolfuss. M. Gustave Dolfuss a étudié à diverses reprises les gisements tertiaires des vallées du Jura et donné une description de ceux des environs de Pontarlier. Dans le vallon des Lavaux on n'observe que des terrains d'eau douce, constitués par des marnes blanches noduleuses avec moules et fragments de test d'*Helix*, reposant sur le cénomanien. Dans celui des Verrières, les marnes à *Helix* sont superposées à la molasse marine, qui repose elle-même sur l'urgonien. Il résulte de ses observations que les marnes rouges à *Helix*, de Pontarlier et des Verrières, qui sont de même âge que celles de la Chaux-de-Fonds et du Locle, renferment l'*Helix Larteti*, et constituent un horizon bien distinct de celui des marnes rouges de Montcherand, qui renferment l'*Helix rugulosa*. Cette notice est accompagnée d'une synonymie de la *Melania Escheri* et de la *Melania Laurae*, qui est plus ancienne. (789 *f*)

◦ 1888. — Lugeon. En 1888, des travaux de terrassement aux abords de Lausanne permirent à un jeune géologue, M. Lugeon, la découverte d'une florule intéressante, comprenant quarante-cinq espèces de l'étage langhien ainsi que des dents de *Paleomeryx Scheuchzeri*. Un tronc de palmier, *Sabal major*, avec sept feuilles, à demi couché, gisait dans un banc de molasse et a pu être figuré par l'auteur. (800)

1889. — Bertrand. M. Bertrand signale les sables molassiques et marnes blanches, avec moules d'*Helix Larteti*, des Gauffres, à l'extrémité de la vallée des Verrières. Aux Verrières même, aux Huets, la molasse marine à *Pecten scabrellus* se rencontre avec des bancs de poudingue. (854)

1889. — Rollier. En 1889, M. Rollier signale la découverte, au Val de Saint-Imier, d'un gisement de pliocène d'eau douce, qui se trouve immédiatement sous le glaciaire. (860)

1890. — Choffat. M. Choffat adresse à M. Abel Girardot une note sur le *Tertiaire de Fort-du-Plasne*, constitué par la molasse marine, dans laquelle il a reconnu une vingtaine d'espèces de l'helvétien III de Mayer. (867)

1891. — **Musy.** Dans son *Discours d'ouverture*, M. Musy a résumé les connaissances acquises sur la molasse du plateau fribourgeois, qui se relie à celle du plateau vaudois. Il indique de bas en haut les assises suivantes :

1º *Le grès de Ralligen*, au pied des Alpes ;

2º *La molasse d'eau douce à lignites*, et bancs calcaires ;

3º *La molasse d'eau douce inférieure*, du Vuilly et des rives des lacs de Neuchâtel et de Morat ;

4º *La molasse marine*, avec nombreux mollusques des genres *Cardium, Tapes*, etc., du centre du plateau ;

5º *Le grès coquillier*, ou grès de la Molière, avec mollusques, dents de poissons et ossements de vertébrés ;

6º Enfin *les poudingues de la molasse* (Nagelfluh) d'âge indéterminé, c'est-à-dire qui se rencontrent aussi bien dans la molasse d'eau douce que dans la molasse marine. (912)

1891. — **Schardt.** M. Schardt a observé le terrain tertiaire à la vallée de Joux, entre le Pont et l'Abbaye. Il se présente sous forme de marnes rouges et panachées, analogues aux marnes de la molasse rouge du pied du Jura. Il y a même des bancs de grès calcaires et des poudingues compactes, à galets jurassiques. (875)

M. Schardt a aussi observé la molasse dans la vallée de la Valserine. C'est un grès assez grossier, contenant des empreintes de feuilles. Il y a aussi des marnes grises avec gypse fibreux. Ces observations relient la molasse du Jura neuchâtelois et vaudois avec celle de la Perte-du-Rhône. (945)

1892. — **Rittener.** L'existence d'un dépôt de calcaire lacustre fossilifère dans le bassin d'Auberson, près Sainte-Croix, avait été signalée déjà par Tribolet et Campiche. La construction d'une nouvelle route a permis à M. Rittener de dresser une série de coupes très détaillées, indiquant les nombreuses alternances de marnes de grès et de calcaire lacustre, reposant sur le gault, et peut-être aussi sur l'urgonien, surmontées par la molasse marine de l'helvétien. L'une des couches, riche en fossiles, renferme en abondance la *Melania Escheri*. (924)

1892. — **Jaccard.** L'importante monographie de G. Maillard sur les *Mollusques tertiaires, terrestres et fluviatiles de la Suisse*, allait être livrée à l'impression, sans être accompagnée des indications relatives aux gisements des fossiles étudiés et décrits. C'est ce qui m'a engagé à rédiger un *Aperçu stratigraphique,* dans lequel j'esquisse d'abord à grands traits l'histoire de la nomenclature des assises tertiaires de la Suisse. Puis, suivant un ordre géographique, de l'ouest à l'est, je résume les données acquises sur les molasses du Jura neuchâtelois, bernois, etc. (898)

1892. — Rollier. En 1892, M. Rollier a publié un travail important sur le *Tertiaire du Jura bernois,* dans lequel je relèverai ce qui concerne plus spécialement la région avoisinant notre territoire, c'est-à-dire le Val de Saint-Imier.

L'œningien est représenté par les sables à galets et les calcaires lacustres de Rainson près de Courtelary. Le poudingue renferme une jolie paludine carénée. *(P. Courtelariensis* M. Eymar), mais M. Rollier paraît renoncer à considérer ces couches comme pliocènes, d'autant plus qu'elles sont surmontées par un calcaire d'eau douce avec *Planorbis cornu,* superposé à la molasse marine à dents de Lamna.

Au-dessous de ces deux étages apparaît une formation d'eau douce, avec de rares bancs calcaires, à laquelle l'auteur ne peut se résoudre à appliquer le nom de Langhien, d'Aquitanien, ou de Delémontien, et qu'il propose d'appeler *Lausanien,* tandis qu'il réserve le nom de *Delémontien* aux assises dans lesquelles les bancs calcaires sont plus nombreux, et renferment les espèces caractéristiques du calcaire d'eau douce inférieur *(Lymneus pachygaster, Planorbis declivis,* etc.). (928)

1892. — Paris. M. Charles Paris a présenté en 1892 à la Société vaudoise des sciences naturelles un travail sur le *Relief de Lausanne à l'époque Langhienne.* Le but que se propose l'auteur est de rechercher les causes de l'association de plantes fossiles appartenant à des climats froid, tempéré, chaud et tropical, dans la molasse de la Borde.

Il émet l'hypothèse d'une chaîne de montagnes qui, à l'époque langhienne, aurait existé au voisinage de Lausanne, vers le nord-ouest, qu'il appelle les Monts langhiens, et il entre dans divers développements sur le rôle de divers étages du néocomien dans les environs d'Orbe, de Vallorbes, etc. Cette chaîne de montagnes se serait affaissée et aurait disparu dès lors. (926)

Dans une communication *Sur quelques particularités géologiques de la contrée,* M. Paris revient sur le même sujet et recherche les causes de l'apparition et de la disparition des Monts langhiens. (939, 946)

Éocène, Sidérolitique.

1873. — **Renevier.** Le *Tableau des terrains sédimentaires* de M. Renevier place le sidérolitique du Mormont et des environs de la Sarraz entre le Tongrien et le Parisien, soit à la partie moyenne de l'Éocène ou Nummulitique. (487)

1877. — **Tribolet.** Les dépôts de bolus, avec ou sans minerais de fer, sont fréquents dans le Jura neuchâtelois et vaudois. M. de Tribolet en a signalé quatre aux environs immédiats de Neuchâtel, mais, comme c'est partout le cas dans cette région, aucun d'eux ne renferme des fossiles, et rien ne prouve qu'il faille les considérer comme éocènes. (573) M. Ritter présente aussi un échantillon de Bohnerz de sa carrière des Saars. (574)

1880. — **Schardt.** La *Notice sur le terrain sidérolitique du pied du Jura,* de M. H. Schardt, nous fait connaître en revanche des découvertes d'une grande importance, puisque, à la faune des vertébrés, nous pouvons ajouter maintenant quelques espèces de mollusques et des *Charas,* recueillies dans des bancs de calcaire lacustre.

M. Schardt attribue la formation des *bolus,* ou marnes à minerais de fer, à des éjections de sources minérales. Ceux-ci se trouvent dans les crevasses des roches calcaires; les *dépôts,* qu'ils pourraient avoir formés au pied du Jura, ont été en grande partie détruits et mélangés aux matériaux de la molasse rouge.

Aux gisements du Mormont, des Alleveys, etc., il faut maintenant ajouter ceux du Mont de Chamblon, qui permettent une étude approfondie du terrain sidérolitique et de sa formation.

La découverte d'une *couche* de terrain sidérolitique, dans le ravin de Goumoens-le-Jux, est la preuve indiscutable du fait qu'il a constitué de vrais *dépôts* de surface.

Celle du calcaire d'eau douce éocène sur deux points, aux environs de la ville d'Orbe, est non moins intéressante. La présence de trois espèces de

Charas *(Ch. Greppini, C. helicteres* et *C. siderolitica)* et celle de Planorbes *(P. rotundus)* et de Lymnées, suffisent à la détermination de l'âge de ce terrain. (635)

1884. — Rittener. En 1884, M. Rittener annonce la découverte d'une nouvelle crevasse ossifère près de la gare d'Éclépens. Elle a fourni entre autres une molaire et une canine de *Lophiodon.* (729)

1890. — Schardt. M. Schardt a reconnu de grandes différences entre le sidérolitique du Jura vaudois et celui du Jura méridional. Dans cette région, le faciès des bolus, ou argiles rouges, et des minerais de fer, est remplacé par des sables argilo-ferrugineux ou siliceux purs. (876)

1891. — Jaccard. Dans mon *Aperçu stratigraphique sur les couches tertiaires de la Suisse,* je rappelle la découverte du calcaire d'eau douce du Lieu, Vallée de Joux, puis je signale celle des environs d'Orbe. Enfin j'annonce qu'après nouvel examen, M. Gilliéron envisage le gisement de la Charrue près de Moutier comme éocène, et non comme purbeckien, ainsi qu'on l'avait cru d'abord. (898)

1891. — Schardt. Les dépôts de sidérolitiques du Jura méridional diffèrent sensiblement de ceux du Jura central.

A Collonges, au pied du Grand Crédo, M. Schardt a observé plusieurs crevasses, comblées d'un sable siliceux mêlé d'argile ferrugineuse jaune. Entre Ecorans et Thoiry, on constate de nombreuses traces du passage des eaux sidérolitiques, soit sous forme de simple coloration de la roche, soit de véritables remplissages de sables siliceux, de bolus jaune, etc. M. Schardt a aussi entretenu la Société vaudoise des caractères particuliers de ces dépôts. (896)

1891. — Maillard. M. Maillard a aussi observé les sables fins blancs du Salève, que l'on appelle selon lui improprement sidérolitiques. Ils s'entremêlent de bandes ocreuses et, quelquefois, de petits lits de fer oxydé anhydre. (902)

GRÈS VERTS.

1874. — Berthelin. Le gault moyen et inférieur de Morteau présente des caractères absolument semblables à celui de Sainte-Croix et est comme lui très riche en fossiles dans la couche des sables phosphatés. M. Berthelin y a recueilli soixante-dix espèces dont il publie la liste dans les mémoires de la société d'Émulation du Doubs. Le gault supérieur n'existe pas dans cette région. (507)

1875. — Renevier. M. Renevier considère les sables verdâtres sans fossiles, de la partie supérieure des grès verts de la Perte-du-Rhône, comme l'équivalent du sous-étage Vraconien.

Les grès rougeâtre et jaunâtre, 2 et 3, de la coupe, qui sont les plus riches en fossiles, présentent une association d'espèces caractéristiques d'une faune plus ancienne. Le faciès des argiles à fossiles pyriteux manque dans cette région.

L'aptien renferme ici quelques espèces franchement albiennes, mais pour d'autres il y a eu erreur de gisement.

Enfin, le calcaire roux à Ptérocères, envisagé autrefois comme urgonien, doit être réuni au rhodanien. (548)

1876. — Tribolet. En 1876, M. de Tribolet a publié une notice sur le gault de Renan, Jura bernois, avec une liste de quarante et une espèces de cette localité. En y joignant celles qui sont citées d'autres gisements du Jura, cette liste arrive au nombre de quatre-vingts espèces. Cette notice renferme en outre diverses indications sur les travaux antérieurs de Thurmann, Nicolet, Greppin, etc., relatifs aux grès verts du Jura (552)

1879. — Tribolet. A l'occasion de la découverte d'un gisement de cénomanien à Gibraltar, M. de Tribolet a publié un aperçu de la distribution de ce terrain dans le Jura. La partie la plus importante de ce travail est la description du gisement de Cressier, le plus considérable du Jura suisse et aussi le plus fossilifère, puisqu'il renferme dix-sept espèces du cénomanien du bassin de Paris, plus cinq espèces nouvelles ou indéterminées. (610)

Une autre note de M. de Tribolet énumère vingt-deux espèces de fossiles du gault, recueillies dans les marnes aptiennes de la Presta. Il semble indiquer qu'il y aurait ici mélange d'espèces aptiennes et albiennes, mais j'ai pu m'assurer qu'il s'agit seulement d'échantillons éboulés du gault, répandus dans les marnes de la partie supérieure des tranchées de la mine d'asphalte. (611)

1881. — Renevier. Le nouveau gisement de gault découvert au Campe, près du Brassus, Vallée de Joux, par M. Bourgeois, instituteur, renferme douze espèces, parmi lesquelles huit sont caractéristiques du Vraconien ou gault supérieur, jusqu'ici connu seulement à la Vraconne près de Sainte-Croix.

1882. — **Rhyner.** En 1881, les travaux du chemin de fer du Jura bernois permirent à M. Rhyner de recueillir une importante collection de fossiles dans le gault de Renan, au Val de Saint-Imier. (673)

1884. — **Petitclerc et Girardot.** La liste des fossiles recueillis dans les sables verts du gault de Rozet, département du Doubs, est intéressante à comparer avec celles de Sainte-Croix, de Morteau et de Renan. Elle comprend une soixantaine d'espèces, toutes caractéristiques des sables à fossiles phosphatés. (738)

1884. — **Bourgeat.** En 1884, M. Bourgeat signale la découverte de trois nouveaux lambeaux de cénomanien dans le Jura. Ce sont ceux de Grand-Essart, à quatre kilomètres de Valfin, de Leschères et de Mournans, dans le Val de Mièges ; le premier et le dernier lui ont fourni des fossiles assez nombreux et caractéristiques. (797)

1888. — **Golliez.** M. Golliez dit avoir constaté le complet développement de l'aptien et du gault à la vallée de Joux, et démontre comment il est obligatoire de se représenter ces couches comme occupant leur place tout le long de la vallée. (829)

1889. — **Bertrand.** La *Notice explicative*, de M. Bertrand, pour la feuille de Pontarlier, mentionne un lambeau de cénomanien aux Lavaux et les dépôts plus étendus, autour des lacs de Saint-Point et de Remoray, des Pontets, etc. Les argiles et les sables du gault accompagnent partout le cénomanien et se montrent en outre seuls à Charbony, mais il n'y a nulle part trace de fossiles aptiens. (854)

Néocomien.

1871. — **Tribolet.** M. de Tribolet a publié en 1871 une courte notice sur les marnières d'Hauterive, près de Neuchâtel, et sur la faune des couches de passage au calcaire jaune. (449)

1872. — **Mayer.** Le *Tableau synchronistique des terrains crétacés,* de Ch. Mayer divise le crétacé inférieur en *étages,* qui sont subdivisés en *couches,* dont le nombre varie plus ou moins arbitrairement. Il réunit le purbeckien au crétacé. (472)

1872. — **Desor.** Les travaux exécutés en tranchée au Crêt-Taconnet, près de Neuchâtel, ont permis à M. Desor de dresser une coupe des couches du calcaire jaune, dans laquelle il reconnaît quatre assises, de nature assez différente; la plus importante est caractérisée par des rognons siliceux. (465)

1873. — **Vézian.** Le terrain néocomien, dit M. A. Vézian, est divisible en trois étages, *valangien, néocomien* et *urgonien,* qui se subdivisent eux-mêmes chacun en deux assises. Celles-ci se développent de plus en plus à mesure qu'on avance de l'ouest à l'est, et le système disparaît sous les dépôts de molasse de la plaine helvétique. (490)

1873. — **Renevier.** *Dans son Tableau des terrains sédimentaires,* M. Renevier divise le crétacé inférieur en deux *systèmes,* l'*urgo-aptien* et le *néocomien.* Le premier se subdivise en *aptien, rhodanien* et *urgonien,* le second en *hauterivien* et *valangien.* C'est à partir de cette époque que l'usage a prévalu de désigner le néocomien moyen sous le nom de *hauterivien.* La réunion de l'aptien à l'urgonien a été accueillie moins favorablement. (487)

1874. — **Mayer-Eymar.** M. Mayer-Eymar propose une classification assez différente, et range dans le crétacé inférieur les étages, *aptien, néocomien, valangien* et *purbeckien* qu'il divise en *sous-étages* ou *couches,* avec noms géographiques (ainsi, *couches de Hauterive*). (522)

1881-87. — **Mayer-Eymar.** En 1881, le même auteur présente au congrès géologique de Bologne un nouveau projet de classification internationale, etc., des terrains de sédiment. Il ne diffère guère du précédent que par la proposition de substituer aux noms géographiques des *couches,* des noms à terminaison homophone en *in.* L'étage *néocomien* se divise en supérieur *drusbergin,* et inférieur, *hauterivin.* (651)

Le *Tableau des terrains de sédiment, en 1888,* ne renferme qu'une légère modification; les sous-étages se terminent en *on (Hauterivon)* et *in (Cruasin).* (796)

1889. — **Bertrand.** La *note explicative* des feuilles, Lons-le-Saunier et

Pontarlier, résume en quelques lignes la constitution des trois étages du néocomien avec leurs subdivisions et couches de passage. (854)

1886. — **Golliez.** Jusqu'ici les observations sur le néocomien des environs de Sainte-Croix ont surtout porté sur le bassin de l'Auberson, où les divers étages sont bien représentés. Dans le bassin même de Sainte-Croix, on ne connaissait guère que la marne néocomienne du Collas, avec ses fossiles caractéristiques. M. Golliez y a reconnu l'existence du valangien avec une faune mélangée d'espèces hauteriviennes. (775)

1891. — **Schardt.** Depuis fort longtemps le néocomien du Jura n'avait fait l'objet d'une étude quelque peu importante. Le remarquable travail de M. Schardt, sur le Reculet-Vuache, nous a permis de relier les observations sur le Jura vaudois avec celles des environs de Bellegarde et du Mont Salève.

Entre le Col de Saint-Cergues et le Fort de l'Écluse, le néocomien forme une bordure sur les deux versants de la chaîne et remplit le fond des hauts vallons entre ce col et les Rousses. Comme plus au nord, il se divise en trois étages, dans lesquels M. Schardt distingue également des sous-étages, au nombre de trois pour le hauterivien. Cette distinction est motivée par le développement, à la base de la marne d'Hauterive, d'une assise calcaire, le calcaire à *Ostrea rectangularis*, qui fait passage au valangien, mais qui s'en distingue par sa faune.

La description proprement dite des terrains, est présentée dans un ordre régional, de telle sorte qu'il est possible de suivre, du nord au sud, les modifications et les changements de faciès de chaque étage. Des coupes détaillées, des listes de fossiles de chaque gisement important, démontrent la grande analogie du néocomien de cette région avec celle du Salève, d'une part, et celle du Jura central de l'autre. (896)

1893. — **Jaccard.** A mesure que les recherches sur les divers étages crétacés et jurassiques se sont généralisées, il a fallu reconnaître que les divisions, à la fois stratigraphiques et paléontologiques, étaient loin de pouvoir se justifier d'une manière pratique. Déjà, nous l'avons vu, Pictet et Campiche avaient dressé un *Tableau des étages*, dans lequel ils admettaient, provisoirement, pour la série crétacée des environs de Sainte-Croix, treize niveaux ou couches fossilifères, au lieu des six étages alors reconnus et admis dans la nomenclature. On a reconnu dès lors que ces *niveaux* ne représentaient en réalité que des *faciès* différents d'un même étage, ou bien encore des *passages* d'un étage à l'autre. Dans ma *Note sur les gisements fossilifères des environs de Sainte-Croix*, j'ai présenté un aperçu des divers gisements qui, exploités par le Dr Campiche, ont fourni les matériaux de la riche collection du musée géologique de Lausanne. Au point de vue paléontologique, trois divisions doivent être abandonnées, celle du calcaire jaune, de l'urgonien à caprotines, et de l'aptien supérieur. En revanche, je propose une nouvelle division pour les marnes d'Arzier, ce qui porte à onze le nombre des sous-étages crétacés dans le val au bassin de l'Auberson. [1]

Dans ma note sur l'urgonien fossilifère des environs d'Auvernier, j'ai fait connaître la découverte, dans le calcaire blanc crayeux, d'une faunule intéressante de mollusques, *Nérinea, Corbis*, associées aux Caprotines de ce niveau. Nous avons là un faciès analogue à celui de Châtillon de Michaille, de Travers, etc. (950)

La présence de polypiers dans les couches du groupe néocomien semble, au premier abord, assez étrange. Cependant, au cours de mes recherches géologiques, j'ai pu constater qu'ils existaient à différents niveaux, mais particulièrement dans l'urgonien inférieur de Morteau et dans l'urgonien supérieur de plusieurs localités. (951)

Il en est de même des spongiaires, que l'on pouvait croire autrefois exister seulement dans la *Marne à bryozoaires* de Sainte-Croix, mais que les mémoires paléontologiques de M. de Loriol sur Arzier, le Landeron, le Salève, nous ont appris à connaître comme étant souvent très abondants à divers niveaux géologiques. (952)

PURBECKIEN.

1871. — Heer. Vers la fin du chapitre qu'il consacre à la *mer jurassique*, dans le *Monde primitif de la Suisse,* O. Heer s'occupe de la découverte des fossiles d'eau douce de Villers-le-lac, et reproduit plusieurs espèces de la Monographie de de Loriol et Jaccard. Il décrit et figure également la *Chara Jaccardi.* (443)

[1] **Jaccard** — *Note sur les niveaux et les gisements fossilifères des environs de Sainte-Croix.* Bull. vaud. XXIX. p. 39.

1873. — **Renevier**. Dans son *Tableau des terrains sédimentaires*, M.
Renevier classe le purbeckien comme étage supérieur du système portlandien. Le gisement de Villers-le-lac est indiqué comme type, avec les trois
assises, des *marnes à Planorbis Loryi*, des *marnes à gypse* et des *calcaires
dolomitiques*. (487)

1877. — **Choffat**. La plupart des géologues qui se sont occupés du
purbeckien ont signalé la présence de cailloux noirs, anguleux, dans les couches calcaires de ce terrain. En 1877, M. Choffat signalait la présence
d'une brèche de cette nature provenant de la Verrerie de Moutier, Jura
bernois, puis, un peu plus tard, il découvrait dans une tranchée du chemin
de fer à la Charrue, près de Moutier, un banc de calcaire noir avec planorbes
et graines de *Chara* qu'il considérait comme *C. Jaccardi)*. Il en concluait
que des couches de calcaire noir ont pu se former dans le Jura, et qu'il
n'était nullement nécessaire de considérer les fragments de brèche comme
provenant des Alpes. (589)

1878. — **Vézian**. La manière de voir de M. Choffat ne fut pas partagée
par M. Vézian, qui chercha à la réfuter dans sa *Note sur les cailloux calcaires du terrain Dubisien*, nom sous lequel ce géologue aurait voulu revenir pour désigner les couches nymphéennes comprises entre le jurassique
et le crétacé. Il objecte d'ailleurs le fait qu'on trouve de semblables cailloux
dans des calcaires jurassiques plus anciens. (599)

1879. — **Benoît**. Dans sa *Notice sur l'extension du purbeckien dans le
Jura*, M. E. Benoît conteste, avec assez de raison, l'importance du purbeckien
considéré comme étage des terrains jurassiques. Il estime en outre qu'il
se lie plutôt avec le néocomien qu'avec le jurassique.

Partant du fait qu'on n'a pu établir les limites du néocomien et du
jurassique dans les Alpes, et que, d'autre part, le purbeckien accompagne
toujours le néocomien, il ne considère le premier que comme un faciès du
rivage de la mer néocomienne. Il y a donc présomption que dans le Jura le
purbeckien et le néocomien se sont déposés sur un vaste fond de mer
ondulé, et même dans des cuvettes longitudinales.

La composition minéralogique ou pétrographique du purbeckien le rapproche plutôt du faciès alpin, aussi M. Benoît pense-t-il que c'est des Alpes
que proviennent les matériaux sédimentaires dont il est formé. Les marnes

inférieures, à gypse, seraient un dépôt de lagunes, les calcaires et marnes avec fossiles d'eau douce ne sont pas, dit-il, franchement lacustres; enfin, le passage au néocomien s'établit par des marnes calcarifères, à fossiles saumâtres. (616)

1883. — **Jaccard.** Notons en passant la découverte du gypse et des marnes purbeckiennes dans le vallon du Locle, où j'avais déjà antérieurement recueilli les fossiles de couches lacustres.

1883. — **Schardt.** En 1883, M. Schardt signalait la découverte beaucoup plus importante d'un riche gisement de fossiles purbeckiens à Feurtilles, près Beaulmes, au pied du Jura. Avec des *Chara* très abondantes, il renferme des fossiles marins, appartenant à des types du portlandien, ainsi que des fossiles saumâtres. (696)

1884. — **Maillard.** Dès l'année suivante, M. Maillard faisait de ce terrain le sujet d'observations ininterrompues, qui devaient lui fournir le sujet de sa dissertation inaugurale pour le doctorat, publiée sous le titre d'*Étude sur l'étage purbeckien dans le Jura*. Dans une première partie, l'auteur étudie successivement, en suivant un ordre géographique, du nord au sud, tous les gisements ou affleurements des couches nymphéennes ou saumâtres, et en fait connaître les caractères stratigraphiques et pétrographiques. Il arrive ainsi vers le sud, à Yenne, aux confins de la Savoie, aux couches non fossilifères, probablement marines, auxquelles il réserve le nom provisoire d'*infracrétacé*.

Dans la seconde partie, l'auteur aborde l'étude de la faune du purbeck du Jura, dans laquelle il distingue trois zones superposées, ayant chacune leur faunule plus ou moins particulière. La zone supérieure et la zone inférieure renferment des espèces marines et saumâtres, la zone moyenne seule est franchement nymphéenne. Le nombre total des espèces est porté à soixante-dix.

Viennent ensuite des considérations très étendues sur le parallélisme du purbeckien du Jura avec celui d'autres contrées, sur ses relations avec le wealdien et le valangien, sur les cailloux noirs, dont il conteste la provenance alpine.

Une carte représente l'extension probable du purbeckien et de ses différents faciès dans le Jura franco-suisse, l'Ain et la Haute-Savoie. (733)

1884. — **Jaccard.** Dans une note insérée dans les *Archives des sciences physiques et naturelles*, j'ai résumé le travail de M. Maillard et reproduit sa carte de l'extension du purbeckien dans le Jura. Je fais aussi ressortir l'importance des nouveaux gisements fossilifères découverts par lui à Feurtilles, près de Beaulmes, dans le Val d'Auberson et à la source de l'Ain, ainsi que les affinités de nos espèces lacustres jurassiennes avec les formes américaines, en particulier de l'Ohio. (735)

Une étude plus résumée a paru dans *la Nature* sous le titre *Le grand lac purbeckien du Jura*, avec réduction de la carte. (725)

Enfin dans l'*Esquisse géologique sur la Suisse* rédigée pour l'*Annuaire géologique universel*, j'ai constaté que, pour ce qui concerne le Jura, les travaux de M. Maillard permettaient d'établir nettement la limite entre le jurassique et le crétacé. (730)

1885. — **Maillard.** Dans sa *Note sur le purbeckien*, M. Maillard communiquait à la Société géologique de France quelques-unes de ses observations sur la stratigraphie et la paléontologie comparées de ce terrain. Dans une discussion, à laquelle prenaient part MM. Bertrand, Renevier, de Lapparent, ces géologues concluaient aux affinités plutôt crétacées que jurassiques de ce terrain.

1885. — **Girardot.** Le purbeckien affleure sur une étendue considérable aux environs de la Billode et du Pont-de-la-Chaux, près de Champagnole. Au-dessous des couches valangiennes fossilifères, on observe un niveau saumâtre, auquel succèdent les marnes et calcaires d'eau douce, avec un second niveau saumâtre inférieur, à fossiles nombreux, superposé aux marnes à gypse et calcaires dolomitiques. La faune se compose de quarante-huit espèces, dont trente-trois seulement ont pu être déterminées. (750)

1885. — **Maillard.** Depuis la publication de la *Monographie des invertébrés*, plusieurs gisements fossilifères avaient révélé la présence du purbeckien sur divers points du Jura. C'est à ces découvertes que Maillard consacrait un *supplément* publié dans les *Mémoires de la Société paléontologique*. A Morillon, Jura, M. Girardot avait recueilli plusieurs espèces nouvelles. A la Cluse de Chaille, Isère, MM. Hollande et Révil avaient découvert des alternances de couches marines et d'eau douce, enfin M. Choffat, avait communiqué à M. Maillard les fossiles recueillis par lui aux environs de Moutier, dans le Jura bernois, dans lesquels il avait cru reconnaître des espèces purbeckiennes. (719)

1886. — **Maillard.** Dans une notice sous le titre de *Quelques mots sur le purbeckien du Jura*, M. Maillard a aussi résumé les données paléontologiques de son Mémoire. Il conclut en disant « qu'il considère ces couches comme un faciès particulier du portlandien et non point comme ayant la valeur d'un étage indépendant », en se basant sur les dix espèces des dolomies portlandiennes, reconnues dans le jurassique supérieur, en Allemagne et en France. (776)

1887. — **Girardot.** M. L.-A. Girardot, de Lons-le-Saunier, a découvert et décrit plusieurs gisements remarquables du purbeckien dans les environs de Narlay (Jura). Après avoir rappelé le gisement du Pont-de-la-Chaux, analogue au gisement classique de Villers-le-lac, il donne la description de celui de Narlay, dans lequel les fossiles d'eau douce apparaissent immédiatement au-dessus des calcaires portlandiens à Nérinées, sans interposition de couches saumâtres. (792)

1887. — **Tournier.** Le purbeckien a aussi été découvert dans la vallée du Seran (Ain), par M. Tournier. C'est un calcaire verdâtre, grumeleux, avec grains noirâtres et empreintes de Planorbes. (793)

1887. — **Mayer-Eymar.** Dans une note sur le purbeckien, M. Mayer-Eymar se prononce dans le sens de la réunion de ce terrain à la série crétacée, dont il formerait la base. (795)

1887. — **Gilliéron.** En 1887, M. Gilliéron, après une étude très attentive du gisement de la Charrue, près de Moutiers, qui avait fourni les fossiles considérés comme purbeckiens par Maillard et Choffat, relevait une coupe dans laquelle il constatait l'existence de couches à fossiles d'eau douce, passant à des couches incontestablement marines, d'âge virgulien et non portlandien. L'étude d'un autre gisement, celui de Champ-Vuillerat, l'amenait à considérer les couches à fossiles d'eau douce comme éocènes et non plus comme purbeckiennes. (786 *g*)

1887. — **Révil.** Quoique le purbeck du Banchet, en Savoie, se trouve en dehors du rayon de notre carte, je ne puis me dispenser de dire un mot de la note que M. Révil a consacrée à ce gisement, et de la coupe qu'il en donne comme terme de comparaison avec celle de la Cluse de Chaille, qui se trouve un peu plus au nord. On y remarque, à la partie supérieure du purbeckien lacustre, des fossiles saumâtres qui, ailleurs, se trouvent à la partie inférieure, dans les dolomies portlandiennes. (791)

1887. — **Hollande.** Il résulte d'autre part de la notice de M. Hollande, qu'à la Cluse de Chaille les fossiles du purbeckien se trouvent dans des couches marneuses en alternance avec les calcaires à *Natica leviathan*, et qu'ainsi elles seraient franchement valangiennes et crétacées, et non jurassiques. L'une d'elles renferme de nombreux cérithes et des nérinées, dans une matière bitumineuse, (789 *j*)

1889. — **Rollier.** Dans son excursion dans le Jura, la société géologique suisse a visité les affleurements de la Charrue et de Champ-Vuillerat, près de Moutiers, et constaté la superposition des assises; elle n'a rien trouvé à opposer aux conclusions de M. Gilliéron. (857)

1889. — **Mayer-Eymar.** Dans son *Tableau des terrains de sédiment*, Mayer-Eymar va plus loin encore que précédemment, et divise l'étage purbeckien en deux sous-étages, le *Nienstedtin* et le *Münderon*, d'après les dénominations locales du Hanovre. (856)

1889. — **Maillard** En 1889, M. Maillard avait découvert dans la brèche à cailloux noirs du Salève deux espèces purbeckiennes, *Physa wealdiana* et *Cardium purbeckense*. Plus tard, en 1890, il put relever une coupe de ce gisement, et s'assurer que le purbeckien du Salève est identique à celui de la Cluse-de-Chailles. Sur d'autres points de la montagne son existence est moins certaine. (848)

1889. — **Bertrand.** M. Bertrand fait mention du purbeckien dans ses deux notices explicatives de la carte géologique (feuilles Pontarlier et Lons-le-Saunier). L'alternance des couches lacustres et des bancs valangiens, à Foncine et aux Petites Chiettes lui fait croire que c'est à tort qu'on réunit ce terrain au jurassique. (854)

1891. — **Bourgeat.** En 1891, l'abbé Bourgeat indique deux nouveaux affleurements de purbeckien, l'un aux Crozets, à l'extrême limite du néocomien, dans lequel il n'a pas encore trouvé de fossiles; l'autre dans la combe de la Landoz, près de Chaux-des-Prés. Celui-ci est riche en *Physa wealdiana*, avec trois autres espèces. (911)

1891. — **Schardt.** M. Schardt a reconnu qu'au Reculet-Vuache, le purbeckien à faciès d'eau douce manque absolument. Le seul indice serait ici une brèche à cailloux noirs, à la base du valangien. (896)

JURASSIQUE.

1871. — Jourdy. Dans sa note sur une *nouvelle classification des terrains jurassiques*, M. Jourdy parle des couches à ciment de Noiraigue, d'après ma description géologique, et cherche à faire prévaloir les noms d'étages *bajocien, bathonien, oxfordien*, etc. (454 a)

1871. — Heer. Le *Monde primitif,* de Heer, nous présente une suite de tableaux animés de la période jurassique, et des êtres qui se sont succédés dans cette mer intérieure de l'Europe. Les zones profondes, les formations madréporiques, les bancs de tortues de Soleure, sont étudiés tour à tour, et une série de figures fait connaître les espèces les plus caractéristiques des différentes époques. (443)

1872. — Tribolet. Parmi les gisements de fossiles jurassiques de nos contrées, l'un des plus riches est, sans contredit, le Mont Chatelu, près de la Brévine. En 1872, M. de Tribolet, alors à Zurich, entreprit une révision des fossiles recueillis par moi dans les diverses zones fossilifères qui affleurent dans cette région. N'ayant pas tenu compte des associations des espèces, il confondit celles du pholadomyen avec celles de la zone marneuse, à coraux, qui lui est supérieure, et il établit un parallélisme plus ou moins arbitraire de nos couches et de celles du Jura argovien, en appliquant aux premières les dénominations dont Moesch venait de se servir dans la quatrième livraison des *Matériaux pour la carte géologique de la Suisse.* (458)

Un extrait du travail de M. Tribolet a été publié dans les *Mémoires de la Société d'Émulation du Doubs.*

1872. — Hébert. C'est en 1872 que se produisit entre MM. Zittel et Hébert la controverse relative au nouvel étage *Tithonique,* d'Oppel, que Hébert considérait comme crétacé. A l'appui de sa théorie, le savant français invoqua comme argument le fait que j'avais donné le nom d'*argovien* aux calcaires hydrauliques du Jura neuchâtelois, etc. (480)

1873. — Vézian. J'ai déjà eu l'occasisn de parler des *Études géologiques* *sur le Jura,* de M. Vézian, travail plein d'érudition, renfermant une foule de données sur les phénomènes de sédimentation qui ont précédé les phénomènes de soulèvement auxquels cette région doit son relief actuel. Le chapitre consacré au terrain jurassique divise le terrain en deux séries (liasique et oolitique) et cinq systèmes, subdivisés eux-mêmes en étages. Chacun de ceux-ci fait l'objet d'une discussion critique, résumée dans un tableau d'ensemble. Un aperçu du climat, de la faune et de la flore du bassin jurassien, pendant la période jurassique, et l'exposé des caractères pétrographiques et paléontologiques, complètent le chapitre. (490)

1873. — **Tribolet.** La notice consacrée au Cirque de Saint-Sulpice par M. de Tribolet nous entretient des assises du terrain jurassique moyen. Malheureusement elle se ressent des mêmes erreurs et inexactitudes que celles du Mont-Chatelu, l'auteur n'ayant pas recueilli lui-même les fossiles indiquées dans ses listes, et ayant attribué à ce gisement, du reste très pauvre, quatre-vingt-dix espèces du callovien des environs de la Chaux-de-Fonds. (460)

1873. — **Jaccard.** Tôt après la publication des deux études de M. de Tribolet, j'essayai de rectifier quelques-unes des erreurs qu'elles renfermaient, mais M. de Tribolet me répondit longuement, maintenant ses opinions plutôt que produisant des faits et des preuves, résultant d'observations personnelles. (462, 463, 464)

1873. — **Tribolet.** La publication des *Recherches géologiques et paléontologiques sur le Jura neuchâtelois,* suivit de près celles de Chatelu et de Saint-Sulpice, qui en étaient en quelque sorte les préliminaires. On aurait cependant de la peine à retrouver dans ce travail la classification stratigraphique des étages et leur nomenclature. Le nombre en est augmenté, arbitrairement, car nous y voyons apparaître, par exemple, deux étages corallien, deux étages ptérocérien, un étage virgulien, etc., pour lesquels l'auteur dresse des listes de fossiles sans indications de provenance, ce qui leur enlève toute valeur stratigraphique. (485)

1873. — **Tribolet.** Une seconde édition de ce travail, dans les Mémoires de la Société des sciences naturelles de Neuchâtel renferme plusieurs changements dans la nomenclature des étages. (485 a)

1874-79. — **Tribolet.** Sous le titre général de *Notes géologiques et* *paléontologiques sur le Jura neuchâtelois,* M. de Tribolet a publié une série de notices que nous analyserons ici brièvement.

Dans la note *sur les calcaires hydrauliques de* Longeaigue, l'auteur modifie son appréciation relativement à certaines couches, qu'il avait d'abord considérées comme faisant partie du glypticien ou des calcaires hydrauliques et qui sont en réalité astartiennes.

Une seconde note, *sur un prétendu gisement de corallien supérieur,* rectifie également une appréciation erronée de ses recherches géologiques et paléontologiques, dans laquelle il avait établi l'existence du vrai corallien ou diceratien. (503)

La troisième note, *sur le gisement astartien supérieur fossilifère du Crozot,* présente une nouvelle liste des espèces de ce gisement, au nombre de 115, dont 18 nouvelles. L'auteur discute les affinités spécifiques de ce gisement avec ceux du Jura bernois, du Jura argovien, du Haut-Jura, etc. (504)

La notice *sur quelques gisements calloviens du Jura vaudois,* est une courte description des gisements du Col-de-France et d'Entre-deux-Monts près du Locle, du Petit-Château et des carrières Jacky, près de la Chaux-de-Fonds, avec des listes de fossiles montrant le mélange d'espèces du callovien inférieur et du callovien supérieur. (505)

Dans la note *sur la présence des marnes à Homomyes au Petit-Château* (Chaux-de-Fonds) nous trouvons une liste de quarante espèces appartenant à ce niveau. (La plupart se retrouvent dans les marnes à Discoïdées de Noiraigue.) (506)

La note sur le *Virgulien des Brenets,* nous révèle l'existence de six espèces que l'on ne connaissait pas encore, de cette couche de deux mètres d'épaisseur, qui disparaît complètement vers le sud, ce qui n'empêche pas M. de Tribolet de maintenir sa grande importance comme étage du Jura neuchâtelois. (527)

1874. — Bayan. Déjà dans mes *Études,* j'avais établi que le faciès coralligène à *Diceras* existait en plein massif astartien. En 1874, M. Bayan, occupé de ses recherches sur la succession des assises et des faunes dans les terrains jurassiques supérieurs, vint visiter les gisements du Crozot et de Combe-Varin, et fut d'accord pour les reconnaître comme astartiens, les

Diceras qu'on y trouve appartenant à des espèces telles que *D. Vercnae,* ou *Münsteri.* (514)

1875. — **Didelot et E. Favre.** Le compte rendu de l'excursion de la Société géologique de France au Salève, présente une étude détaillée de l'assise désignée par A. Favre sous le nom de *calcaire corallien oolitique,* qui paraît avoir de grandes affinités avec le corallien de Wimmis. C'est au-dessus de ces couches coralligènes qu'apparaît la brèche à cailloux noirs, dans laquelle on n'a pu encore trouver aucun fossile. (549)

1875. — **Choffat.** C'est en 1875 que nous voyons M. Choffat commencer la série de ses importantes recherches dans le Jura Franc-Comtois, devenu dès lors le champ d'activité des géologues jurassiens.

Dans sa notice sur le *Corallien dans le Jura occidental,* il rappelle comment les travaux de d'Orbigny et d'Étallon avaient entraîné les géologues à paralléliser tous les faciès coralligènes avec le *Corallien* du Jura bernois. Une série de coupes, aux environs de Salins, de Champagnole, de Saint-Claude, lui permet de conclure à la nécessité d'abandonner le mot de *Corallien* comme nom d'étage et de distinguer, dans le Jura, trois régions, caractérisées par des faciès particuliers, de plus en plus pélagiques à mesure qu'on se rapproche de la plaine suisse. (530)

La note *sur les couches à ammonites acanthicus dans le Jura occidental,* poursuit le même but, et nous apprend que les couches de Valfin correspondent au ptérocérien et non à l'astartien, comme on avait d'abord été porté à l'admettre. (542)

1875. — **Tribolet.** Dans son *Mémoire sur le véritable horizon de l'astartien* dans le Jura, M. de Tribolet traite d'une portion des terrains jurassiques, dont les véritables horizons, dit-il, ont été méconnus par un certain nombre de géologues français éminents. Il s'agit, ici encore, des *équivalents* des divisions du Jura oriental et du Jura occidental. M. de Tribolet commence par « condamner la nouvelle nomenclature de M. Moesch qui ne fait qu'embrouiller toujours davantage celle qui existait déjà ». Puis, dans un tableau des assises, il place en regard des divisions argoviennes celles qu'il a proposées dans ses travaux et qui, dit-il, « sont généralement reconnues par les géologues jurassiens » (?). Suit une dissertation, au sujet des *couches à ammonites tenuilobatus* et de l'astartien. Il envisage que, « dans cette ques-

tion il est absolument nécessaire de faire abstraction des conditions stratigraphiques que nous offre le Jura » (?). (529) En 1876, le même auteur a
publié une notice sur les terrains jurassiques de la Haute-Marne, comparés
à ceux du Jura. (559)

1877. — Choffat. En 1877, M. Choffat résume ses observations sur les
faciès jurassiques supérieurs dans la chaîne du Jura. Les deux plus caractéristiques sont les *bancs de coraux* et *les bancs de spongiaires*. Les derniers
se sont formés à une profondeur bien plus considérable que les premiers.
Les bancs de coraux du corallien proprement dit (rauracien) entourent le
pied du massif vosgien. Ceux de la période kimméridienne (astartien, ptérocérien) ne se trouvent qu'au S.-E. de la chaîne. Ceux de l'époque portlandienne sont principalement développés au Salève.

Quant aux bancs de spongiaires, ils se trouvent à trois niveaux. Leurs
limites, comme celles des bancs de coraux, s'éloignent des Vosges à mesure
qu'on s'élève dans la série stratigraphique, ce qui indique que le fond de la
mer s'exhaussait lentement vers le nord. (588) M. Choffat a aussi publié une
note sur l'âge du gisement fossilifère des Amburnets. (584)

1878. — Choffat. Dans l'*Esquisse du callovien et de l'oxfordien*, M.
Choffat distingue deux faciès dans l'oxfordien. Le *faciès franc-comtois*, comprend les *couches à Pholadomya exaltata* et les *couches à ammonites
Renggeri*. Le *faciès argovien* comprend les *couches de Geissberg, d'Effingen
et de Birmensdorf*. Dans le callovien, il n'admet qu'un seul faciès, avec
deux horizons, celui de l'*Ammonite anceps* et celui de l'*Ammonite macrocephalus*. (596)

1878. — Dieulafait. M. Dieulafait ne partage pas les opinions de M.
Choffat sur la récurrence des niveaux coralligènes dans le Jura. Il ne reconnaît qu'un seul étage corallien, et n'admet pas qu'il ait pu y avoir, dans les
mers de l'époque jurassique, de récifs coralligènes dans l'intervalle desquels
se soient formés des dépôts d'une autre nature. (604)

1878. — Cuvier. L'extrémité méridionale du Jura, et en particulier la
chaîne du Vuache, qui fait suite au Mont Colombier et au Crédo, a été
longtemps peu connue. M. Cuvier en a fait l'objet d'une étude intéressante
au point de vue stratigraphique et orographique. Les terrains jurassiques
et crétacés ont surtout fixé son attention, et on peut conclure que les faciès

des divers étages ne présentent pas de changements importants, comparés à ceux de la région centrale du Jura. (601)

1879. — **Vézian.** M. A. Vézian, de Besançon, a publié une analyse du travail de M. Choffat sur les horizons de polypiers dans le Jura. (623)

1880. — **Choffat.** En 1880, M. Choffat décrit de nouveau les *Mélanges d'horizons stratigraphiques dans le Jura français.* Les changements n'ont pas seulement lieu du nord au sud ou de l'est à l'ouest, mais en suivant des lignes parallèles à l'axe du Jura. Le faciès à spongiaires réapparaît dans la même contrée à trois époques, savoir dans les zones à *Ammonites transversarius,* à *A. acanthicus* et à *A. tenuibatus.*

Les espèces fixées au sol, lamellibranches, brachiopodes et échinides, restent les mêmes, tandis que les animaux nageurs sont remplacés par des espèces voisines. Ces récurrences de faunes proviennent des affaissements du fond de la mer, qui ont permis à plusieurs reprises l'envahissement, dans une partie du Jura, d'un faciès pélagique, qui se développait plus au sud d'une manière continue, tandis qu'ailleurs des exhaussements momentanés du sol venaient en arrêter le dépôt. (628)

1882. — **Schardt.** M. H. Schardt se déclare d'accord avec M. Choffat, en se basant sur ses observations dans la région de Saint-Claude et de Nantua, qu'il a parcourues avec M. E. Benoît. Dans sa coupe des assises du Jurassique supérieur, entre le plateau de Plagne et de Saint-Germain, il fait connaître la superposition des étages : 1 *du portlandien,* 2 *couches de Valfin* (deux assises coralligènes, séparées par une assise de calcaire compacte), 3. *Du séquanien.* Puis, dans son chapitre *Récapitulation et conclusion,* il attribue chacune des assises à l'un ou à l'autre des étages admis dans la nomenclature, et témoigne le désir de voir disparaître le terme de corallien, comme nom d'étage. De cette façon, le jurassique supérieur se composerait des quatre étages : *purbeckien, portlandien, kimméridgien* (ptérocérien) et *séquanien* (astartien). (664)

1882. — **Bourgeat.** Dans ses premières recherches sur le Jura, M. Bourgeat s'est occupé des accidents orographiques que présentent les terrains. Il admet deux sortes d'accidents, les *soulèvements en voûte* et les *failles.* Celles-ci affectent surtout les régions basses. Les soulèvements en voûte, au nombre de cinq, sont presque équidistants, éloignés l'un de l'autre de cinq kilomètres environ. Ils sont coupés par des cassures transversales, correspondant aux principales cluses du Jura. (677)

1882. — **Jaccard.** Les accidents orographiques signalés par M. Bourgeat se rencontrent aussi dans le Jura neuchâtelois. Ils se combinent entre eux et il en résulte des *plis-failles,* avec renversements. (669)

1882. — **Bertrand.** M. Bertrand s'est aussi occupé des failles du Jura, dans la région comprise entre Besançon et Salins, c'est-à-dire un peu en dehors du rayon de notre carte. (678)

1883. — **Girardot.** En 1883, M. le Dr Albert Girardot entreprend la tâche de justifier le maintien de l'étage corallien, tel que le comprenait l'ancienne école. Partant de la zone à *Pholadomya exaltata,* ou terrain à chailles, il passe à l'étage corallien dans lequel il distingue une zone inférieure à *Cidaris florigemma,* avec trois faciès, une deuxième zone, pauvre en fossiles, une troisième zone, qui est celle des couches à *Diceras arietina,* Nérinées et polypiers, et enfin une quatrième zone, le calcaire à *Nerinea sequana.* Un tableau de la faune, indique la répartition des espèces dans les quatre zones, ainsi que dans celle à *Pholadomya exaltata.* (705)

1883. — **Choffat.** M. Choffat revient, à propos d'une publication récente, sur la place du terrain à chailles dans la série des formations jurassiques. Il rappelle que les marnes à *Am. Renggeri* ne sont nullement l'équivalent des couches d'Effingen d'Argovie (à *Terebratula impressa)* et que le terrain à chailles ne peut être parallélisé avec les couches de Geisberg.

1883. — **Bertrand.** M. Bertrand démontre dans sa note sur le Jurassique supérieur aux environs de Saint-Claude, qu'il n'y a dans cette contrée ni mélange ni confusion de fossiles; que le faciès et la faune coralligènes se développent, suivant les régions, à trois niveaux différents, formant ainsi trois grandes lentilles parallèles aux couches, et permettant de distinguer : *a)* l'oolite corallienne, au-dessous du premier banc à *Waldeimia egena;* *b)* l'oolite astartienne, au-dessous du ptérocérien; *c)* l'oolite virgulienne, au-dessous des bancs supérieurs à *Ostrea virgula.* (695)

1883. — **Bourgeat.** M. Bourgeat a travaillé dans la même région que M. Bertrand et a publié une série de coupes, dont sept au nord de Valfin et cinq au sud, qui sont destinées à fixer l'âge des récifs coralligènes de cette région. (707)

1883. — **Renevier.** M. Renevier présente à la Société vaudoise une coupe des terrains de Vallorbes. (726)

1883. — **Bourgeat.** M. Bourgeat a aussi examiné dans une note spéciale, au point de vue paléontologique, la position du corallien de Valfin. Il constate que la seule présence de polypiers dans un horizon n'est d'aucune valeur pour sa classification géologique. L'étude des quatre-vingt-dix-neuf espèces de la faune de Valfin et la comparaison indique un niveau très supérieur à celui du corallien du bassin de Paris. (708)

1883. — **Bertschinger.** M. Bertschinger s'est occupé de couches un peu plus anciennes, mais au sujet desquelles règne une confusion non moins grande quant à la délimitation et au groupement des assises. Il s'agit des couches à *Ammonites Lamberti* et à *A. cordatus.* Un tableau d'ensemble montre la répartition des espèces caractéristiques dans les divers niveaux et dans différentes contrées, et l'auteur conclut en établissant pour le jurassique moyen deux étages, l'*argovien* et l'*oxfordien*, se subdivisant eux-mêmes chacun en trois sous-étages. Cette classification se rapporte du reste à celle que Mayer-Eymar venait de créer dans son cours au Polytechnicum. Si nous en parlons ici, c'est que M. Bertschinger a compris notre région dans l'une des colonnes de ses tableaux. (693)

1883. — **Rollier.** Je mentionne ici le mémoire de M. Rollier sur la *formation jurassique des environs de Besançon*, région dans laquelle il a reconnu un grand nombre d'étages ou de subdivisions. (718)

1884. — **Jaccard.** La découverte du gisement coralligène astartien de la Chaux-de-Fonds est venue former un complément important à l'étude de ce faciès dans l'étage astartien du Jura neuchâtelois. La grande abondance des échantillons, le fait qu'on peut les observer en place et dresser une coupe géologique très nette du gisement, le rendront désormais classique pour l'étude des formations coralligènes du Jura. (742)

1884. — **Choffat.** M. Choffat conteste les conclusions de M. Bertschinger, qui regarde le callovien comme un étage parfaitement distinct, et du bathonien, et de l'oxfordien. La zone à *A. macrocephalus* est souvent remplacée par la partie supérieure du bathonien, et particulièrement par la dalle nacrée. (741)

1884. — **Jaccard.** Dans ma note sur les couches à Mytilus des Alpes vaudoises, j'ai constaté combien étaient grands les rapports de la faune de ce terrain, soit avec celle du bathonien de Noiraigue, soit avec celle du ptérocérien du Jura en général. (736)

1885. — Hollande. M. Hollande a publié un aperçu des observations de la Société géologique de France dans le Jura méridional. Les relations entre le bathonien et le callovien, la nature de l'oxfordien, l'âge des dépôts coralligènes, ont surtout occupé la société. (762)

1885. — Choffat. M. Choffat a également publié plusieurs notices sur les observations de la Société géologique et les siennes propres. J'en donnerai un aperçu succinct.

Dans la *Note sur la distribution des bancs de spongiaires*, etc., il distingue deux groupes bien distincts au point de vue de leur habitat, celui des *Calcispongiæ*, dispersés dans la formation littorale, et celui des *Lithistidæ*, qui ont formé des bancs à des profondeurs beaucoup plus grandes. Il indique leur répartition dans le Jura. (771)

Dans la *Note sur les niveaux coralliens du Jura*, il constate la grande diversité des dépôts coralligènes du Jura supérieur, depuis le rauracien ou corallien proprement dit, au portlandien. (772)

Dans l'*Excursion à la chaîne de l'Euthe*, il donne la description d'une curieuse chaîne, de cinquante kilomètres de longueur, peu élevée et formant une ligne presque droite du S.-O. au N.-E. Elle est constituée par deux séries de collines, encaissant une vallée d'effondrement de 100 à 200 mètres de largeur. De nombreux accidents, failles, ruptures, redressements, sont indiqués par des croquis géologiques. (769)

La *Coupe de Montépile*, fait également le sujet d'une note importante pour l'étude des couches de l'oxfordien et en particulier des bancs à spongiaires de Birmensdorf (spongitien). (770)

1885. — Abel Girardot. En 1885, M. L.-Abel Girardot, professeur au Lycée de Lons-le-Saunier, publiait des *Fragments de ses recherches géologiques dans les environs de Châtelneuf,* en les dédiant aux membres présents de la Société géologique de France. Une série de notices sur le bathonien, le callovien, l'oxfordien (sous ses deux faciès), le rauracien, le séquanien, avec listes de fossiles, précède des Tableaux, résumés et comparatifs des assises et des couches sur divers points de la région. (748)

1886. — **Bourgeat.** Dans la *Notice stratigraphique sur le corallien de Valfin*, M. Bourgeat rappelle la découverte du gisement principal par M. Guirand, puis il étudie les divers faciès qui l'avoisinent, ainsi que leurs rapports avec les assises supérieures et inférieures. Une série de cartes-plans et de coupes font ressortir les caractères de ce récif et des différentes zones de passage au Ptérocérien. (782)

1887. — **Choffat.** Dans son travail sur le *Système jurassique*, M. Choffat a analysé avec beaucoup d'attention deux mémoires de M. Neumayr sur la géographie de la période jurassique. (794)

1887. — **Hollande.** Je cite en passant une étude intéressante de M. Hollande sur les récifs coralliens actuels, comparés à ceux du Jura. L'auteur s'occupe aussi de Valfin, et considère les couches dolomitiques, fréquentes dans le Jura, comme un faciès accompagnant les récifs de coraux. (789 *i*)

1887. — **Girardot.** Dans son *Rapport à la Société d'Émulation du Jura* sur la réunion de la Société géologique de France, M. Abel Girardot résume les observations faites sur les *faciès du Jurassique supérieur*, dans les excursions de la Société et dans les discussions auxquelles celles-ci donnaient lieu.

Il serait trop long de rapporter ici les observations pleines d'intérêt sur les affleurements de terrains de divers niveaux. Le rapport de M. Girardot est une véritable description géologique de la région parcourue, et devra être consulté par quiconque veut se rendre compte de la nature et de la structure des terrains de cette région. (798)

1888. — **Rollier.** Dans son étude sur *les faciès du Malm jurassien*, M. Rollier a cherché à résoudre les questions de parallélisme du jurassique supérieur dans le Jura bernois et le Jura neuchâtelois. Dans ce but, il a relevé une série de coupes géologiques dans la chaîne, du lac (de Bienne) à Chasseral, Rondchâtel, les Franches-Montagnes, etc. Le point le plus important de ses conclusions porte sur les calcaires hydrauliques, qu'il considère comme faciès pélagique de l'oolite rauracienne, tandis que les couches de Birmensdorf (spongitien) sont l'équivalent du corallien à chailles de Liesberg. (814)

Dans le récit de l'excursion de la Société géologique dans le Jura, M. Rollier a l'occasion de faire voir des coupes de passage d'un faciès à l'autre, au Montoz, à Rondchâtel, etc. (815 *b*)

1889. — **Bertrand.** La publication des feuilles Pontarlier et Lons-le-Saunier a considérablement augmenté nos connaissances sur la géologie du terrain jurassique franc-comtois. En admettant, pour les étages, les dénominations usuelles de nos feuilles de la carte Suisse, M. Bertrand a rendu un vrai service à la science. Comme du reste il est aisé de le voir, les caractères de tous les étages présentent la plus grande analogie avec ceux que nous avons reconnu dans le Jura neuchâtelois et vaudois. (854)

1890. — **Bourgeat.** En 1890, M. l'abbé Bourgeat communique quelques observations nouvelles sur le Jura méridional, aux environs de Saint-Claude. (871)

1890. — **Duparc.** M. Duparc a procédé à des analyses de calcaires portlandiens des environs de Saint-Imier, qui lui avaient été communiqués par M. Rollier. Il est intéressant d'observer que tous présentent une certaine quantité d'argile. Ce fait a une grande importance en ce qu'il explique le dépôt détritique argileux superposé aux assises du calcaire en place, non atteint par l'érosion. (888)

1891. — **Schardt.** Le résultat le plus saillant de l'étude de M. Schardt sur le Reculet-Vuache est de constater la disparition graduelle des fossiles dans les couches jurassiques supérieures, d'où la difficulté d'établir les limites des étages. Cependant le jurassique moyen, argovien, présente toujours les alternances marno-calcaires, et à sa base on retrouve le spongitien, avec la faune habituelle à ce niveau dans le Jura vaudois et neuchâtelois.

Quant au Jurassique inférieur (Dogger) les rares affleurements révèlent encore l'existence du callovien, de la dalle nacrée, du calcaire oolitique et même, à la Rivière, du bajocien à polypiers. (896)

1892. — **Rollier.** M. Rollier, dans son travail sur la composition et l'extension du rauracien dans le Jura, annonce que les formations coralligènes inférieures du Malm, composées du glypticien et du corallien blanc type, de la Caquerelle, se transforment en faciès pélagique à céphalopodes (argovien), au sud d'une ligne passant par Salins, Levier, Arc-sous-Cicon, etc. Il estime qu'un étage comme le rauracien est un dépôt circonscrit par des limites naturelles, qu'il faut distinguer les étages stratigraphiques suivant les zones de sédimentation qui les ont produits, ce qui est précisément le cas pour le rauracien et l'argovien. (940)

1892. — **Jaccard**. Ma communication à la Société helvétique à Bâle, a pour but de faire connaître la découverte d'un riche gisement de fossiles coralligènes à Gilley (Doubs). Ce gisement, qui est au niveau du corallien type (de la Caquerelle), renferme des espèces communes avec celles du séquanien de la Chaux-de-Fonds, du ptérocérien de Valfin, etc. Les polypiers constituent le 90 °/₀ des fossiles de cette couche. (942)

1893. — **Jaccard**. Il m'a paru intéressant de faire pour les gisements fossilifères du jurassique des environs de Sainte-Croix ce que j'avais fait pour les gisements crétacés. Le résultat est à peu près le même, c'est-à-dire que l'association des espèces, les faunes et les faunules, résultent des conditions de la sédimentation, du faciès des roches. Les séries de fossiles les plus riches se rencontrent dans les couches peu développées, et des étages de plus de 100 mètres d'épaisseur n'en renferment aucune trace, ce qui rend leur classement stratigraphique arbitraire et conventionnel. (Bull. vaud. XXIX. p. 46.)

Dans ma note sur les couches coralligènes de l'astartien de la Chaux-de-Fonds, j'ai dessiné une coupe de la série jurassique de cette région, et publié une liste des espèces, qui diffère assez sensiblement de celle du Crozot quoique les deux faciès peuvent être considérés comme à peu près synchroniques. (954)

1893. — **Rollier**. Les *Archives des sciences* et les *Eclogæ* ont publié in-extenso le mémoire de M. Rollier sur le *rauracien du Jura*. L'auteur passe en revue les divers travaux qui, depuis Thurmann en 1832, ont traité du corallien et des niveaux qui l'accompagnent dans le Jura. C'est à partir de 1867 que Greppin propose de désigner les couches comprises entre le *séquanien* (astartien) et l'*oxfordien* (terrain à chailles siliceux), sous le nom de *rauracien*. En 1875, Choffat propose de supprimer le corallien comme nom d'étage. En 1888, M. Rollier distingue les couches du Jura méridional sous le nom d'*argovien* et celles du Jura nord sous celui de *rauracien*, les considérant comme des faciès synchroniques occupant le même niveau stratigraphique. Il indique leurs limites respectives dans les feuilles Lons-le-Saunier et Ornans, et annonce que la limite de transformation passe depuis Levier par Arc-sous-Cicon, Longemaison, Biaufond, Goumois, etc. (959)

1893. — **Jaccard.** Comme M. Rollier, j'ai développé ma communication sur le *corallien de Gilley* dans une note du *Bulletin de la Société des sciences naturelles de Neuchâtel.* Elle est accompagnée d'un profil de la série jurassique entre Longemaison et la vallée du Doubs. Une liste des fossiles déterminés comprend soixante-cinq espèces de polypiers. (955)

PALÉONTOLOGIE.

Les publications du domaine de la paléontologie prennent dans cette période une extension considérable. Il serait manifestement impossible d'énumérer tous les ouvrages et mémoires dans lesquelles les fossiles de notre région ont été décrits et figurés. Je me bornerai donc à indiquer et analyser les plus importantes de celles qui me sont connues. D'ailleurs les listes indiquant la synonymie, qui accompagnent maintenant les diagnoses de chaque espèce, pourront donner des indications plus complètes à ceux qui le désireront. Je distinguerai dans cette revue deux sections : les *Monographies* proprement dites, comprenant les espèces d'un niveau géologique particulier, ou les fossiles d'un groupe zoologique, et les *Descriptions* isolées, qui accompagnent souvent en forme de supplément les monographies ou les notices stratigraphiques.

a. Monographies.

1872. — **De Loriol.** La *Description des Échinides des terrains crétacés,* de M. de Loriol, dans les *Matériaux pour la paléontologie suisse,* renferme la description de nombreuses espèces nouvelles, recueillies surtout dans les divers étages du néocomien et de l'aptien du Jura; la plupart ont été recueillies par moi et font partie de ma collection. (456)

1872. — **De Loriol.** Il en est de même de la *Description des Brachiopodes crétacés,* commencée par Pictet de la Rive et terminée par M. de Loriol, qui comprend la description de soixante-huit espèces, dont vingt-trois nouvelles pour la science. Les gisements des environs de Sainte-Croix, de Villers-le-lac, de Morteau, du Val-de-Travers, de la Russille, etc., ont fourni une grande abondance de matériaux. (473)

1874. — **Moesch.** La *Monographie des Pholadomyes* de M. Moesch,

commence la série des *Mémoires de la Société paléontologique suisse*. Quoique
ne renfermant pas un grand nombre d'espèces nouvelles, notre région a
fourni des matériaux de comparaison assez abondants, surtout en ce qui
concerne les espèces jurassiques. (515)

1875. — **De Loriol.** Les Échinides sont loin de présenter dans les couches tertiaires du Jura une abondance et une variété comparables à celle
du tertiaire inférieur des Alpes. Néanmoins, M. de Loriol a pu reconnaître
l'existence d'une dizaine d'espèces dans la molasse marine de l'étage helvétien. (550)

1877. — **De Loriol.** Les Crinoïdes ne sont pas rares dans certains
gisements jurassiques, principalement dans le bajocien, le spongitien, l'astartien. On en trouve aussi plusieurs espèces dans le valangien (genre *Ante-
don*). Toutes les espèces ont été décrites et figurées dans la Monographie de
M. de Loriol sur les *Crinoïdes de la Suisse.* (583)

1880-91. — **Koby.** C'est en 1880 que M. Koby commençait la publication de son importante *Monographie des polypiers de la Suisse,* pour laquelle
le Jura lui a fourni les matériaux les plus abondants et les plus variés.
Depuis longtemps ceux-ci attendaient, dans les collections et les musées,
un travail de ce genre. En ce qui concerne notre région, ce sont les étages
bajocien et astartien qui ont fourni presque exclusivement les matériaux
étudiés, figurés et décrits par M. Koby. Le travail se termine par un aperçu
stratigraphique des 447 espèces recueillies en Suisse. Plus de la moitié sont
nouvelles. (625)

1882. — **Portis.** La molasse vaudoise, qui avait fourni déjà de si riches
matériaux à MM. Pictet et Humbert sur les chéloniens de l'époque tertiaire
renferme, paraît-il, encore bien d'autres richesses. En 1882, M. A. Portis
publiait la description, avec figures, de onze espèces, dont trois seulement
étaient déjà connues. L'auteur a consacré vingt-sept planches aux figures
de ces pièces intéressantes. (661)

1884. — **Maillard.** La faune du purbeckien, grâce aux persévérantes
recherches de G. Maillard, s'était aussi enrichie de nombreuses espèces
depuis 1865. Ainsi que nous l'avons vu, la publication de l'Étude de l'étage
purbeckien dans le Jura fut suivie de la Monographie des invertébrés, dans
les *Matériaux pour la paléontologie suisse*. Trois planches, avec plus de cent

cinquante figures, représentent toutes les espèces déterminables au nombre de 74 et en général d'une bonne conservation. (734)

La découverte de plusieurs espèces, dans la partie sud du Jura (Yenne et Cluse de Chailles en Savoie), permit à Maillard de publier un *Supplément* avec une planche de figures. (749)

1886-88. — De Loriol et Bourgeat. L'*Étude sur les mollusques des couches coralliennes de Valfin,* par M. de Loriol et l'abbé Bourgeat, rentre encore dans le cadre de notre revue. Ici, l'abondance des échantillons ne le cède qu'à leur belle conservation, qui, à bien des égards, rappelle celle des mollusques du calcaire grossier du bassin de Paris. Le nombre des espèces reconnues par M. de Loriol s'élève à 196, parmi lesquelles 56 sont nouvelles et n'ont été trouvées encore que dans ce gisement. Un certain nombre de polypiers ont été étudiés et figurés par Koby, mais il en reste un grand nombre d'inédits. Presque tous les échinides recueillis par Étallon ont disparu. (774)

1889. — Golliez. Il paraît exister, aux abords immédiats de la ville de Lausanne, une couche, ou banc de molasse grise langhienne, singulièrement riche en tortues fossiles. En 1888, l'ouverture d'une carrière amena la découverte de plusieurs exemplaires des genres *Cistudo* et *Ptychogaster,* qui ont été restaurés, décrits et figurés par M. Golliez. (827) M. Golliez a entretenu la Société vaudoise de cette découverte. (828).

1889-90. — Haas. M. Haas a publié en 1889 la première partie d'une étude sur *les Brachiopodes jurassiques du Jura suisse.* Il décrit vingt-trois espèces qui, pour la plupart, se trouvent dans le Jura central. Dans la seconde partie, il présente une étude critique de deux espèces de Rynchonelles. (858)

1890. — Maillard. Pendant longtemps la détermination des mollusques terrestres des couches tertiaires de la Suisse était demeurée à peu près impossible, en raison de la dissémination des documents paléontologistes. En 1890, M. G. Maillard entreprit la tâche ingrate et difficile de la faire connaître. Malgré leur mauvais état de conservation, plus de cent espèces ont été décrites et figurées, mais il ne s'en est rencontré qu'un très petit nombre qui fussent nouvelles. (897)

1892. — Loccard. La mort prématurée de M. Maillard laissait inache-

vée l'œuvre qu'il avait entreprise. M. Loccard voulut bien se charger de
terminer et publier la seconde partie, comprenant environ cent vingt-cinq
espèces. (Mat. pal. suisse, XIX).

b. Notices diverses.

1872. — **Coulon.** M. Coulon annonce que M. Rutimeyer a reconnu deux
espèces de tortues du portlandien du Jura neuchâtelois. Ce sont les *Plesio-
chelys solodurensis,* de la Joux, et *Thalassemys Hugii* de la Cernia, près de
Neuchâtel. (461)

1872. — **Coulon.** En 1872, M. Coulon présente encore à la Société des
sciences naturelles trois échantillons, bien conservés, d'astérides, provenant
du néocomien de diverses localités du canton de Neuchâtel. Elles ont été
décrites et figurées par M. de Loriol en 1874. (459)

1872. — **Otz.** M. Otz, ingénieur, signale la découverte (déjà ancienne),
d'une dent d'éléphant aux Fahys, près de Neuchâtel. (478)

1872. — **Stebler.** Un hasard heureux me permettait en 1871 la découverte dans le calcaire lacustre du Locle de pièces importantes de la mâchoire du *Listriodon splendens.* M. le professeur Stebler en fit une étude,
accompagnée de figures, en y comprenant celle de quelques dents de la
Chaux-de-Fonds, recueillies dans le même terrain par M. C. Nicolet. Ces
pièces, soumises à la Société des sciences naturelles de Neuchâtel, avaient
été considérées, par M. Desor, comme appartenant au genre *Sus.* (476)

On doit aussi à ce savant et modeste naturaliste la description avec
figure d'un grand *Lepidotus (L. crassus)* découvert dans le portlandien des
environs de la Chaux-de-Fonds. (475)

1872. — **Desor.** M. Desor présente à la Société des sciences naturelles
diverses considérations sur l'évolution des Échinides et sur leur rôle dans
la formation jurassique. (481)

1872. — **Rutimeyer.** Les tortues fossiles du portlandien du Jura neuchâtelois ont été étudiées dans la monographie des tortues de Soleure,
de M. Rutimeyer. (496)

1872-76. — **Tribolet.** C'est en 1872 que M. de Tribolet a commencé la
série de ses publications géologiques et paléontologiques. Nous allons passer rapidement en revue celles qui se rapportent à la paléontologie.

La *Notice sur le Mont-Chatelu* est accompagnée des descriptions et figures de quatre espèces (mollusque, bryozoaire et astéride). (438)

Celle du *Cirque de Saint-Sulpice* en comprend neuf (serpules, mollusques, crinoïde). (460)

Une grande planche des *Recherches géologiques et paléontologiques* est consacrée au *Lepidotus Couloni.* Deux autres représentent une quarantaine d'espèces de mollusques, etc., de divers niveaux du jurassique supérieur. (485)

Signalons, en passant, la *Révision des Nérinées,* suivie d'un catalogue de la répartition des espèces dans le Jura neuchâtelois. (509)

En 1874, première étude sur les *Crustacés des terrains crétacés,* description des espèces néocomiennes du Jura, suivie d'un catalogue des *décapodes macroures et anomoures,* avec deux planches. (510)

L'année suivante, *description d'une nouvelle espèce de décapode macroure et description de quelques espèces crétacées* de la Haute-Marne. (513)

En 1876, nouvelle monographie sur les crustacés des terrains crétacés du Jura, des Alpes et de la Haute-Marne. (553)

1873. — **Delaharpe.** En 1873, M. Delaharpe signale la découverte d'une mâchoire de Rhinocéros au Tunnel de Lausanne. (499)

1875. — **De Loriol.** En 1875, M. de Loriol terminait l'étude et la description des *Échinides fossiles de la Suisse,* commencées en 1868 avec M. Desor. Cette faune comprenait dans son ensemble quatre cent trente-huit espèces, dont un grand nombre provenaient de notre région jurassienne. L'auteur signale la disparition totale des espèces de la période jurassique, et l'apparition subite de cinquante-deux espèces dans l'étage valangien. Toutefois l'auteur constate que le fil n'est pas entièrement rompu entre la faune échinitique du jurassique supérieur et celle du crétacé inférieur. Ainsi l'*Acrocidaris minor* du valangien, est très voisin de l'*A. formosa* de l'étage séquanien, le *Pseudodiadema Jaccardi,* de l'urgonien, est presque identique au *P. hemisphaericum* de l'étage séquanien. (541)

M. de Loriol a aussi décrit, dans les mémoires de la Société des sciences naturelles de Neuchâtel, les astéries découvertes dans le néocomien. (501)

1874. — **Tribolet.** En 1874, M. de Tribolet a publié, à Zurich, un catalogue des fossiles du terrain néocomien, sans indications de provenance. (512)

1875. — De la Harpe. En 1875, M, P. De la Harpe a publié deux listes de plantes fossiles recueillies à Épalinges, dans la molasse marine, et au Calvaire, près de Lausanne, dans la molasse langhienne. La plupart des espèces sont communes aux deux étages. (533)

1876. — Heer. Heer a décrit et figuré dans la *Flore fossile de la Suisse*, terrains jurassiques, deux espèces de *zamites* du terrain à chailles de Saint-Sulpice, ainsi qu'un *Gingko (G. Jaccardi)* de l'aptien de la Presta, espèce qui doit disparaître, ayant été créée par suite d'une erreur de détermination. (569)

1878. — A. Favre. A l'occasion de la découverte d'une défense d'éléphant au Bois de la Bâtie, près de Genève, M. A. Favre a publié une liste des éléphants fossiles trouvés en Suisse. Les cantons de Neuchâtel, Vaud, Genève en ont fourni une dizaine. (600)

1879. — Renevier. Malgré leur importance, les nombreux et importants matériaux concernant les *Anthracotherium* de Rochette, réunis au Musée de Lausanne, n'ont jamais été publiés. Vers 1874, ils furent cependant l'objet d'une étude spéciale de M. Kowalewsky, qui fit dessiner plusieurs planches en vue d'une monographie qu'il préparait. Comme il paraissait avoir abandonné son projet, M. Renevier se décida à faire usage des planches tirées et à les publier en 1879, avec une courte notice explicative dans le *Bulletin de la Société vaudoise*. (617)

Une liste des moulages du Musée de Lausanne pour échanges a été publiée dans le *Bulletin* en 1880. (631)

Enfin, le même auteur a annoncé la découverte d'une mâchoire et de quelques os du genre *Hyotherium*. (619)

1880. — Doge. M. Doge a découvert une belle feuille de palmier fossile dans la molasse rouge au-dessus de la Tour-de-Peilz. Elle mesure quarante-deux centimètres de longueur et dix-sept de largeur. (633)

1880. — De Loriol. Une espèce d'astérie du callovien est décrite et figurée par M. de Loriol dans la description de quatre échinodermes nouveaux. (637)

1881. — Vionnet. M. Vionnet présente quelques beaux fragments de bois de renne, une dent de cheval, etc., des graviers de la terrasse de Saint-Prex. (656)

1881. — **Forel**. M. Forel rappelle que c'est dans cette terrasse qu'ont été trouvés les ossements de renne, de cheval, etc., signalés en 1872. Celle du Boiron, du même âge et du même niveau, a fourni deux dents de mammouth. (647)

1881. — **Desor**. La découverte de trois crânes humains, lacustres, dans la station de la Tène, donne lieu à des observations importantes de MM. Rutimeyer, Kollman, etc. (650) Déjà en 1879, j'avais fait connaître un crâne humain de la même station. (612)

1881. — **Renevier**. M. Renevier a publié une liste des exemplaires originaux des plantes fossiles figurées dans la *Flore tertiaire de la Suisse*, de Heer et qui sont au Musée de Lausanne. (653)

1884. — **Haeusler**. En 1884, M. R. Haeusler me chargeait de présenter à la Société des sciences naturelles de Neuchâtel une liste des foraminifères lituolidés du spongitien du Jura neuchâtelois. (724)

1887-88. — **Haeusler**. M. R. Haeusler a publié deux ou trois monographies sur les foraminifères des marnes à bryozaires de Sainte-Croix (789 *d*) et des marnes pholadomyennes de Saint-Sulpice. Il est à regretter qu'elles ne soient pas accompagnées de figures. (823)

1888. — **Jaccard**. La découverte de nombreuses dents et débris de vertébrés dans l'œningien du Locle a fait, en 1888, le sujet d'une communication à la Société des sciences naturelles de Neuchâtel. Une quinzaine d'espèces au moins attendent encore une monographie. (804)

Il en est de même d'un assez grand nombre de mâchoires de Pycnodontes, appartenant à des espèces non encore décrites, qui proviennent des calcaires portlandiens du Jura neuchâtelois. (803)

1888. — **Renevier**. M. Renevier annonce la découverte d'un bois de cerf *(Cervus elaphus)* dans les alluvions de la vallée du Joux. (814 *a*) Il présente également de très jolis fossiles d'eau douce de la molasse de la Chaux, près de Sainte-Croix. *(Melania Escheri, Helix, Unio.)* (815 *a*)

1889. — **Lugeon**. En 1889, M. Lugeon découvrait dans un nouveau gisement fossilifère de la molasse langhienne à Lausanne, un grand nombre de strobiles du *Pinus Lardyana*. (831)

1889. — **Jaccard.** En 1889, j'ai publié une notice sur le *Listriodon splendens* de l'oeningien du Locle. (850)

1889. — **Golliez.** En 1889, M. Golliez signale de nouvelles découvertes de tortues dans la molasse de la Borde. (883)

1889. — **Sayn.** En 1889, M. Sayn a décrit et figuré quelques espèces d'ammonites de la zone à *A. Astieri* de Villers-le-lac. Celles-ci, au nombre de sept, associées aux *Belemnites latus* et *pistilliformis*, représentent pour la plupart des espèces du néocomien alpin. (837)

1890. — **Ritter.** M. Ritter, ingénieur, a décrit longuement, et figuré sous toutes ses faces, une vertèbre de plésiosaure, découverte dans les marnes grises néocomiennes des Fahys, près de Neuchâtel. A cette occasion, j'ai rappelé les pièces du même genre recueillies à Sainte-Croix par le docteur Campiche, ainsi que d'autres, de provenances diverses du néocomien du Jura. (864, 865)

1890. — **Lesquereux.** Dans une lettre adressée d'Amérique à M. Louis Favre, Léo Lesquereux estime que l'on ne peut se baser sur l'étude de la nervation des feuilles pour la détermination des plantes fossiles, et en tirer des conclusions sur les transformations et l'évolution des végétaux. Il donne des exemples de synonymie parmi certaines espèces de la molasse qui ont été rangées dans cinq ou six genres différents. (866)

1890. — **Renevier.** M. Renevier présente le crâne d'un Rhinocéros trouvé dans un bloc roulé du ravin de la Paudèze. (878)

1893. — **Lang.** M. Lang a publié, dans les premiers numéros du *Rameau de sapin*, une intéressante étude sur les carrières de Soleure et les nombreuses tortues fossiles découvertes dans les couches calcaires. Il cite les espèces du Jura neuchâtelois *(Emys Jaccardi*, etc.).

ASPHALTE.

1872. — **Jaccard.** En 1872, je présentai à la Société helvétique divers échantillons de roches asphaltiques et de bitume visqueux, en affirmant de nouveau l'origine animale du bitume. La pénétration de celui-ci dans les roches et leur transformation en asphalte dépendent de leur porosité plus u moins grande. (457)

1875. — **Benoit**. M. Benoît dans son *Essai comparatif du terrain ter-*
tiaire, s'est aussi occupé de l'asphalte qui imprègne, sur certains
points, les sables sidérolitiques, ceux du gault et la molasse, aussi bien que
les calcaires crayeux de l'urgonien. « L'asphalte, dit-il, a flotté. D'où venait-
il? Il a forcément une origine éruptive; il peut, comme le pétrole, être le
résultat de combinaisons chimiques, formées sous l'influence puissante et
encore inconnue de la pression et de la chaleur souterraines ». (440) M.
Benoît paraît aussi vouloir attribuer la fétidité des calcaires lacustres au
bitume asphaltique. (532)

1875. — **Desor**. En 1875, M. Desor entretient la Société des sciences
naturelles de Neuchâtel, de l'asphalte des Époisats, sous la Dent de Vaulion,
qui venait de faire l'objet de recherches en galeries. Il n'indique pas l'âge
géologique du gisement, qui se trouve dans le Bathonien. Il parle
aussi de l'asphalte de Lelex, dans la vallée de la Valserine, dont le gisement est urgonien, mais les échantillons ne contiennent que 6 % de
bitume. (526)

1877. — **Renaud**. Il a paru en 1877 un mémoire sur les gisements
bitumineux du canton de Genève, dans lequel nous trouvons seulement
quelques indications du domaine de la géologie. M. l'ingénieur Gardy
annonce que les huiles extraites de nos molasses offrent tous les caractères
des pétroles d'Amérique et leur sont même supérieures, en ce sens qu'elles
ne renferment pas d'huiles légères. Deux analyses font connaître la composition du bitume. Le Rapport géologique de M. Renaud, ingénieur, reproduit
la coupe de M. Benoît à Pyrimont-Seyssel, mais n'a du reste aucune valeur
scientifique. (591)

1877. — **L. Favre**. Les gisements de roches bitumineuses des environs
de Lobsann ont été souvent cités à propos des recherches de l'asphalte au
Val-de-Travers. En 1877, après les avoir visités, M. Louis Favre en a entretenu la Société des sciences naturelles de Neuchâtel. La roche qui contient
le bitume est une molasse miocène utilisée, soit pour la production du
mastic d'asphalte, soit pour en tirer une huile minérale.

A quatre kilomètres au sud de Lobsann se trouve le gisement de
Pechelbronn, où l'on exploite une substance plus analogue au pétrole. Celle-
ci imprègne le sable quartzeux, dont elle peut être séparée à l'état liquide.

De temps à autre, les mineurs mettent la main sur des poches d'huile bitumineuse de sept, huit et même dix mètres cubes, pouvant, après distillation, servir à l'éclairage. (578)

1878. — **Tribolet.** M. de Tribolet a également entretenu la Société des sciences de Neuchâtel des gisements d'asphalte du Hanovre, comparés à ceux du Val-de-Travers. La roche appartient au jurassique supérieur qui constitue la surface du sol, en sorte que l'exploitation peut avoir lieu à ciel ouvert. MM. Eck et de Strembeck attribuent à cet asphalte une origine plutôt végétale qu'animale. M. Hermann Credner leur attribue une origine animale. (581)

1879. — **Jaccard.** En 1879, je fus consulté au sujet de la découverte d'une matière bitumineuse que l'on croyait être de l'asphalte. Vérification faite, je reconnus qu'il s'agissait d'un ancien établissement incendié, dans lequel on fondait autrefois la résine des forêts de sapins du voisinage. (618)

1880. — **A. Favre.** On trouvera dans la *Description géologique du canton de Genève,* des indications intéressantes sur les gisements de bitume de Dardagny, leur découverte, les tentatives d'exploitation, etc. (634)

1880. — **Schardt.** Dans sa *Notice sur la molasse rouge*, etc., M. Schardt rappelle la présence de la molasse bitumineuse à Orbe et il signale la découverte, au Mont de Chamblon et au Mormont, de fissures remplies de bitume très pur, au voisinage immédiat de crevasses sidérolitiques. Comme M. Benoît, il semble attribuer au bitume une origine éjective. Il ne paraît pas avoir observé l'asphalte dans le ravin de Goumoëns-le-Jux, mais seulement des grès siliceux, bitumineux. (635)

1881. — **L. Malo.** En 1881, M. L. Malo publiait dans *La Nature* un article sur l'asphalte, son origine, etc. Il décrit en quelques lignes la manière d'être de cette substance minérale au milieu des couches urgoniennes de la vallée du Rhône, et reproduit les théories déjà énoncées dans son traité en 1866, en développant une nouvelle hypothèse, qui fait intervenir le feu central, etc. (658)

1884. — **X.** En 1884, le *Rameau de sapin* a publié un extrait des œuvres de Léop. de Buch, affirmant, dès le commencement de ce siècle l'origine organique de l'asphalte du Val-de-Travers. (723)

1887. — **Jaccard.** En 1887, je faisais une nouvelle communication sur le bitume des roches calcaires et le pétrole des sables et des grès de la molasse. M. Chavannes remarque que de pareils gisements se trouvent aussi à Montreux. (788)

1889. — **Jaccard**. Après avoir, pendant plus de trente ans, consacré toute mon attention à l'étude des roches asphaltiques et bitumineuses, tant au Val-de-Travers que dans le Jura et la Haute-Savoie, je pus enfin, en 1889, publier mes *Études géologiques sur l'asphalte et le bitume,* résumant l'ensemble des connaissances acquises dans ce domaine de la science.

Établissant en principe l'origine organique directe du bitume et du pétrole, je retraçais les principales phases de l'histoire de l'asphalte au Val-de-Travers. Une étude géologique, accompagnée de profils, établit nettement la position et les allures des couches asphaltiques de l'urgonien et de l'aptien. Je traite ensuite de l'asphalte dans le Jura et en Savoie. Dans une quatrième section, je m'occupe de l'origine et du mode de formation de l'asphalte. Enfin je termine par une histoire géologique de l'asphalte dans la région du Jura central. (849)

1890. — **Jaccard**. Sous le titre de : *l'origine de l'asphalte, du bitume et du pétrole,* j'ai résumé dans les *Archives* le travail qui précède, en l'accompagnant de l'*Essai d'une carte de la mer urgonienne et des gisements asphaltiques dans le Jura.* (859)

1890. — **Jaccard**. Dans une *note sur l'asphalte,* j'ai fait connaître quelques faits nouveaux, relatifs à la présence du bitume visqueux, liquide, et de cristaux de gypse dans le banc d'asphalte. (872)

Roches a ciment hydraulique.

C'est à l'époque de la création de nos chemins de fer, vers 1855, que l'on a commencé à avoir recours aux mortiers hydrauliques, pour les constructions de diverse nature, tant publiques que particulières. Il n'avait pas fallu beaucoup de peine aux entrepreneurs pour reconnaître qu'il existe, dans le Jura, certaines roches marno-calcaires remplissant les conditions exigées pour ce genre d'industrie, et des exploitations furent ouvertes à Noiraigue, Rosières, Saint-Sulpice, etc. On ne fabriqua d'abord que des chaux maigres ou moyennement hydrauliques. Plus tard on produisit des ciments prompts, à simple calcination et pulvérisation. Ces premiers essais se firent sans qu'on songeât à recourir aux lumières de la science, mais on finit par comprendre l'importance des recherches géologiques et des analyses chimiques dans ce domaine de l'industrie technique. Je me bornerai à dire quelques mots des principales publications qui s'y rapportent.

1873. — Jaccard. En 1873, j'ai publié une petite notice sur les couches dont on venait de commencer l'exploitation pour la fabrication de la chaux hydraulique aux Grands Crêts, près de Vallorbes. Je les considérais comme appartenant à l'oxfordien. (488) Plus tard, j'ai pu me convaincre qu'elles font partie de l'astartien inférieur ou du corallien. (493)

1874. — Tribolet. M. de Tribolet présentait en 1874 à la Société des sciences naturelles de Neuchâtel, une note sur la présence de calcaires hydrauliques dans l'astartien inférieur du Jura neuchâtelois. Il considère le gisement de Longeaigue comme appartenant à ce niveau et non point à celui du corallien marneux. (489)

1875. — Jaccard. Dans mon *Étude et rapport sur les roches à ciment de Saint-Sulpice*, j'ai dressé diverses coupes géologiques de cette région, et suis arrivé à la conclusion que les couches qu'il s'agissait d'exploiter appartenaient à l'oxfordien, faciès marno-calcaire, ou pholadomyen, et non plus au bathonien, comme à Noiraigue. Le faciès marneux l'emporte de beaucoup sur les calcaires schisteux, qui sont préférables pour la fabrication du ciment Portland. (551)

J'ai également entretenu de ce sujet la Société des sciences naturelles de Neuchâtel, en faisant ressortir la différence de composition entre les roches utilisées pour la fabrication du *ciment naturel* et celles qui le sont pour le ciment dit *Portland*. (618)

1875. — Tribolet. En 1875, M. de Tribolet commençait une série de recherches sur les roches à ciment du Jura en général. Des analyses de M. Klunge accompagnaient chacune de ces études, mais les échantillons étant pris au hasard, et sans tenir compte de l'épaisseur et de la puissance des couches ou gisements, ces notes perdent beaucoup de leur importance soit au point de vue scientifique, soit au point de vue industriel et technique.

Une première notice renferme les analyses de roches provenant de

Beaulmes, Longeaigue, Saint-Sulpice, Sainte-Croix, les Convers, Vallorbes. Les deux premiers ne sont pas exploités. (524)

1878. — **Jaccard.** Dans une notice sur la fabrication du ciment Portland en Suisse, j'ai esquissé l'histoire de cette industrie dans le Jura et indiqué quels sont, parmi les terrains de nos montagnes, ceux qui présentent les conditions les plus favorables pour l'exploitation.

J'ai ensuite présenté un aperçu général des différents produits connus sous les noms de chaux hydraulique, ciment romain ou naturel, ciment Portland, etc., en terminant par un exposé des procédés appliqués dans l'établissement de Saint-Sulpice. (598) M. Renevier a aussi fait à la Société vaudoise une communication sur ce sujet. (536)

1879. — **Tribolet.** Une seconde notice des *Études géologiques et chimiques,* de M. de Tribolet, est consacrée aux gisements du vésulien du Jura neuchâtelois. Elle renferme d'abord un aperçu géologique des gisements de Noiraigue et de Saint-Sulpice, l'auteur persistant à considérer ce dernier comme bathonien, malgré les observations de MM. Desor, Jaccard et Renevier. Les analyses, au nombre de douze, ont été faites dans divers laboratoires, et l'auteur dresse un tableau des différents degrés d'hydraulicité présentés par les échantillons analysés. (610)

1882. — **Tribolet.** La troisième notice de M. de Tribolet est une simple reproduction des analyses qui lui ont été fournies par des industriels et des chimistes, et se termine, comme la précédente, par un tableau de la qualité des calcaires analysés. (663)

HYDROLOGIE, SOURCES, ETC.

1874. — **Jaccard.** A la suite d'une sécheresse prolongée, suivie de pluies diluviennes, dans l'automne de 1874, je publiai dans un journal quotidien quelques considérations sur la question des sources et de l'alimentation des fontaines. Je cherchais surtout à réagir contre la tendance qui porte les intéressés à entreprendre des fouilles, soit en vue de découvrir les sources soit d'augmenter le débit de celles qui sont connues. (515)

1874. — **Dr Hirsch.** Partant du point de vue parfaitement juste que l'eau qui circule dans le sein de la terre provient des météores aqueux, pluie, neige, M. Hirsch a publié en 1874 quelques considérations sur le régime hydrométrique du canton de Neuchâtel. Une carte du bassin des trois principales rivières du canton de Neuchâtel accompagne ce travail. (518)

1874. — Lamairesse. Le mémoire de M. l'ingénieur Lamairesse, qui a pour titre *Études hydrologiques sur les Monts Jura,* renferme des données du plus grand intérêt sur certaines parties de notre région. Les cartes, en partie géologiques, donnent une idée très satisfaisante des conditions dans lesquelles se trouvent les *bassins fermés,* les lignes de partage des eaux, etc. (502)

1875. — Jaccard. En 1875, j'entretenais la Société des sciences naturelles de mes recherches sur les sources et sur l'hydrographie souterraine du Jura. Je distinguais deux sortes de sources, les unes qui apparaissent à flanc de coteau, les autres qui sourdent au fond des vallées, dont le débit est plus régulier, et qui ne seraient que des puits artésiens naturels. (523)

1875. — Jaccard. Dans le *Nouveau projet d'alimentation d'eau à la Chaux-de-Fonds,* j'ai esquissé les principaux traits de la géologie stratigraphique des hautes vallées du Jura dans lesquelles se rencontrent ces *bassins fermés,* dont les eaux ne peuvent s'écouler qu'à la faveur des entonnoirs du fond des vallons.

Partant de l'idée que cet écoulement n'a pas lieu d'une façon instantanée, mais que l'eau est retenue plus ou moins longtemps dans les cavités souterraines qui servent de régulateur aux sources, je proposais le forage de puits artésiens, destinés à réunir ces eaux, et à provoquer leur retour vers la surface et leur élévation au moyen de pompes. Car, je ne me dissimulais nullement que ces puits ne seraient pas jaillissants, à la manière des puits artésiens des grandes plaines.

Le sondage fut en effet entrepris dans le courant de 1874, et poussé à la profondeur de soixante-cinq mètres, où il atteignit les marnes supérieures à la molasse, au-dessous desquelles j'avais espéré rencontrer la seconde nappe aquifère. L'épuisement du crédit et l'incertitude d'un résultat satisfaisant firent abandonner l'entreprise. (525) J'ai traité le même sujet dans le *Journal du Locle.* (540)

1876. — Jaccard. L'insuccès de l'entreprise dont je viens de parler ne m'avait nullement convaincu de l'inexactitude de mes vues quant à l'existence de, bassins hydrologiques régulateurs de nos sources jurassiennes. Aussi, tenant compte du fait que la vallée de la Sagne et des Ponts, bassin hydrologique de la Noiraigue, se trouve à une altitude supérieure à celle de la Chaux-de-Fonds, je proposai en 1876 l'ouverture d'une galerie, partant des Convers à cinquante mètres au-dessus de la Chaux-de-Fonds, et suivant la synclinale de la vallée de la Sagne, de façon à dériver la nappe souterraine supposée devoir contribuer à l'alimentation de la Noiraigue. (564)

1876. — Courvoisier. La note de M. Courvoisier sur *le Loquiat*, près de Travers, se rapporte incontestablement à l'hydrologie du Jura. C'est un enfoncement circulaire, quelquefois à sec, mais se transformant en source, dont les eaux se déversent par un chenal dans la Reuse, qui coule à une faible distance. (561)

1876. — Vogt, Ebray, Jaccard. Au sujet de la création d'un nouveau cimetière à Genève, des objections nombreuses furent présentées relativement à l'insalubrité qui résulterait du choix de l'emplacement proposé. Plusieurs commissions d'experts furent appelées à s'occuper de la circulation souterraine de l'eau dans la plaine de Plainpalais. (556, 557, 558)

1876. — Jaccard. En 1875, un groupe de citoyens s'était constitué en vue de remédier à la pénurie périodique de l'eau des fontaines de Sainte-Croix. Sur la demande qui m'en fut adressée, je publiai, sous forme de lettres, quelques considérations sur la nature géologique et hydrologique des terrains de cette région, principalement du massif du Chasseron et des Combes de la Denairiaz et des Auges. Je concluais en me prononçant en faveur de la captation et de la canalisation des sources importantes qui y existent, cela malgré leur éloignement de la localité. (565)

1877. — Jaccard. Sans cesse préoccupé de faire connaître les rapports de la géologie avec la circulation souterraine de l'eau, j'avais dressé une série de cartes hydrologiques du Jura neuchâtelois, dont deux figurèrent à l'Exposition universelle de 1878. Dans l'une d'elles, j'indiquais par une teinte spéciale (jaune) toute la superficie du territoire absolument privée d'eau, c'est-à-dire celle dont le sous-sol est constitué par les roches calcaires du Jurassique supérieur. Partout au contraire où ce sont, soit les terrains crétacés et tertiaires, soit le jurassique moyen ou inférieur, on voit apparaître des sources plus ou moins nombreuses ou volumineuses. Si nous réservons le nom de *bassins hydrographiques* aux surfaces qui sont parcourues par les cours d'eau apparents, nous pouvons appliquer celui de *bassins hydrologiques* à ces vastes surfaces du Jura, dépourvues de sources, qui sont cependant, en réalité, collectrices des eaux atmosphériques au profit des grandes sources, comme l'Orbe, la Reuse, la Noiraigue, la Serrière. Nous pouvons donc en déterminer les contours et même tracer, hypothétiquement il est vrai, la direction suivié par les divers contingents d'alimentation d'une source. C'est ce que j'ai cherché à exprimer dans une seconde carte. (580) J'ai présenté ces cartes à la réunion helvétique de Linthal en 1882. (674)

1879. — **Tribolet.** En 1879, M. de Tribolet a publié une *note sur la source minérale de Valangin,* suivie d'une statistique des sources minérales du canton. La source de Valangin, dite la Bonne-Fontaine, connue depuis 1647, avait disparu, c'est-à-dire que l'on en ignorait l'emplacement jusqu'en 1875, moment où guidé par quelques indices, deux particuliers de Valangin réussirent à la découvrir et à l'encaisser de nouveau. La notice de M. de Tribolet renferme en outre l'indication de vingt-cinq sources minérales dans le canton de Neuchâtel avec la bibliographie de chacune d'elles, mais les indications géologiques font défaut. (614)

1882. — **Jaccard.** En 1882, j'ai publié une courte notice, destinée à faire connaître quelques-unes des causes susceptibles de provoquer des changements dans la régime des sources du Jura neuchâtelois. Ces changements consistent dans la diminution toujours plus accentuée du débit des grandes sources, dû à l'envahissement des cavités souterraines par les limons tourbeux et les alluvions superficiels. Je cite plusieurs exemples de ces obstructions momentanées ou définitives, qui ont nécessité l'écoulement à ciel ouvert de l'eau qui ne trouvait plus d'issue dans les entonnoirs, au-dessus desquels existaient autrefois les *moulins souterrains,* bien connus des habitants de nos montagnes. (680)

1882. — **Ritter.** C'est en 1882 que M. l'ingénieur Ritter débutait dans la série de ses publications sur l'hydrologie des gorges de la Reuse et du bassin de Noiraigue.

Dans le mémoire qui a pour titre : *Eau, force, lumière, électricité, etc.,* présenté à l'appui de sa demande de concession, il s'efforce de démontrer que le bassin hydrologique en forme de cuvette, entre Noiraigue et Travers, est gorgé d'eau et capable de suffire à lui seul à l'alimentation de Neuchâtel et de la Chaux-de-Fonds, après l'avoir captée au moyen d'une galerie de succion, etc. Il considère la source de Combe-Garot, en aval du Champ-du-Moulin, comme une infiltration latérale de la Reuse. (679) M. Ritter a également développé ses vues dans le *Rameau de sapin*. (679 a)

1882. — **Jaccard.** Dans ma *Note sur les sources de Combe-Garot*, j'ai d'abord établi un certain nombre de points fondamentaux qui doivent servir de base à l'étude d'une source quelconque et, suivant les cas, diriger les recherches d'eau souterraine. J'ai ensuite appliqué ces principes à l'étude des trois sources de la partie inférieure des Gorges de la Reuse, connues sous le nom de *sources de Combe-Garot* qui, par leur volume, peuvent prendre rang à côté des sources vauclusiennes. (689)

1883. — **Ritter.** Dans son *Mémoire sur l'hydrologie des Gorges de la Reuse et du bassin de Noiraigue*, M. Ritter renouvelle ses démonstrations, en les appuyant de coupes géologiques sur le bassin hydrologique de Noiraigue et sur les nombreuses sources des Gorges de la Reuse, en amont et en aval du Champ-du-Moulin. Il renouvelle également ses objections contre l'existence des sources de Combe-Garot. (681)

La Société des sciences naturelles de Neuchâtel a visité les sources du Champ-du-Moulin pendant l'été de 1883. (682)

1883. — **Jaccard.** Dans la séance du 14 juin 1883, je présente une carte hydrologique du canton de Neuchâtel, demandant qu'elle soit publiée dans le Bulletin. M. Ritter déclare qu'il n'est pas d'accord avec M. Jaccard sur l'origine des eaux de la Combe-Garot et estime que celui-ci ferait mieux de renvoyer la publication de sa carte à l'année prochaine. (709)

1883. — **Jaccard et Heim.** Le rapport de la Commission d'experts des forces hydrauliques de la Reuse est accompagné de celui de la sous-commission hydrologique. Ce travail renferme des données importantes sur l'hydrologie de cette région. (684) Dans un rapport spécial, je me suis occupé plus particulièrement de la question d'alimentation de l'eau à la Chaux-de-Fonds. (685)

1883. — **Ritter.** M. Ritter a publié une *Réfutation des erreurs de la*

Commission hydrologique. (688) J'ai également publié une *Réponse* à cette réfutation. (689 *a*)

1883. — **Parandier.** M. Parandier, ingénieur, rappelle qu'il avait déjà constaté en 1830 l'existence dans le Jura de bassins fermés. Ces bassins ont une grande importance au point de vue hydrologique. (694)

1883. — **Schardt.** L'éboulement qui s'est produit au voisinage du Fort-l'Écluse, a fait le sujet d'une intéressante notice géologique et hydrologique de M. Schardt. Ce phénomène a eu pour cause l'existence d'un puissant amas de graviers et sables du terrain glaciaire, appuyé contre le pied de la montagne, et superposé à une source abondante, gonflée par la fonte des neiges. (710)

1883. — **Mathey.** M. Mathey, instituteur, lit à la Société vaudoise des sciences naturelles. un travail sur la recherche des sources au moyen de l'électricité. Une vive discussion s'engage après cette lecture et les idées de l'auteur sont combattues par plusieurs membres de la Société vaudoise. (712)

1883. — **Jaccard.** Dans une note communiquée à la Société des sciences naturelles de Neuchâtel, j'ai signalé le phénomène particulièrement remarquable de la transformation des entonnoirs du tunnel des Loges, en sources torrentielles momentanées. (683)

1884. — **Jaccard.** Dans une *Note sur la source de la Reuse et le bassin des Taillères*, j'ai rendu compte d'une expérience destinée à apprécier l'importance du contingent d'eau fourni par les eaux du lac qui pénètrent dans les entonnoirs du Moulin du Lac. De cette expérience j'ai pu conclure que les nappes lacustres, pas plus que les marais tourbeux, ne remplissent le rôle de réservoirs d'alimentation qu'on leur avait attribué. (743)

1884. — **Ritter.** Au sujet de cette communication, M. Ritter donne son opinion sur l'immense différence de volume d'eau de la Noiraigue à la sortie de ce village comparé à celui du Furcil et du Saut-de-Brot. Cette augmentation est due, selon lui, à l'écoulement du bassin hydrologique de Noiraigue (744)

1884. — **Russ.** M. Russ dit que la Serrière a doublé son volume d'eau en vingt-quatre heures après les premières chutes de pluie en décembre. (732)

1884. — **Bourgeat.** Je me borne à signaler en passant la notice de M.

Bourgeat sur la distribution et le régime des sources dans la région du Jura comprise entre la Faucille et la Dôle. L'auteur accorde une grande importance aux dislocations et aux failles au point de vue de la distribution des sources. (739)

1885. — **Ritter**. En 1885, M. Ritter revient sur la question des sources et du bassin hydrologique de la Reuse. Il constate l'énorme diminution des sources de Combe-Garot et insiste sur le fait que le bassin de Noiraigue est le réceptacle de tous les arrivages souterrains d'eau du Val-de-Travers, etc. Enfin, il présente des tableaux de jaugeages des deux groupes de sources, etc. (753)

1885. — **Ritter**. Dans la seconde séance de la Société helvétique des sciences naturelles au Locle, M. Ritter présente plusieurs coupes géologiques, tableaux, cartes, montrant la structure géologique du bassin de Noiraigue, dans lequel il avait proposé d'établir des *galeries de succion*, destinées à capter l'eau souterraine. Il termine son exposé en disant : « l'on comprend que de pareils résultats aient mis à néant toute velléité de discussion ». (761)

1885. — **Jaccard**. J'ai résumé dans une notice accompagnée d'un profil géologique, mes observations sur le lac des Taillères et la source de la Reuse. (759)

1885. — **Ritter**. M. Ritter a, de même, résumé dans le *Rameau de sapin* les données statistiques des jaugeages dans les gorges de la Reuse. (763)

1885. — Une notice sur la source de la Serrière, est accompagnée d'une coupe géologique, inexacte, en ce qu'elle porterait à croire que cette source est alimentée seulement par les terrains crétacés superposés au Jurassique (766)

1886. — **Club jurassien**. Dans une *Notice géologique sur les sources d'eau de Neuchâtel*, un clubiste a d'abord établi la succession des trois étages ou gradins formés par l'urgonien, le néocomien et le valangien, auxquels succède le calcaire jurassique. Ceux-ci sont affectés sur plusieurs points par des cassures perpendiculaires à la direction des crêts et des combes. Des sources, peu volumineuses, sont alimentées par l'eau qui a pénétré les massifs calcaires et vient sourdre au niveau des marnes. Elle sont devenues impropres à l'alimentation depuis que des habitations nombreuses ont été construites dans leur voisinage. (781)

1885. — **Hirsch.** L'étude du régime pluvial dans le canton de Neuchâtel, de M. Hirsch, se lie de près à celle du régime des sources du Val-de-Travers. L'année 1884, comparée aux vingt années antérieures, présente une remarquable sécheresse, qui cependant ne paraît pas avoir exercé une influence notable sur ces sources. (745)

1887. — **Daubrée.** M. Daubrée a consacré au canton de Neuchâtel quelques pages de son livre sur les *Eaux souterraines.* Il fait ressortir le rôle important des cavernes dans la formation des sources vauclusiennes, et celui, non moins caractéristique, des *nappes phréatiques,* qui absorbent en certaines saisons la presque totalité de l'eau qui circule dans les vallées. Une carte à échelle réduite indique les principales sources du Val-de-Travers et du littoral du lac de Neuchâtel. (790)

J'ai publié une analyse de ce travail dans le journal *Le Monde de la science et de l'industrie.* (806) Un compte rendu de M. Schardt a aussi paru dans les Archives de juin 1888.

1888. — **Gauthier.** M. Gauthier adresse à la Société vaudoise une note sous le titre : *Contribution à l'étude du lac de Joux,* dans laquelle il s'occupe de la congélation, du régime des eaux, des entonnoirs, etc. (820)

1888. — **Schardt.** M. Schardt a fait une étude sur les sources du Mont-de-Chamblon. Les unes, superficielles et d'un faible volume, ont une température variable, et tarissent souvent en été. Leur eau provient de la colline même. Les grandes sources du pied N. et N.-E., ont un volume si considérable qu'elles ne peuvent provenir que du Jura, ayant traversé souterrainement les terrains crétacés et tertiaires. (817)

1889. — **Ritter.** En 1889, M. Ritter a publié un mémoire sur la *Formation de quelques sources du Jura neuchâtelois et en particulier de la source de Bonvillars.* Dès le début, il rappelle ses travaux antérieurs et les observations faites au cours des travaux de captation des sources du Champ-du-Moulin. Puis il passe à l'étude de la source de Bonvillars. Ce travail est accompagné de diagrammes démonstratifs de ses théories sur la circulation souterraine de l'eau. (833)

M. Ritter a encore présenté un travail sur les sources du Val-de-Saint-

Imier et s'occupe plus particulièrement de celle de la Doux et de la Raissette. La première jaillit au pied du versant nord, du milieu des couches
redressées du jurassique supérieur. La seconde sourd à une distance de
1200 mètres en aval et à 10 mètres au-dessus de celle de la Raissette. Des
diagrammes indiquent également le trajet supposé des eaux souterraines.
(834)

    1889. — **Guillaume, Russ.** M. Guillaume dit que la source de l'Écluse
lui paraît rentrer dans la catégorie de celles dont M. Ritter vient de parler.
Il croit que la Serrière pourrait bien provenir de l'épuration du Val-de-
Russ. M. Russ rappelle une étude de M. Jaccard, d'après laquelle la Serrière
proviendrait des hauts sommets du Val-de-Ruz. M. Ritter est d'accord avec
l'étude de M. Jaccard, en ce qui concerne la Serrière.

    1891. — **Ritter.** M. Ritter a calculé le débit de la Reuse, qui est, dit-il,
très semblable à celui du Doubs, pour lequel on possède toute une série de
jeaugeages. Cette rivière aurait un débit moyen de 5^{m3},093.

    1892. — **Forel.** En présentant la carte hydrographique du lac de Joux
et du lac Brenet, M. Forel ajoute quelques observations sur la nature des
collines sous-lacustres qui en accidentent le fond. Il suppose que la vallée
était autrefois sans lac, que les eaux s'écoulaient par un ou plusieurs entonnoirs, situés au fond de la cuvette, etc. (925)

    1892. — **Schardt.** M. Schardt est aussi de cet avis, mais il croit cepen-
dant que les collines sous-lacustres sont morainiques, et par conséquent de
même nature que celles qu'on observe entre l'Orient de l'Orbe et de
l'Abbaye. (943)

GROTTES, CAVERNES, GLACIÈRES, ETC.

    1871. — **Bonstetten.** En 1871, M. de Bonstetten a publié une notice
sur la grotte à ossement de Covatannaz, près de Sainte-Croix. Ses dimensions
sont très restreintes, au moins dans la partie explorée, qui n'était en réalité
qu'un abri sous roche. La présence de poteries, d'un fer de flèche en
bronze et d'os fracturés par la main de l'homme, indique assez positivement
l'époque où elle a servi de retraite à l'homme. (452)

1871. — **Schnetzler.** M. Schnetzler s'est occupé, au point de vue miné-ralogique du *lait de lune*, de la Grotte-aux-Fées de Vallorbes, et dit qu'il est composé de cristaux d'aragonite et d'une matière organique à laquelle serait due la consistance gélatineuse de cette substance.

1871. — **Desor.** L'*Essai d'une classification des cavernes* me paraît plus systématique que pratique. En essayant d'appliquer les expressions popu-laires aux diverses formes des cavernes, l'auteur risque toujours de se trou-ver en contradiction avec les applications usitées localement. Ainsi, la *cave*, la *caverne* ou *l'emposieu*, sont des *baumes*, et non pas l'accident qu'il dési-gne sous ce nom. Pour l'habitant du Jura une caverne est une grotte, quelle que soit sa forme. (454)

1872. — **A.-P. Dubois.** En 1872, un jeune étudiant, P. Dubois, a publié dans le *Rameau de sapin* une description, avec figure, de la grotte de Cot-tencher ou grotte aux ours, découverte en 1859. Il démontre que l'ours des cavernes a existé dans notre pays avant, pendant et après la période gla-ciaire. (470)

1874. — **O. Huguenin.** La création d'un sentier dans les Gorges de la Reuse, entre le Champ-du-Moulin et Trois-Rods, a révélé l'existence d'acci-dents orographiques du plus grand intérêt. Dans une *Promenade dans les Gorges de la Reuse*, M. O. Huguenin en a signalé plusieurs qu'il a même illustrés par son crayon délicat. Je signalerai en particulier une arcade naturelle, et la grotte de Ver, ou grotte du Four, dans laquelle furent décou-verts un peu plus tard des vestiges de l'homme préhistorique. (523)

1876. — **Colin.** En 1876, M. Colin, de Pontarlier, découvrit non loin de la cime du Gros-Taureau, à la frontière franco-suisse, une grotte, au fond de laquelle gisaient dans une terre argileuse de nombreux ossements, parmi lesquels bon nombre de maxillaires et autres pièces du squelette d'un ours, probablement *Ursus arctos*, ainsi que la mâchoire inférieure d'une Anti-lope et un silex taillé en forme de lame, brisé, mais dont la longueur devait atteindre neuf centimètres. M. Colin a donné à cette caverne le nom de *Grotte des Miroirs*, du nom de la ferme voisine. (566)

1876. — **Guebhart.** On connaissait depuis longtemps dans le vallon de Ver, près de Chambrelien, une cavité appelée Grotte de Ver. Elle fut explo-rée, en 1876, par quelques clubistes qui découvrirent deux vastes chambres, dont le plafond et le plancher étaient tapissés de stalactites et de stalagmites. Elle ne paraît pas renfermer d'ossements fossiles. (570)

1877. — Tribolet. La cavité en forme de cheminée, connue sous le nom de glacière de Monlezi entre la Brévine et Couvet, est une *baume*, comme celle de la Côte-aux-Fées. En 1877, M. de Tribolet a publié la traduction d'une description de M. Browne, qui s'est aussi occupé de l'origine de la glace souterraine. (575)

1882. — Jaccard. On ne peut douter qu'il existe dans le Jura un nombre infini de cavités souterraines, sans communication avec l'extérieur, par conséquent inconnues. Tel est le cas que j'ai eu l'occasion de constater pendant la construction du tunnel pour le chemin de fer de Morteau au Col-des-Roches. J'ai pu reconnaître un certain nombre de faits intéressants sur la circulation souterraine de l'eau, le remplissage des cavités par des cailloux roulés, etc. (670)

1890. — Rollier. M. L. Rollier a publié en 1890 une notice sur les grottes du Jura bernois, accompagnée de figures. Il adopte en la modifiant quelque peu la nomenclature de Desor et donne des figures de la *baume* (à Neuveville), de la *galerie* (de Douane), etc. La grotte de Réclère est une *cave*, celle de Lajoux une *fondrière*, enfin le Creux-de-glace est une *tunne*. (871)

APPLICATIONS PRATIQUES DE LA GÉOLOGIE, PHOSPHATES, ENGRAIS MINÉRAUX, ETC.

1872. — A. Favre. L'exploitation des phosphates du gault à Bellegarde appelait en 1872 l'attention des géologues. M. A. Favre a publié à cette époque une notice, dans laquelle il résume les observations de M. Gruner. Le sable lui-même contient peu ou point de phosphate, mais dans le moule intérieur du fossile on en trouve jusqu'à 50 et même 70 %. La présence de ce phosphate ne peut s'expliquer que par l'action condensatrice exercée par la matière animale durant sa décomposition sur le phosphate répandu à l'état de dissolution dans les eaux marines. (479)

1872. — Risler. En 1872, un agronome distingué, M. E. Risler, a publié une note *sur l'utilité des cartes géologiques en agriculture*, faisant ressortir l'importance des publications, cartes et mémoires de la Commission de la carte géologique de la Suisse (feuilles VI, VII, XI et XVI). (475)

1872. — **Jaccard, Knab.** La publication d'un fragment du livre d'Amiet, dont j'ai rendu compte, provoquait en 1872 une discussion assez vive au sujet de la possibilité d'existence d'une source salée dans le voisinage de Boudry. Invité à faire connaître les arguments, pour ou contre, de la géologie sur ce sujet, je me prononçais négativement, mais M. l'ingénieur Knab, s'appuyant sur la coexistence du gypse dans les gisements de sel gemme exploités en Europe, s'efforçait de faire prévaloir une opinion contraire et concluait en proposant des recherches par sondages, analyses de sources, etc. (466) M. Desor a également publié une note sur ce sujet. (495)

1873. — **Jaccard.** Dans une communication à la Société helvétique à Schaffhouse, j'ai de nouveau conclu à l'origine animale des phosphorites du gault, en évoquant des phénomènes analogues. Je donne les résultats des analyses des phosphates de Morteau et de Sainte-Croix, par M. J. Picard, en 1867. (486)

1874. — **Jaccard.** Les découvertes relatives à la valeur et à l'importance des minerais phosphatés devaient provoquer mon attention, à mesure que, de divers côtés, on signalait les fossiles du gault sableux comme renfermant cette substance en proportions assez grandes pour donner lieu à des exploitations. Toutefois, j'ai traité ce sujet, tant au point de vue de la géologie appliquée, qu'à celui de la science proprement dite, soit dans le *Rameau de sapin* (517), soit dans le *Journal de la Société d'agriculture.* (511)

1875. — **Risler.** Dans son *Étude sur le sol arable,* M. Risler recherche la composition de la *molasse,* qui constitue la plus grande partie du sol entre le Jura et les Alpes. Elle se compose de grains de sable et de grains verts ou rouges, unis par un ciment calcaire. Or, d'après M. Studer, les grains verts contiennent 36 % de phosphate de chaux, ce sont donc des débris de phosphates fossiles. Le diluvium glaciaire provient du mélange des roches alpines avec les sables détritiques de la molasse, etc. La carte géologique de M. Jaccard est souvent citée. (539)

1876. — **Jaccard.** En 1876, je fus appelé à faire partie d'une commission d'experts chargée de faire rapport sur l'emplacement d'un nouveau cimetière à Genève. (557) Mes observations me firent reconnaître l'exactitude des travaux antérieurs de C. Vogt sur l'existence d'un ancien cours de l'Arve dans la plaine de Plainpalais. (556) M. Ebray a également publié un rapport sur le même sujet. (558)

1887. — **Chambrier.** Dans sa notice *sur la richesse du sol*, etc., M. Jean de Chambrier publie une analyse des terres du vignoble de Bevaix, et constate que la fertilité des vignes de l'Abbaye de Bevaix permet depuis dix siècles un rendement maximum, ce qui est dû à leur dosage en potasse. (789 *h*)

1888. — **Chuard.** M. Chuard a analysé les fossiles phosphatés de l'albien et du vraconien de Sainte-Croix, et y a reconnu la présence de l'acide phosphorique dans la proportion de 16 à 19 %. Ces fossiles se remarquent en outre par leur faible proportion d'alumine. (816)

Travaux divers.

1872-93. — **Ernest Favre.** En 1872, M. Ernest Favre commençait la publication d'une *Revue géologique suisse* dans les *Archives de la Bibliothèque universelle*, et en tirage à part. (Depuis quelques années elle a été réunie aux *Eclogæ geologicæ*). On y trouvera l'analyse de la plupart des travaux relatifs au Jura central. (455 *a*, 483, 500 *a*, 523 *b*, 551 *a*, 571 *a*, 594, 624 *a*, 644, 665, 698, 720, 765, 778, 789 *k*, 802 *a*, 825, 863, 894, 923)

1872. — **Studer.** Dans son *Index der Petrographie*, etc., M. Studer a compris un bon nombre des termes qui venaient d'être proposés pour la nomenclature des terrains du Jura central. Quelques-uns d'entre eux ont été consacrés par l'usage; d'autres ont été abandonnés. (468)

1874. — **Vézian.** Dans son travail sur *la France au point de vue géologique et historique*, M. A. Vézian recherche quel était le mode de répartition des terres et des mers pendant la période jurassique. Il énumère les divers *bassins* géographiques de cette période, parmi lesquels le *bassin* *jurassien*, les *détroits*, qui les mettaient en communication les uns avec les autres, etc. (508)

1880. — **Jaccard**. En 1880, j'ai publié sous le titre de *Notions élémentaires de géologie,* un volume autographié, avec cartes, coupes et profils, figures de fossiles, destiné à présenter un résumé de mon cours de géologie à l'académie de Neuchâtel. Il est divisé en trois parties : Éléments généraux, géologie stratigraphique et histoire du globe. J'ai surtout fixé l'attention sur les phénomènes géologiques relatifs à la Suisse et au Jura. (626)

1881. — **Jaccard**. Le congrès géologique international de Bologne, en 1881, s'est occupé de diverses questions relatives à la nomenclature et aux figurés géologiques. Il a aussi décidé la publication d'une carte géologique de l'Europe, et les participants suisses ont eu la satisfaction de constater que la légende des couleurs se rapprochait très sensiblement de celle qui fut adoptée par la Commission géologique suisse, au début de son activité. (676)

1884. — **Schardt**. Dans ses *Études géologiques sur le Pays-d'Enhaut,* M. Schardt consacre un chapitre au *Mécanisme des dislocations,* dont l'importance, en ce qui concerne le Jura, doit être relevée ici, sans que je puisse cependant en entreprendre l'analyse. (731)

1884. — **Renevier**. Le Mémoire de M. Renevier *sur les faciès géologiques,* ouvre des horizons tout nouveaux sur les théories et les systèmes de classifications stratigraphiques. On peut prévoir de nombreuses modifications dans la nomenclature, en ce qui concerne les étages jurassiques et crétacés du Jura, comparés à ceux d'autres régions du continent européen. (740)

1885. — **Jaccard**. Dans mon discours d'ouverture à la Société helvétique des sciences naturelles, j'ai présenté un aperçu historique de l'origine et du développement des études géologiques dans le canton de Neuchâtel, et rappelé les noms de Bourguet, de L. de Buch, d'Agassiz et Desor, de Montmollin, de Nicolet, de Gressly, etc., ainsi que les principales découvertes géologiques réalisées depuis une trentaine d'années. (752)

1885. — **Gilliéron**. De son côté, M. Gilliéron a relaté les principales observations de la Société géologique suisse au Val-de-Travers, à Morteau, et dans les environs du Locle et de la Chaux-de-Fonds. (751)

1885. — **Vézian.** Dans *Les deux théories orogéniques*, M. A. Vézian soulève l'importante question des causes qui interviennent dans la formation des chaînes de montagnes. Après un exposé des théories successives des naturalistes anciens et modernes, il conclut en disant « qu'il existe dans l'intérieur du globe une force suffisante pour amener le soulèvement de certaines parties de l'écorce terrestre. » (773)

1887. — **Jaccard.** Il m'a paru intéressant de retracer les origines et le développement d'une science auxiliaire de la géologie, la paléontologie, qui, dès longtemps, a compté en Suisse de nombreuses illustrations. Les fossiles du Jura, réunis d'abord dans les *cabinets* d'amateurs, forment maintenant de vrais musées dans les principaux centres scientifiques. (789)

1888. — **Jaccard.** Nous ne possédons jusqu'ici que fort peu de documents sur les processus de fossilisation, c'est-à-dire sur les circonstances qui ont contribué à la transformation et à la fossilisation des corps organisés. On sait cependant que dans plusieurs terrains les enveloppes solides d'animaux marins, coquilles, téguments calcaires, ont été pseudomorphosées, et transformés en silice. C'est le cas dans le terrain à chailles du Jura bernois, dans le lédonien de Brot-Dessous. J'ai aussi reconnu le fait pour certains spongiaires du calcaire jaune et, plus tard, pour les Brachiopodes et les huîtres de la marne bleue, à Hauterive, et réussi par l'emploi de l'acide chlorhydrique à ramener les coquilles à leur état primitif. (806)

1888. — **Jaccard.** Dans mon analyse de l'ouvrage de M. Fayol sur *l'origine et le mode de formation des terrains sédimentaires*, j'ai cherché à faire ressortir la nécessité de tenir compte d'une façon plus sérieuse des conditions dans lesquelles s'opère la sédimentation, et de renoncer à la création des étages stratigraphiques d'après la nature pétrographique des terrains. (807)

1888. — **Ritter.** Dans son projet d'alimentation de Paris au moyen d'une dérivation des eaux du lac de Neuchâtel, M. l'ingénieur Ritter présente une coupe du grand tunnel transjurassique, de trente-sept kilomètres de longueur, dont la plus grande partie se trouve comprise entre le lac de Neuchâtel et le Doubs. (815)

1888. — **De la Noë et Margerie.** En 1888, MM. de la Noë et Margerie ont publié un important mémoire *sur les formes du terrain*. Il est accom-

pagné d'un atlas de cartes, coupes et profils, dont plusieurs se rapportent
à notre Jura et à ses accidents orographiques. (824)

1889. — Gilliéron. M. Gilliéron a publié une note *sur l'achèvement de
la première carte géologique de la Suisse*, dans laquelle il fait d'abord l'historique de cette entreprise, subventionnée par la Confédération, et dirigée
par une Commission de la Société helvétique des sciences naturelles. Il
indique ensuite les causes des défectuosités de ce travail, confié à différents
collaborateurs, ainsi que les raisons de surseoir à la publication d'une carte
à plus grande échelle. (841)

1889. — Maillard. Dans ses *Notions de géologie élémentaire appliquée
à la Haute-Savoie*, M. Maillard parle des deux chaînes du Salève et du
Vuache, qui relient plus ou moins directement le Jura aux Alpes. (848)

1891. — Jaccard. En 1891, j'ai présenté à la Société des sciences naturelles de Neuchâtel un relief de la partie du Jura comprise entre la cluse
de Reuchenette et celle de l'Orbe à Vallorbes. Ce relief est avant tout destiné à faire ressortir les accidents orographiques caractéristiques de cette
région. (900)

1891. — Schardt. Dans sa *Leçon d'ouverture* d'un cours de géographie
physique à l'Université de Lausanne, M. Schardt fait ressortir le contraste
qui existe entre le Jura aux chaînons parallèles, dont les formes régulières
rappellent les vagues successives d'un lac, la plaine, aux vallées tortueuses
creusées dans la molasse, et les Alpes, aux sommets de formes variées et
grandioses. Il conclut à la nécessité de relier de près l'étude de la géologie
à celle de la géographie. (918)

1891. — Golliez. M. Golliez a également publié une *Leçon d'ouverture*
du cours de géologie technique à l'Université de Lausanne. Les environs de
cette ville sont présentés comme fournissant les meilleurs exemples de la
méthode qui consiste à rapprocher les phénomènes anciens des phénomènes actuels. Les recherches de Gressly sur les couches du Jura sont
citées comme exemples des applications pratiques de la géologie aux grands
travaux industriels. (920)

1891. — Jaccard. La question de l'existence de la houille en Suisse,
déjà traitée par M. Desor à l'occasion du grand sondage de Rheinfelden,
revenait à l'ordre du jour en 1890-91. J'en ai fait l'objet d'une communi-

cation à la Société des sciences naturelles de Neuchâtel, en vue surtout de dissiper les illusions de personnes qui, ne tenant aucun compte des résultats acquis par la science, s'imaginent qu'il serait possible de rencontrer la houille par un sondage pratiqué à travers les couches de la molasse du plateau suisse. (895)

1892. — **Jaccard.** En 1892, j'ai publié en un volume les *Causeries géologiques*, qui avaient paru précédemment dans la *Bibliothèque populaire*, etc. J'ai cherché dans ce travail à présenter d'une façon méthodique les notions les plus essentielles de la géologie, toujours en choisissant autant que possible les exemples dans notre pays. (936)

ARTICLES DIVERS DU RAMEAU DE SAPIN, ETC.

Dès son apparition, le *Rameau de sapin* a publié un grand nombre de notices se rapportant plus ou moins à la géologie, mais qui ne rentraient pas dans l'une ou l'autre des divisions admises dans ce *Résumé historique*. Je les indique ici dans l'ordre chronologique.

1871. — **Jaccard.** Les empreintes de feuilles de la gare du Locle. (450)

1871. — Le lac des Taillères. (451)

1871. — Une visite à Jean-Baptiste Carteron. (451 *a*)

1874. — Stratigraphie des Gorges du Seyon par Gressly. (521)

1876. — **Tribolet.** Sur les tremblements de terre. (568)

1877. — **F. Berthoud.** Le sentier des Gorges de la Reuse. (590)

1877. — L'éboulement de Vers-chez-le-Bois. (593)

1879. — **Rhyner.** Les fossiles du Petit-Château. (611)

1881. — **Rhyner.** Échinides tertiaires de la Chaux-de-Fonds. (657)

1884. — L'asphalte du Val-de-Travers, d'après L. de Buch. (723)

1890. — **Jaccard.** Le tunnel du Locle et le Régional des Brenets. (869)

1890. — **Jaccard.** La mer jurassique en Europe. (870)

1891. — **Jaccard.** La formation du Jura. (901)

1892. — **Jaccard.** La source et la vallée de la Loue. (937)

1892. — **Tripet.** Mesures prises en 1838 pour la conservation du bloc erratique de Pierrabot. (949)

1885-1891. — **Jaccard.** J'ai également publié. dans une revue scienti-fique et littéraire, une série d'articles dont je me borne à indiquer les numé-ros inscrits dans la bibliographie : 755, 756, 787, 789 *a*, 789 *b*, 808, 842, 843, 845, 846, 844, 847, 884, 885, 886, 887, 915, 916, 917, 918.

NOTICES BIOGRAPHIQUES.

Je rappelle ici, dans l'ordre de leur publication, les notices biographi-ques sur les auteurs qui se sont occupés du Jura central.

1871. — **Jaccard.** Le docteur Campiche. (444)

1871. — **L. Favre.** Adolphe-Célestin Nicolet. (451)

1872. — **L. Soret.** Notice biographique sur J.-F. Pictet. (482)

1873. — **M. de Tribolet.** Notice nécrologique sur Georges de Tribolet. (494)

1880. — **Jaccard.** Les géologues contemporains. (643)

1881. — **L. Favre.** Louis Agassiz, son activité à Neuchâtel. (645)

1882. — **L. Favre.** Notice nécrologique sur Édouard Desor. (671)

1883. — **L. Favre.** Arnold Guyot, notice biographique. (717)

1885. — **Jaccard.** Bourguet, Agassiz. (756)

1887. — **Mayor.** Louis Agassiz, sa vie. (789 *e*)

1888. — **Girardot.** Edmond Guirand, sa vie, etc. (821)

1889. — **Marcou.** Les géologues et la géologie du Jura. (838)

1889. — **Hollande.** Notice biographique, etc., sur M. Ch. Lory.

1890. — **Renevier.** Ph. de la Harpe, sa vie et ses travaux scientifiques. (862)

1890. — **L. Favre.** Léo Lesquereux, notice biographique. (868)

1890. — **Ed. Greppin.** Victor Gilliéron, notice biographique. (881)

1891. — **Renevier.** Notice biographique sur Gustave Maillard. (899)

1891. — **Jaccard.** Notice sur la vie et les travaux d'A. Favre. (903)

1892. — Souvenir de l'inauguration du monument d'A. Guyot. (948)

—— ——

SECONDE PARTIE

TEXTE EXPLICATIF DE LA FEUILLE XI

DE L'ATLAS FÉDÉRAL

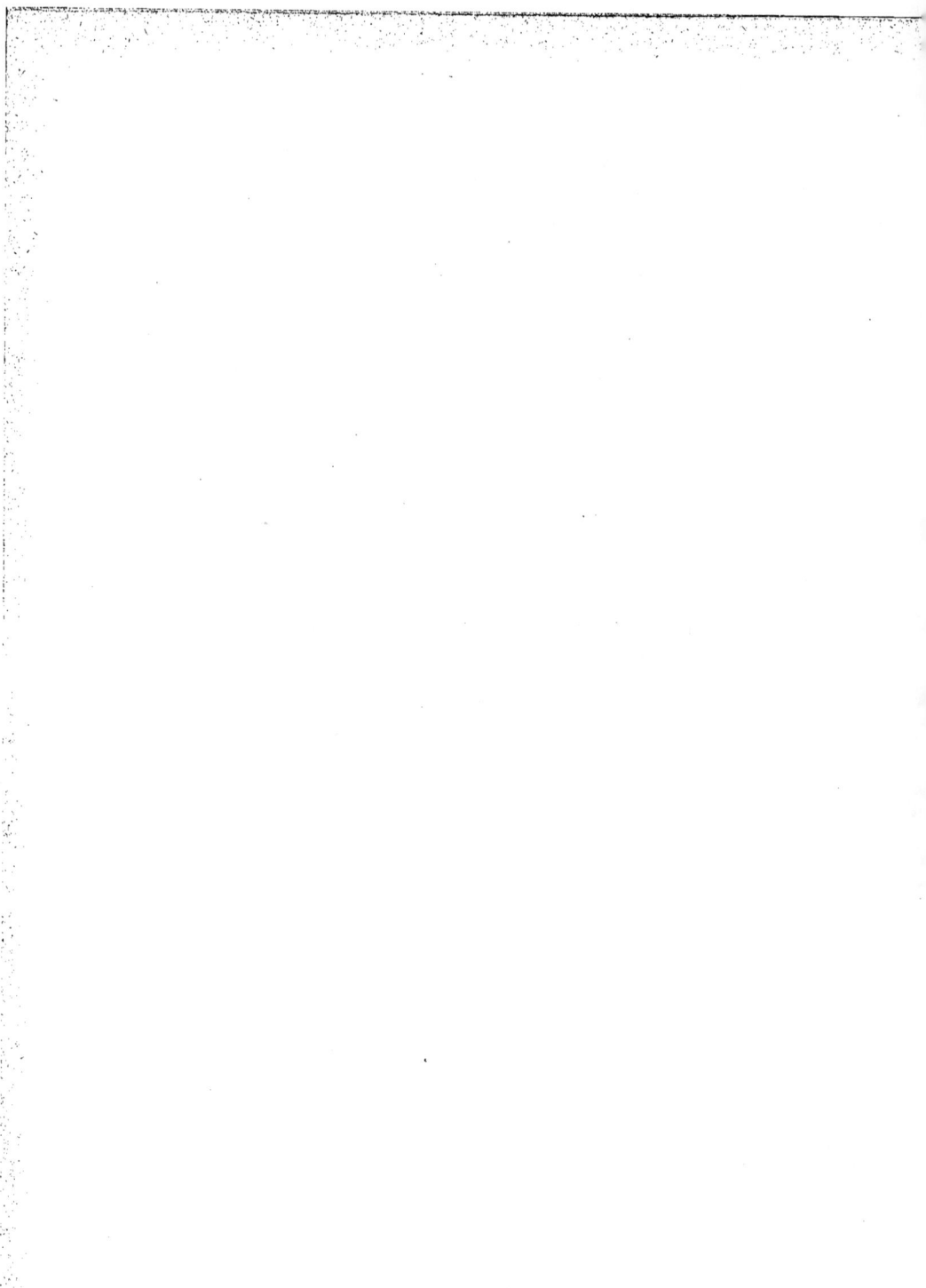

TEXTE EXPLICATIF DE LA FEUILLE XI

I. RÉVISION DE LA LÉGENDE DES SIGNES
ET DES COULEURS

Avant d'aborder le texte explicatif de la feuille XI, il me paraît à propos de dire quelques mots des changements apportés à la gamme des couleurs et aux signes de la légende, changements motivés par l'expérience acquise au fur et à mesure de la publication des différentes feuilles de la carte géologique.

La Commission ayant publié une *Légende générale* (feuille XXI de l'*Atlas géologique*), pour l'ensemble des vingt-quatre feuilles, il ne pouvait du reste être question de modifier sensiblement les signes et les couleurs de la première édition, et l'on s'est borné au strict nécessaire.

1º Suppression de *e b*, les éboulements n'ayant pas une importance qui mérite leur indication dans une carte à une échelle aussi réduite;

2º Suppression de *q j*, le quaternaire jurassique se confondant presque partout avec le glaciaire alpin;

3º Introduction de signes particuliers pour les moraines et les blocs erratiques;

4º Réduction de la dimension des bâtons bleus de l'aquitanien avec bancs calcaires;

5° Distinction des couches inférieures de l'aquitanien (molasse rouge du pied du Jura) par les lettres *m r;*

6° Indication à la légende, avec une teinte spéciale et la lettre *E,* de l'éocène lacustre ;

7° Renvoi aux *Signes particuliers,* des dépôts éocènes sidérolitiques, ainsi que des minerais de fer valangiens;

8° Réunion à l'astartien *As,* du corallien, indiqué dans les cartes de l'État-major français;

9° Suppression de *J m B* et de *J m E,* qui sont réunis avec les lettres *J m* et le titre d'Oxfordien;

10° Suppression de *D n,* la dalle nacrée étant réunie au Bathonien *J i b.* Ce même monogramme est appliqué aux trois subdivisions de l'étage dans le Jura français;

11° Introduction de *J J* pour le Bajocien, qui est très développé dans la même région;

12° Indication du Lias, *L,* et du Trias, *T,* pour les terrains des environs de Salins;

13° Renvoi aux signes particuliers du *gypse,* tertiaire, purbeckien, etc.;

14° Introduction d'un signe particulier pour les grandes sources appelées *Sources Vauclusiennes* et que je propose de désigner sous le nom de *Sources Jurassiennes.*

Le texte explicatif rendra compte des raisons qui ont motivé ces changements, mais je ne puis me dispenser de rendre hommage à la direction de l'établissement topographique de Winterthour pour le soin avec lequel le travail chromolithographique a été exécuté dans ses ateliers. A ce point de vue la seconde édition de la feuille XI présente une netteté et une clarté qui seront appréciées par quiconque s'intéresse à ce genre de publications.

II. CHANGEMENTS LES PLUS IMPORTANTS

DANS LE COLORIAGE ET LES LIMITES DES DIFFERENTS TERRAINS.

Région de la molasse vaudoise. — Je crois devoir rappeler ici que, lorsque je fus appelé à collaborer aux levers pour la carte géologique suisse, il ne fut d'abord question que de la partie du Jura comprise dans la feuille XI. Plus tard, les circonstances engagèrent la Commission à me confier certains districts jurassiens des feuilles VI, VII, XII et XVI. Plus tard encore je dus, à regret, embrasser dans mon champ d'exploration le territoire molassique des feuilles XI et XVI. A ce moment, précisément, les courses sur le terrain m'étaient devenues très difficiles, aussi serait-on en droit de me reprocher une certaine précipitation dans le lever géologique de cette région. J'invoquerai comme excuse le retard qu'une exploration plus sérieuse eût apporté à la publication des deux feuilles que l'on désirait hâter autant que possible.

C'est surtout dans la région comprise entre les vallées de la Venoge et de l'Orbe et celle de la Broye, soit le Jorat d'Échallens, que les changements sont le plus considérables. Mes récentes explorations m'ont permis de reconnaître que les dépôts quaternaires ne jouent qu'un rôle insignifiant dans presque toute cette surface qui, en réalité, est constituée par la molasse des divers étages à l'état détritique et sablonneux. Les véritables bancs de molasse n'apparaissent que dans les vallées d'érosion, ou bien dans quelques chemins creux, aux abords des villages. Il en résulte dans toute la contrée une véritable disette, tant des matériaux de construction, que de ceux qui sont nécessaires à l'empierrement des routes, ceux-ci doivent être amenés de loin, c'est-à-dire du Mont de Chamblon, du Mormont ou bien, dans les environs d'Oulens, de Vuarrens, être extraits des couches de calcaires lacustres en alternance avec la molasse sableuse.

Ce changement a eu pour conséquence de produire un léger disparate au point de réunion de la feuille XII, de M. Gilliéron, mais j'ai pu me con-

GÉOLOGIE — 31

vaincre, par le texte même de mon collègue, que lui aussi n'avait indiqué la molasse que là où elle se présente en couches régulières et non altérées ou détritiques.

Aux environs de Cossonay et dans la région du pied du Jura, les changements sont beaucoup moins importants, cependant j'ai reconnu que la plus grande partie du terrain indiquée comme *quaternaire stratifié,* était en réalité du *glaciaire alpin* et morainique. Les limites réciproques du glaciaire, de la molasse et du crétacé ont été aussi modifiées d'après une carte manuscrite de M. Schardt, qui a fait une étude spéciale des environs de Montlaville, Romainmotier, La Russille, etc.

Enfin j'ai revu moi-même toute la région au nord de Grandson, les environs de Provence, etc., et indiqué les puissants dépôts morainiques qui font suite à celui des Rasses, signalé par M. Renevier.

Jura neuchâtelois et vaudois. — Ici les changements et les modifications sont de peu d'importance. L'échelle réduite de la carte ne permettant pas d'indiquer nombre d'observations de détail qui doivent être renvoyées au texte explicatif. J'ai surtout cherché à mettre plus d'exactitude dans l'indication des dépôts quaternaires dans les vallées, ainsi à Saint-Sulpice, à la Brévine, au Champ-du-Moulin, etc.

Jura franc-comtois. — C'est pour satisfaire au désir de la Commission géologique que, dans la première édition de la carte, j'avais compris une partie importante du Jura franc-comtois. Dès lors le service de la carte géologique détaillée de la France a fait paraître les feuilles de Pontarlier et de Lons-le-Saunier. J'ai eu la satisfaction de voir que les limites relatives des terrains ne présentaient pas de différences sensibles. Seulement notre confrère M. Bertrand s'est attaché à indiquer d'une façon beaucoup plus détaillée les dépôts quaternaires dans les vallées de Saint-Point, Mouthe-Rochejean, Pontarlier, Nozeroy, et même du large plateau au S.-E. de cette vallée, ce qui modifie assez sensiblement l'aspect de la carte dans cette région.

Un changement bien plus considérable résulte du coloriage de l'angle N.-O. de notre feuille XI. Ici, le Jura ondulé fait place au Jura-plateau avec ses failles nombreuses, l'extension considérable du Jurassique inférieur, l'apparition du Lias et du Trias. A remarquer aussi la grande extension du quaternaire stratifié dans la vallée de l'Ain, aux environs de Champagnole.

III. ÉTUDE DES TERRAINS

Ainsi que le comportaient le programme et les *Instructions* de la Commission géologique, je m'étais appliqué, dans la sixième livraison des *Matériaux*, à faire connaître la nature et la composition des divers terrains compris dans les feuilles VI, XI et XVI et même d'une partie des feuilles VII et XII de l'Atlas fédéral. Il s'agissait, avant tout, d'établir la succession et la superposition des étages, leur paléontologie et, pour cela, d'utiliser les connaissances acquises sur les divers points du territoire dont l'étude m'était confiée, bien plutôt que de donner la description des terrains d'une feuille particulière.

Il résulte de cette manière de procéder que, dans ce *Supplément,* je pourrai consacrer toute mon attention à la description des terrains compris dans la feuille XI et éliminer par conséquent les listes de fossiles, les coupes géologiques locales, etc., pour faire connaître d'une manière plus spéciale la nature et la répartition des divers terrains, leur disposition orographique, etc.

Limites du travail. — On peut dire que, d'une manière générale, la feuille XI de notre carte géologique de la Suisse présente l'ensemble le plus complet et le plus varié des terrains du Jura central. Il suffirait d'y ajouter les deux petits triangles S.-E. de la feuille VI et N.-O. de la feuille XII pour supprimer toute réserve à ce sujet.

On peut cependant diviser ce territoire en trois régions bien distinctes, qui sont, du N.-O. au S.-E.:

Le plateau franc-comtois, liaso-jurassique, avec failles, vallées d'érosion, etc.

La région des *chaînons et plissements jurassiques*, avec vallons crétacés et tertiaires, sans distinction de frontières politiques.

La région du *plateau molassique et quaternaire*, entre le lac de Neuchâtel et le Léman.

Je m'occuperai surtout des deux dernières, les ayant parcourus et étudiés avec assez de soin et de persévérance pour les bien connaître.

I. Système quaternaire et moderne.

a) Dépots modernes.

Deux signes seulement sont réservés dans la légende à l'indication des terrains modernes, ou qui se forment encore actuellement; ce sont les alluvions *a*, et la tourbe, *to*. Il est évident que cela est insuffisant, et qu'il y a lieu d'indiquer succinctement en quoi consistent ces dépôts, d'autant plus que nombre de gisements ne peuvent être figurés dans la carte.

Région du Plateau. — C'est dans la vallée de la Thièle ou de l'Orbe que les terrains d'alluvions présentent la plus grande superficie. On ne peut douter que la nappe du lac de Neuchâtel se soit étendue autrefois jusqu'au Mormont, et que le sol actuel soit formé des matériaux entraînés par les divers cours d'eau venant de l'ouest, le Nozon, l'Orbe, le Mujon, la Brine, etc., ou de l'Est, le Talent, le Buron, etc. Chacun de ces cours d'eau a ainsi formé un cône de déjection qui relève quelque peu le sol, le soustrait aux inondations, et même en permet la culture.

Quant aux parties marécageuses, elles sont formées d'un sol limoneux et tourbeux, plus ou moins inculte.

L'abaissement des eaux du lac de Neuchâtel a eu pour conséquence de faire apparaître aussi, sur chaque rive, une zone de terrain d'alluvion, parfois assez large. En plusieurs endroits, on a découvert les stations lacustres avec la faune des palaffites de l'âge du bronze et de la pierre polie. Ailleurs, comme entre Yverdon et Yvonand, c'est la molasse qui apparaît sur la rive exondée.

La vallée de la Venoge participe des caractères de celle de l'Orbe. Moins large toutefois, elle présente une surface plus régulièrement plane, au milieu de laquelle la rivière déploie ses méandres capricieux.

Les divers cours d'eau du Jura ont aussi, en partie, leur parcours sinueux dans des vallées à fond plat, encaissés, tantôt par l'erratique, tantôt par la molasse.

Enfin, disons encore qu'à la surface du plateau d'Échallens et dans le

Jorat apparaissent de nombreux enfoncements, trop peu étendus pour être indiqués dans la carte, dont le fond est occupé par les matériaux argileux détritiques de la molasse.

Jura. — Les dépôts récents n'occupent nulle part dans le Jura une grande étendue, sinon peut-être aux environs de Pontarlier, dans la vallée du Drugeon. On peut, du reste, distinguer deux faciès, celui des grandes vallées, qui est composé essentiellement d'alluvions, limoneux et sableux, avec de petits marais tourbeux, et celui des marais tourbeux proprement dits, des vallons élevés, comme ceux de la Brévine et des Ponts. On peut aussi signaler la tourbe aux environs de Sainte-Croix, à la Vraconne, où elle repose sur l'oxfordien, près de la Sagne et de la Chaux, dépôts qui n'ont pu être indiqués vu leur peu d'étendue.

b) Dépots quaternaires et glaciaires.

Ici encore la légende de la carte ne renferme que deux couleurs ou teintes, plus un signe particulier pour les moraines et les blocs erratiques.

Ce n'est pas ici le lieu de reprendre l'histoire et la description du terrain erratique, glaciaire et post-glaciaire, mais tant seulement de faire connaître sa répartition à la surface du plateau et dans le Jura.

Plateau. — Ainsi que je l'ai déjà dit, les dépôts glaciaires sont très peu développés dans la région du plateau à l'Est de l'Orbe et de la Venoge. Les lambeaux indiqués dans la carte sont disséminés, et constituent ce que Charpentier appelait les *dépôts éparpillés*. Nulle part ils ne présentent la structure morainique, et les blocs erratiques sont partout rares et peu volumineux. Il est vrai que la cause peut en être attribuée à leur exploitation comme matériaux de construction, dans une région où les roches solides font particulièrement défaut. C'est ainsi que certains blocs, que j'avais observés il y a vingt-cinq ans dans le ravin du Talent, ont aujourd'hui disparu.

Pied du Jura. — Toute la région comprise entre Cossonay, Montricher et Concise peut, en revanche, être considérée comme une immense moraine du grand glacier du Rhône. Celle-ci aurait formé un tout continu, de telle sorte que les terrains crétacés et tertiaires, actuellement visibles, devraient leur réapparition à l'érosion exercée par les cours d'eau descendant du Jura. Nulle part on n'observe une coupe naturelle du genre de celle du signal de Bougy, qui permettrait de juger de la puissance du dépôt. On ne connaît, non plus, aucune accumulation de gros blocs, mais seulement les menus matériaux de la *moraine profonde*, glaise plus ou moins sablonneuse, à cailloux striés et polis. Ces derniers apparaissent dans la berge des ruisseaux. Par-ci par-là, la partie superficielle, rendue meuble par l'action des eaux atmosphériques, devient propre à la culture, tandis que les bas-fonds restent marécageux et incultes.

C'est en avançant vers le nord que l'on voit apparaître les *dépôts postglaciaires,* à stratification torrentielle. A Grandson, ils prennent la forme conglomérée et cimentée, tandis que non loin de là, à Bonvillars, on observe un limon calcaire crayeux à coquilles d'eau douce.

Jura vaudois et neuchâtelois, erratique, jurassique. — Nous entrons ici dans la région classique des moraines et des blocs erratiques. Je dirai d'abord quelques mots des dépôts glaciaires jurassiens.

Notre carte indique leur présence dans tout le bord méridional de la vallée de Joux. Il en existe aussi au nord près du lac Ter. Ce sont tantôt des amas de béton, à cailloux calcaires plus ou moins anguleux, tantôt des graviers et sables stratifiés, provenant du remaniement des précédents.

Une formation analogue existe près de l'Auberson-Sainte-Croix, mais c'est aux Bayards qu'elle présente tout son développement, formant une multitude de collines peu élevées, dont la structure interne a été révélée par les travaux de la voie ferrée des Verrières. A la lisière nord apparaissent de vrais blocs erratiques calcaires, reposant soit sur la moraine, soit sur le calcaire jurassique.

Dans les vallées de la Brévine et des Ponts, l'erratique jurassique revêt une forme moins apparente. Il remplit le fond des vallons, ou bien forme une bordure aux terrains crétacés et tertiaires. Il est alors mélangé de galets alpins, quartzites, amphibolites, etc.

Jura franc-comtois. — Ce que nous venons de dire des dépôts erratiques jurassiques s'applique aux vallées de Saint-Laurent, Mouthe-Rochejean, Saint-Point, la Planée, et même aux dépressions du Mont-Rizoux, Morbier, La Chapelle. Mais où le terrain prend une extension que l'on peut qualifier de surprenante, c'est dans la vallée de Pontarlier-Nozeroy. Non seulement la plus grande partie du crétacé a disparu, mais encore les dépôts erratiques envahissent au sud la chaîne jurassique et arrivent aux Chalèmes. Une série d'étangs, à Bied-du-Four, Frasne, la Rivière, semblent résulter de barrages morainiques, tandis que vers le sud de nombreux blocs erratiques calcaires sont dispersés à la surface du sol.

A Pontarlier même, le quaternaire est stratifié, et probablement formé des matériaux remaniés du glaciaire des vallées de Saint-Point, des Verrières, des Allemands, etc.

Enfin, signalons encore à la limite ouest de notre carte les puissants dépôts stratifiés de graviers post-glaciaires de la vallée de l'Ain et de ses affluents.

Moraines et blocs erratiques du glacier du Rhône. — C'est à l'ouest de Montricher, dans la Combe des Criblets, que nous voyons apparaître la moraine frontale, avec gros blocs de protogine du glacier du Rhône. On peut en suivre la trace par Montlaville, la Praz, Juriens. Elle pénètre dans le val de Vaulion, où les menus matériaux, la boue glaciaire, etc., se rencontrent avec les blocs erratiques proprement dits dans le ravin du Nozon, jusqu'à Romainmotier. Il en est de même dans la vallée de l'Orbe. Les blocs erratiques sont nombreux à Poimbœuf, Ballaigues, Granges-Devant, où ils atteignent l'altitude de 1250 mètres. Le vallon de Sainte-Croix est rempli par la moraine, mais en général les gros blocs ont disparu. Pour les retrouver, il faut aller aux Rasses et à Bullet, où apparaît la moraine frontale, bien caractérisée jusqu'à Mauborget, où elle paraît se terminer. En revanche, elle se développe largement au-dessous des villages de Villars-Burquin, Vaugondry, Fontanezier, où elle recouvre le valangien. Au flanc du Mont-Aubert, les blocs erratiques, nombreux et volumineux, reposent sur le Jurassique.

Nous retrouvons la moraine des Rasses au sud des Rochats. Ici, comme au nord de Provence, apparaissent en grand nombre les blocs erratiques très volumineux, mais une partie d'entre eux ont été exploités.

Je ne poursuivrai pas plus loin l'étude de cette zone qui contourne la montagne de Boudry, mais je signalerai les importants dépôts du versant nord de cette montagne, entre le Creux-du-Vent et le Champ-du-Moulin.

J'ai signalé ailleurs la disparition, par suite d'exploitation, de l'accumulation des gros blocs de protogine qui existait autrefois Vers-chez-Joly, près de Noiraigue.

Si maintenant nous pénétrons dans le Val-de-Travers, nous retrouvons encore les matériaux de la moraine du glacier du Rhône, mais, presque partout, il y a mélange avec les matériaux des petits glaciers jurassiens. Les gros blocs sont rares, et il est bien probable que ceux de grosseur moyenne ont été exploités. Le cirque de Saint-Sulpice et le ravin du Sucre au nord de Couvet seuls, ont conservé les caractères de la moraine alpine.

Quant aux blocs dispersés, dans tout le Jura, quartzites, schistes chlorités, etc., je renvoie à ce qui en a été dit, soit dans la sixième livraison, soit dans la première partie de ce travail.

2. Système tertiaire.

GROUPE MOLASSIQUE.

Plaine vaudoise. — La molasse, nom sous lequel nous désignons les assises tertiaires moyennes, occupe dans notre carte une vaste surface de la plaine suisse.

Autant qu'il est possible d'en juger, elle présente aussi une grande puissance. Néanmoins, le géologue est loin d'y trouver des sujets d'observations comparables à ceux des terrains de même âge des autres contrées de l'Europe.

D'une part les fossiles font presque absolument défaut, de l'autre les roches, de formation marine ou fluvio-lacustre, se distinguent à peine les unes des autres. Si, dans mon premier mémoire, j'ai pu établir des distinctions d'étages, c'est grâce au fait que mon champ d'explorations s'étendait vers le sud à une région plus favorisée à tous les égards. Aussi ne peut-il être question de reprendre cette étude, étage par étage, mais tant seulement de résumer ce qui a trait à la répartition et à la nature des assises indiquées dans notre carte par des teintes spéciales.

Helvétien. *Grès coquillier.* — Le grès coquillier, assise supérieure de notre molasse, ne présente que des lambeaux peu étendus, formant le sommet des collines aux environs de Froideville, Peney-le-Jorat, Thierrens, etc. Il est caractérisé par des bancs de molasse grossière, pétrie de coquilles bivalves, dont le test mal conservé ne permet pas une détermination certaine.

Molasse marine. — Dans le Jorat d'Échallens, le passage du grès coquillier à la molasse marine, grès homogène, à grains fins, exploité à Mézières, Ferlens, Moudon, comme pierre à bâtir, a lieu sans transition et ne peut guère être constaté que par la disparition des fossiles. Plus à l'ouest, à Villars-Tiercelin, Dommartin, Chapelle, Thierrens, Vuissens, cette molasse devient tendre et impropre aux constructions. Vers le nord, enfin, à Chavannes-le-Chêne, apparaît un faciès intermédiaire, celui des bancs de molasse à grain fin, avec moules de bivalves assez semblables à ceux du grès coquillier.

Langhien. *Molasse grise.* — Rien jusqu'ici ne m'a fourni la preuve que la molasse grise, étage langhien, de M. Renevier, constitue une assise distincte de la molasse marine sur le plateau d'Échallens.

En l'absence de fossiles, marins, d'eau douce, ou terrestres, il est, je crois, impossible de se prononcer. Si, néanmoins, j'ai appliqué la teinte *m i* du langhien dans une certaine zone, entre l'aquitanien *m i x* et la molasse marine *m m*, c'est qu'il m'a semblé que cette molasse sableuse, tendre, impropre aux constructions, pouvait fort bien représenter un faciès de passage entre ces formations. Il est à remarquer d'ailleurs, qu'au nord de Donneloye la molasse grise disparaît, de telle façon que la molasse marine et même le grès coquillier se superposent directement à l'aquitanien.

Aquitanien. *Molasse à bancs calcaires.* — La présence de mollusques terrestres et d'eau douce, dans les bancs calcaires subordonnés aux couches de grès et de molasse sableuse des environs d'Oulens, Vuarrens, Epautaires, Noréaz, etc., permet d'attribuer avec moins d'incertitude ces assises de la molasse à l'étage aquitanien. Toutefois, il faudrait bien se garder de croire que ces bancs de calcaire lacustre constituent une formation distincte. Loin de là; il peut arriver que quelques minces feuillets, ou même un seul banc calcaire, motive l'indication de ce faciès dans la carte. Ainsi que je l'ai dit ailleurs, l'existence de ces couches est révélée seulement par les fouilles pratiquées en vue de retirer du sol des matériaux de construction un peu plus solides que ceux qui se présentent à la surface.

A mesure que l'on approche du Jura, il devient plus facile d'observer la succession des couches de l'aquitanien, grâce aux ravins creusés par les cours d'eau dans ces assises peu résistantes; les bancs calcaires deviennent plus nombreux, surtout à Essert-Pitet, Gressy, Pomy et Giez. Vers le sud, en revanche, il en est autrement; tandis qu'à Ittens, la Chaux, on voit encore apparaître quelques bancs calcaires, à Cossonay, ils ont entièrement disparu.

Molasse rouge. — Autant les assises que nous venons de passer en revue présentent d'uniformité, autant celles qu'à nous avons indiquées sous le nom de molasse rouge, présentent de variété. Je renvoie du reste au mémoire de M. Schardt les géologues désireux de se rendre compte des caractères de ce terrain qui n'est, en réalité, qu'un faciès de lavage terrestre ou de dépôts, tantôt torrentiels, tantôt vaseux, et formés de matériaux détritiques de l'éocène sidérolitique.

On remarquera que, dans la légende de la carte, je n'ai pas maintenu la distinction entre la molasse rouge et l'aquitanien. Ce qui m'a engagé à procéder ainsi, c'est la détermination des rares fossiles de ce niveau qui, tous, se retrouvent dans la molasse à bancs calcaires.

Molasse du Jura. — Dans le Jura, comme dans la plaine, ce sont les couches de la molasse marine, étage helvétien, qui constituent l'assise tertiaire supérieure. On y chercherait toutefois vainement la distinction des deux assises du grès coquillier et de la molasse marine.

Nulle part, d'ailleurs, on n'observe ce terrain sur un espace un peu étendu. Ce sont des lambeaux, dont rien n'indique quels ont pu être antérieurement les rapports les uns avec les autres. Il en est même dont l'exiguité n'a pas permis l'indication dans la carte.

Je rappelle d'abord les dépôts de grès, de poudingue et de marne rouge, signalés dans la vallée de Joux entre le Pont et l'Abbaye.

La molasse marine de Fort-du-Plasne, près de Saint-Laurent, est bien caractérisée par ses fossiles.

Dans le Val d'Auberson, Sainte-Croix, on observe la superposition de

la molasse, étage helvétien, bien développée, à l'aquitanien, formé d'alternances de grès, de marnes calcaires et de calcaire lacustre fossilifère, qui
ont fait le sujet d'un mémoire de M. Rittener.

Au Val-de-Travers les deux étages existent aussi, mais on n'a pas, jusqu'ici, recueilli d'observations bien importantes sur la nature des couches,
et, sauf au Champ-du-Moulin, les fossiles paraissent faire défaut. Il en est
encore de même dans les vallons de la Brévine et des Ponts.

Aux Verrières, la molasse marine, mise à découvert par les travaux de la
voie ferrée, s'est montrée riche en fossiles caractéristiques de l'étage helvétien.
Dans la partie occidentale du vallon, elle est divisée en plusieurs lambeaux
dont l'étude est rendue difficile par la végétation. Je rappelle, en passant,
l'intéressante étude de M. G. Dolfuss sur les marnes rouges et blanches, à
Helix Larteti des environs de Pontarlier (Les Lavaux, Les Gauffres, etc.).

GROUPE ÉOCÉNIQUE.

Si l'on ne jugeait de l'importance des dépôts d'âge éocène que par
l'espace qu'ils occupent dans notre carte, il ne vaudrait presque pas la peine
d'en parler. Pourtant nous leur consacrerons un moment d'attention.

Tous ces dépôts sont de formation terrestre ou nymphéenne. Ils
doivent leur origine à des phénomènes locaux et datent d'une époque
d'émersion générale de la contrée. On peut distinguer deux faciès, d'après
la manière dont ils se sont formés. Les uns, les plus anciennement
connus, résultent d'éjections hydrothermales et minérales, ce sont les dépôts
sidérolitiques, remplissant les crevasses ou fissures, principalement de l'urgonien, les autres sont stratifiés et d'origine lacustre.

Crevasses sidérolitiques. — Celles-ci ont été indiquées dans les deux
éditions de la carte par un signe particulier (triangle rouge). Les plus
importantes ont été découvertes aux environs de la Sarraz et d'Yverdon et
ont fait le sujet de descriptions assez étendues pour que je me dispense
d'y revenir. Je rappellerai seulement que c'est dans les gisements
du Mormont et de Ferreyres qu'ont été recueillis les ossements et les dents
de vertébrés qui ont permis de fixer l'âge de ces dépôts ou leur position

dans la série stratigraphique. Le minerai de fer proprement dit y est rare, aussi bien qu'au Mont-de-Chamblon. Il est par contre très abondant à Chévressy, et à Goumoens-le-Jux.

Dépôts lacustres. — C'est dans cette localité que M. Schardt a découvert le sidérolitique, en couches stratifiées, formant dépôt de surface, ou plutôt interposées entre la molasse rouge et l'urgonien. Il atteint sur ce point une épaisseur de quinze à dix-sept mètres.

On peut aussi considérer le terrain sidérolitique signalé par M. Renevier près du lac de Saint-Point, comme formant un dépôt analogue à celui de Goumoëns-le-Jux.

Calcaire d'eau douce éocène. — Si l'âge des dépôts sidérolitiques ne peut être exactement fixé, il en est autrement des calcaires lacustres, ceux-ci renfermant des mollusques bien déterminables. Je rappellerai d'abord le calcaire d'eau douce du Lieu, vallée de Joux, dans lequel M. Maillard a reconnu cinq espèces de mollusques. Les découvertes de M. Schardt, tout près de la ville d'Orbe, sont plus significatives encore puisqu'il a pu observer plusieurs couches, de nature variée, subordonnées au calcaire lacustre. Aux mollusques, Planorbes et Lymnées, il faut ajouter des graines de chara *(C. helicteres).*

3. Système crétacique.

Une lacune importante sépare les dépôts éocènes des terrains crétacés indiqués dans la légende de notre carte. Le groupe supérieur de la *Craie* manque absolument, à moins qu'on ne veuille y réunir les couches à *Ammonites Rothomagensis,* c'est-à-dire le cénomanien. Quant au groupe des *Grès-verts,* il n'est représenté que par des lambeaux, dans lesquels il est cependant possible de distinguer les divers étages reconnus ailleurs, et qui est d'ailleurs remarquable par l'abondance et la variété des fossiles. Seul le groupe inférieur, *Néocomien,* se présente en couches bien développées, régulièrement superposées, quoique n'occupant, au point de vue géographique, que les synclinales ou *vallons,* intermédiaires entre les *chaînons jurassiques.*

Les terrains crétacés sont indiqués dans notre carte par six couleurs et signes différents. A ce point de vue nous n'avons introduit aucun changement dans la seconde édition. Il s'en faut toutefois que la valeur et la signification soient les mêmes, aussi me semble-t-il nécessaire de présenter ici quelques considérations sur la nomenclature des étages, sur leurs limites respectives, et sur les passages ou transitions qui les relient.

A l'époque où je publiai la *Description géologique*, la préoccupation la plus constante des géologues était de faire concorder la nomenclature stratigraphique des étages avec celle de la faune dont ils renfermaient les restes fossiles. Ainsi, pour ne parler que du néocomien, qui venait d'être subdivisé en trois étages, il s'agissait de doter chacun d'eux d'une liste d'espèces justifiant la distinction. Pour les deux étages inférieurs, néocomien (hauterivien) et valangien, la chose n'était pas trop difficile, mais pour l'étage supérieur (urgonien, calcaire à caprotines), il en était tout autrement. La découverte des couches de calcaire jaune à Échinodermes vint heureusement combler cette lacune, et les gisements de Morteau, la Russille, etc., me permirent de dresser une liste, assez respectable, d'espèces plus ou moins particulières à ce niveau. Je dis plus ou moins, car on a reconnu dès lors des couches de passage, entre le hauterivien et l'urgonien, de même que certaines couches urgoniennes passent à l'aptien. Il est même question maintenant de détacher l'urgonien du néocomien pour en faire de l'aptien inférieur, mais je me garderai bien d'entrer dans cette voie, vu les caractères nettement tranchés de ces deux terrains dans notre carte.

Il me paraît d'ailleurs oiseux de prolonger les discussions sur le parallélisme des étages et des sous-étages, sachant que, dans le bassin anglo-parisien, cette distinction est parfaitement impossible.

Je continuerai donc à passer en revue les diverses assises des terrains crétacés, en les divisant en deux groupes, celui des grès-verts et celui du néocomien.

GROUPE DES GRÈS VERTS.

Cénomanien. — Si l'on tient compte du développement des assises et de l'étendue des dépôts, les environs du lac de Saint-Point semblent avoir formé le centre principal de sédimentation des grès-verts. C'est là, en particulier, que le cénomanien se montre en assises régulièrement superposées au gault ou albien; là aussi qu'on a recueilli la série la plus riche des Ammonites de cet âge. Il est bon toutefois de dire que cette richesse en fossiles est locale, et que certains affleurements très étendus n'en présentent aucune trace. Peut-être en serait-il autrement si on se livrait à la recherche des foraminifères.

En dehors de cette région, le cénomanien a été reconnu près de Pontarlier, à la Caroline, près de Fleurier, à Brot-Dessus, vallée des Ponts, ainsi qu'à la Vraconne près de Sainte-Croix, où il repose régulièrement sur le gault. Il paraît manquer dans les vallées de Mièges, de Saint-Laurent, du lac de Joux, de Vaulion.

Gault. — Il m'a paru préférable de conserver l'expression du *Gault* pour les couches de grès, d'argile et de sable, qui représentent dans le Jura l'étage albien de d'Orbigny, surtout en considération de l'importance de la faune de l'assise supérieure, à laquelle M. Renevier a proposé d'appliquer le nom d'étage *Vraconnien* Toutefois, je n'irai pas jusqu'à admettre la distinction en trois sous-étages, proposée par Pictet et Campiche dans le *Tableau* qui accompagne la monographie de Sainte-Croix.

Si les couches du gault sont bien développées dans les vallées de Saint-Point, Remoray et Oye, il ne paraît pas qu'elles soient très fossilifères. En revanche, les lambeaux de Vallorbes, du Pont, de Charbony, de Pontarlier, du Val-de-Travers, présentent une faune très riche dans les sables à fossiles phosphatés. Les argiles à pyrites sont généralement très pauvres, et ce n'est qu'à Sainte-Croix qu'il a été possible d'en recueillir une série d'espèces un peu considérable.

Aptien. — Ainsi que je l'ai établi dans mon mémoire sur l'*Asphalte au Val-de-Travers, dans le Jura*, etc., l'aptien, régulièrement superposé à l'urgonien, dans les vallées comprises entre la première et la seconde chaîne du Jura (Valserine, vallée de Joux, Vallorbes, Sainte-Croix, Val-de-Travers) manque absolument dans celles de Saint-Laurent, Mouthe, Saint-Point, les Verrières, Nozeroy, Pontarlier, etc. Je ne chercherai pas à expliquer cette lacune, je me borne à rappeler le fait, pensant que des découvertes ultérieures en donneront l'explication.

L'aptien n'a guère laissé, à la Vallée de Joux et à Vallorbes, que des traces de son existence et doit avoir été soumis, dans cette région, à une érosion considérable. Dans le Val d'Auberson, près de la Vraconne, il est mieux représenté et assez riche en fossiles. Mais c'est au Val-de-Travers qu'il peut être étudié de la façon la plus satisfaisante, en raison de la variété de ses couches et de leur richesse fossilifère. Il ne me paraît pourtant pas qu'il soit possible de distinguer deux étages ou sous-étages (rhodanien et aptien), et je me borne à rappeler la présence du bitume et de la glauconie dans les calcaires de l'assise supérieure.

Urgonien. — Quoique la distinction ne soit pas établie dans la légende et le coloriage de la carte, il me paraît nécessaire de décrire séparément les deux assises principales de l'urgonien.

Urgonien supérieur. — Sous le nom de *calcaire à caprotines* (ou à *Chama)* on a, de bonne heure, distingué les couches de calcaire massif, compacte, à cassure résineuse, du pied du Jura à la Raisse près de Concise, au Mormont, etc. Plus tard on les a reconnues dans les vallées intérieures, et on a considéré ces couches comme synchroniques de celles d'Orgon, dans les Bouches-du-Rhône, ainsi que du *calcaire à rudistes,* des Alpes. Enfin, il ne pouvait y avoir de doutes sur la convenance de comprendre dans cet étage le calcaire blanc saccharoïde et la roche asphaltique du Val-de-Travers, dans lesquels se rencontraient également les caprotines.

C'est au cours de mes recherches pour la carte géologique que je constatai l'extension considérable de ce massif de calcaire, dont le faciès diffère si sensiblement de celui des autres assises du néocomien. A Vallorbes, à Vaulion, dans le pli synclinal étroit de la vallée de Joux, à Mouthe, aux Pontets, à Remoray, à Pontarlier, on retrouve cette roche massive, presque sans stratification, très pauvre en fossiles, qui a dû se former dans des conditions toutes particulières, bien différentes de celles du calcaire jaune à échinodermes, partie inférieure de l'étage. Il est à remarquer, pourtant, que son épaisseur va en diminuant vers le nord-ouest, tandis qu'elle présente son maximum de développement dans la région comprise entre Montricher, La Sarraz, Romainmotier et Orbe. Deux seuls gisements m'ont présenté des fossiles abondants, celui de la Raisse, près de Concise, et celui du Val d'Auberson, auquel Marcou a donné, à tort, le nom de *calcaire de Noirvaux-dessus,* car il se montre plus au nord, près de la Prise-Perrier.

Urgonien inférieur. — On peut dire que par aucun de ses caractères l'urgonien inférieur ne rappelle l'urgonien supérieur, qu'il accompagne presque toujours. Il se rapprocherait plutôt du hauterivien, mais sa faune justifie la distinction établie par Desor et Gressly en 1856.

Il serait trop long de signaler tous les gisements ou affleurements de ce terrain dans le territoire de notre carte. D'ailleurs il y a, entre eux tous, une analogie de caractères pétrographiques et paléontologiques des plus remarquables. Partout et toujours, certaines espèces d'oursins, tels que *Hemicidaris clunifera Goniopygus peltatus, Toxaster Couloni*, des Brachiopodes *(Rynchonella depressa, Terebratula orbensis)*, déterminent le niveau géologique des couches marno-calcaires, au-dessus desquelles se présentent les calcaires massifs de l'urgonien supérieur.

Avant de passer à l'étude du hauterivien, je dois cependant signaler une couche, une seule couche, bien remarquable, de l'urgonien inférieur. C'est celle qui, dans les environs d'Orbe et de La Sarraz renferme la grosse *Terebratula Ebrodunensis*, si différente de toutes ses congénères du terrain crétacé. Il a suffi de la découverte, près de la Russille, d'un gisement fossilifère très peu étendu, mais prodigieusement riche, pour constater l'existence d'une faunule qui, pour certains géologues auraient motivé la création d'un nouvel étage, le *Russillien*. Pour moi, je ne puis l'envisager que comme une association locale d'espèces, et une preuve de plus en faveur de la valeur purement conventionnelle de la nomenclature stratigraphique des terrains.

Hauterivien. — Adversaire déclaré des néologismes et des dénominations nouvelles des étages, j'avais, dans le texte de la *Sixième livraison* des *Matériaux*, conservé le nom de *néocomien* pour le calcaire jaune et les marnes de la partie moyenne du groupe. Depuis lors, il m'a paru préférable d'adopter le terme de *hauterivien*, proposé par M. Renevier, et d'éviter ainsi l'équivoque résultant de l'emploi du même mot pour le groupe et pour l'étage.

Presque partout, dans le territoire de notre carte, le hauterivien succède régulièrement à l'urgonien, mais il est loin cependant de présenter toujours les mêmes caractères. C'est dans la zone littorale du pied du Jura, à Saint-Aubin, Bonvillars, Mont-de-Chamblon et Romainmotier qu'il se présente sous l'aspect primitivement décrit par de Montmollin, celui de calcaire jaune sans fossiles, passant à la marne grise ou bleue, avec sa faune de mollusques, brachiopodes et échinides, caractéristiques. Dans les vallées, Val-de-Travers, l'Auberson, la Côte-aux-Fées, les Verrières, l'épaisseur des calcaires est considérablement réduite. Il en est de même dans les vallées du Jura français, et on voit fréquemment apparaître, au milieu de cette assise, une couche de marne renfermant en abondance la *Terebratula Marcousana.*

Quant aux marnes, il m'a été impossible de retrouver ailleurs qu'à Nozeroy les trois faciès dont Marcou voulait constituer autant de divisions stratigraphiques de sa série des marnes d'Hauterive. La partie inférieure, soit la marne jaune à *Ammonites Astieri*, de Morteau, se retrouve encore au Val-de-Travers, aux Ponts, à la Brévine. Elle manque dans le littoral, à Saint-Aubin, Mont-de-Chamblon, Romainmotier, ainsi qu'à Sainte-Croix et la Côte-aux-Fées. Mais ici apparaît le faciès des marnes à spongiaires avec brachiopodes valangiens, de Sainte-Croix et de Censeau, que j'ai réunies au valangien. Plus au sud, à Lignerolles, Vaulion, Mouthe, Saint-Laurent, celui-ci est remplacé par le faciès marno-calcaire à *Ostrea rectangularis,* qui va en se développpant jusqu'au Salève, ainsi que l'ont constaté MM. Schardt, de Loriol, etc.

Valangien. — Cette subdivision du groupe néocomien primitif est certainement la mieux justifiée, tant au point de vue stratigraphique qu'à celui de la paléontologie. C'est ce que la découverte des riches gisements fossilifères de Sainte-Croix, de Villers-le-lac, et aussi d'Arzier, a démontré d'une façon bien positive. Le valangien a une faune qui lui est propre, qui comprend un grand nombre d'espèces que l'on ne retrouve pas dans les autres étages crétacés, ni en dehors du Jura. Il présente aussi une grande variété dans la nature des strates, au point qu'on serait tenté de le subdiviser en deux ou trois sous-étages. Il va sans dire que je n'en ferai rien, mais il était utile de rappeler ce caractère d'un terrain qui n'est indiqué dans la carte que par une seule teinte.

L'assise supérieure, calcaire roux, est d'une grande constance dans tout le Jura central, mais ce n'est que tout-à-fait localement qu'elle présente le faciès ferrugineux auquel on a donné le nom de *Limonite.* Le minerai de fer a été exploité autrefois à la Vallée de Joux, près du lac Brenet, à Métabief, aux Fourgs, à l'Auberson, à la Côte-aux-Fées, Buttes, Plancemont, près de

Couvet, etc. Le minerai existe aussi à Bonvillars, Montalchez, mais il ne paraît pas qu'il ait été jamais exploité. Rappelons aussi que c'est à la partie supérieure du calcaire roux que se trouvent concentrés les nombreux fossiles de la faune valangienne.

Dans la partie nord-ouest de notre région, le calcaire roux passe au calcaire blanc compacte, à peu près sans transition, mais déjà à la Côte-aux-Fées, à l'Auberson, dans la vallée de Mièges, de Mouthe, et dans le Jura vaudois apparaît une couche de marne plus ou moins fossilifère, avec spongiaires et brachiopodes. C'est à cette marne que j'ai proposé d'appliquer le nom de Marne d'Arzier.

Quant à l'assise inférieure, du calcaire blanc, elle varie considérablement de nature et d'épaisseur. C'est dans la zone littorale, à Provence, aux Prises-sur-Concise, à Ballaigues, aux Clées, à Vaulion, qu'elle se présente avec les caractères de puissance et d'homogénéité que l'on avait d'abord signalés aux environs de Neuchâtel et à Valangin. Dans les vallées intérieures, les bancs calcaires deviennent plus ou moins marneux, les nérinées caractéristiques disparaissent, mais en revanche on trouve presque partout la *Pholadomya Scheuchzeri*.

Ce n'est qu'à Sainte-Croix et à Ballaigues que j'ai retrouvé les couches tout-à-fait inférieures de l'étage valangien, un peu développées et riches en fossiles.

4. Système jurassique.

Ce que j'ai dit précédemment de la nomenclature des étages crétacés me paraît applicable dans une mesure plus large encore en ce qui concerne les terrains jurassiques. Plus les recherches sur le terrain se multiplient, et plus aussi se confirme le fait qu'il n'y a, dans la nature, aucune limite entre les étages, qu'il n'y a pas eu d'interruption générale dans la sédimentation, ni de renouvellement total et universel des formes animales.

Même en ce qui concerne les caractères pétrographiques, qui avaient d'abord été invoqués pour justifier les dénominations d'étages, il faut se

résigner à en faire l'abandon depuis qu'il a été reconnu que le faciès coralligène se présentait à tous les niveaux du système jurassique, ou tout au
moins de sa partie supérieure.

Et pourtant, dira-t-on, il faut des subdivisions, lorsqu'on se trouve en
présence d'assises superposées de plusieurs centaines de mètres, qui ont
exigé pour leur formation un laps de temps assurément considérable. C'est
ce que je ne songe nullement à contester, et d'ailleurs, dans cette nouvelle
édition de la carte, j'ai admis la plupart de celles qui figuraient dans la première. Si j'en ai éliminé une partie, c'est que leur importance au point
de vue stratigraphique était hors de proportion avec celles que j'ai conservées.

Il en est une pourtant dont le maintien s'imposait, en raison de sa
valeur régionale; c'est celle qui concerne l'étage *Purbeckien*.

Ce terrain n'est, en effet, nulle part ailleurs, dans le Jura, aussi constant
que dans le territoire de la feuille XI, surtout si on veut bien y comprendre les environs de Morteau et de Villers-le-lac, qui rentrent dans la feuille
VI, limitrophe de celle-ci vers le nord.

Quant aux autres étages dont j'ai conservé les noms, la suite de mon
texte fera comprendre les raisons qui m'ont engagé à le faire.

GROUPE JURASSIQUE SUPÉRIEUR.

Si je conserve la division en groupes des étages du système jurassique,
c'est en vue de donner à ce travail la forme qui lui convient le mieux, celle
d'une étude régionale aussi fidèle que possible, et aussi pour suivre au programme adopté dans la *Description géologique du Jura vaudois et neuchâtelois*. Je n'ai d'ailleurs jamais eu la prétention d'établir une nomenclature
applicable à tout le Jura, et l'expérience nous prouve tous les jours l'impossibilité de réaliser un semblable but.

Purbeckien. — Les couches saumâtres et nymphéennes, pour lesquelles
le terme de Purbeckien semble définitivement adopté, succèdent régulièrement à celles du valangien, et un moment j'ai pu croire qu'elles consti-

tuaient une limite réelle et pratique entre le système jurassique et le système crétacique. Rien alors ne pouvait me faire penser que, dans le Jura méridional, on constaterait leur disparition et la superposition immédiate des couches marines du Valangien aux couches également marines du Jurassique supérieur.

Si je fais d'abord cette observation, c'est parce qu'il me serait difficile de justifier l'indication du purbeckien sur bon nombre de points de notre carte où je n'ai fait que soupçonner son existence, tout comme aussi j'ai dû le supprimer dans certains vallons resserrés.

Grâce aux recherches persévérantes de notre regretté confrère M. G. Maillard, et aussi des géologues français, un grand nombre de gisements fossilifères ont été découverts dans le territoire de notre carte.

Le plus important, celui de Conte, près de la source de l'Ain, est remarquable par la prédominance des espèces de mollusques terrestres sur les espèces aquatiques. Sur le territoire suisse, celui de Vers-chez-les-Jacques s'est montré aussi très riche en fossiles, tandis que celui de Feurtilles près de Beaulmes présente des alternances de couches lacustres, saumâtres et même marines, valangiennes.

Il serait fastidieux de revenir sur les nombreuses observations relatives au passage du purbeckien au portlandien, par les marnes à gypse et les dolomies caverneuses ou saumâtres fossilifères. M. Maillard a indiqué ces divers faciès dans une carte spéciale, mais je ne doute pas qu'on les observe dans un rayon beaucoup plus étendu, à mesure que l'on découvrira un plus grand nombre d'affleurements de ce terrain.

Je n'aborderai pas non plus ce qui a rapport à la faune du purbeckien, si remarquable par la taille minuscule de ses mollusques. Il me paraît toujours plus certain que l'influence des milieux s'exerce de la façon la plus immédiate sur les dimensions des organismes. Il est en tout cas bien remarquable que l'on se soit trouvé d'accord pour rapporter au *Lepidotus laevis* les écailles de poissons de quelques millimètres de diamètre, alors que dans les mers portlandiennes elles dépassaient un et même deux centimètres.

Portlandien. — Si, dans mes précédentes publications, j'hésitais encore à admettre le nom de portlandien pour les couches superposées aux calcaires et marnes à ptérocères, il n'en est plus de même aujourd'hui, abstraction faite bien entendu de la signification de cette expression, empruntée à la nomenclature anglaise. Du nord au sud, de l'est à l'ouest, j'ai rencontré au-dessous du purbeckien les calcaires compactes de cet étage avec leur faune particulière de mollusques, et même de poissons, de reptiles. Partout aussi ces calcaires sont plus ou moins subordonnés à des couches dolomitiques, friables, ou régulièrement stratifiées, en couches minces, en plaquettes, etc. Le développement en puissance et en surface, de ces dolomies non fossilifères, est particulièrement remarquable dans la chaîne du Mont-Aubert, où il donne lieu à des escarpements que j'avais d'abord considérés comme des accidents mécaniques, failles, etc. Ces couches sont également très développées aux flancs du Mont-Tendre, du Rizoux, ainsi qu'aux environs de Frâne, de Bulle, de Chaffois. En fait, il semble qu'on pourrait les réunir au purbeckien, dont elles constitueraient une assise inférieure de faciès particulier.

Quant aux bancs calcaires fossilifères, il est à remarquer que, dans les vallées étroites et resserrées, ils se présentent en stratification verticale et même renversée, de telle sorte que j'ai dû exagérer leur surface dans le coloriage de la carte. De plus, tandis que dans la partie nord-est ils sont fréquemment exploités comme matériaux de construction, il n'en est pas de même à l'ouest, d'où résulte ce fait que les occasions de découvrir des fossiles sont beaucoup plus rares.

J'ai donné précédemment la liste des espèces fossiles qui caractérisent le portlandien. Ce sont, parmi les mollusques, la *Natica Marcousana*, les *Nérinea trinodosa, salinensis, subpyramidalis, Cyprina brongniarti, Corbicella barensis*, et autres. Puis viennent, plus rares, les dents de *Pycnodus* appartenant à diverses espèces, le *Lepidotus laevis*, etc. Cette faune intéressante se retrouve jusqu'à Saint-Claude, où Etallon la signalait déjà, il y a plus de trente ans, au-dessus des couches coralligènes de Valfin, dont il avait méconnu le niveau stratigraphique.

Ptérocérien. *Faciès normal.* — Cet étage est certainement celui qui occupe la plus vaste superficie dans notre carte. Ses couches, de nature presque exclusivement calcaire, sont généralement horizontales. Malgré cette grande extension superficielle, augmentée de l'extension souterraine

partout où se présentent les couches crétacées, le ptérocérien ne prête pas
à des observations bien importantes. Dans tout le Jura neuchâtelois, vaudois, et une partie du Jura français, il règne une uniformité constante des
strates, l'absence de faciès particuliers, la rareté des fossiles au point de
vue spécifique, toutes choses qui sont de nature à refroidir le zèle du géologue.

D'ailleurs, pour juger de la puissance des couches et dresser des coupes géologiques, celui-ci ne dispose que des accidents orographiques résultant de la dislocation des chaînons. Ces accidents vont en diminuant à mesure qu'on s'avance vers le sud et disparaissent dans la large chaîne du Mont-
Rizoux, dans celle du Mont-Tendre, etc. Si, en effet, dans les dépressions un
peu accusées, j'ai indiqué l'astartien, c'est bien plutôt par induction théorique que par observation directe, et d'après des indices rencontrés par-ci
par-là.

La faune ptérocérienne classique du Jura bernois, déjà fort appauvrie
dans le Jura neuchâtelois, comprend encore outre l'espèce caractéristique,
le *Pterocera pelagi,* d'assez nombreux acéphales, *Pholadomya Protei;
Ceromya excentrica, Arcomya robusta,* etc. Mais bientôt, en avançant vers
le sud, ce n'est plus guère que par la présence d'espèces telles que *Terebratula subsella, Ostrea solitaria,* que l'on parvient à reconnaître le niveau stratigraphique des couches.

Faciès coralligène. — Au Mont-Tendre, au Rizoux et dans la chaîne du
Mont-Noir apparaissent des bancs de calcaire blanc laiteux avec une faune
particulière de coquilles bivalves, l'*Ostrea virgula,* etc., rappelant les calcaires à bryozoaires du Jura neuchâtelois. Elles constituent le passage au ptérocérien coralligène de Valfin, dont le gisement principal se trouve en
dehors des limites de notre carte.

Ce sont là, incontestablement, des indices de l'extension du faciès coralligène, mais, jusqu'ici, il ne paraît pas qu'on ait découvert autre chose que
quelques fossiles isolés, comme par exemple ceux de la Côte de Rosières, au-
dessus de Noiraigue.

Astartien. *Faciès normal.* — Je conserve le nom d'astartien aux couches calcaires qui succèdent régulièrement à celles du ptérocérien, ainsi
qu'aux marnes calcaires et oolitiques grumeleuses de la base, dans lesquelles

on a recueilli la faune intéressante d'Échinodermes et de Polypiers du Jura vaudois et neuchâtelois. Je renonce par conséquent à le subdiviser en sous-étages, ainsi que je l'avais fait précédemment.

Les couches de l'astartien, recouvertes normalement par celles du ptérocérien, n'apparaissent que çà et là dans les déchirures du jurassique supérieur. Dans le Jura neuchâtelois et vaudois, le massif calcaire supérieur est remarquable par sa grande puissance, de 100 à 150 mètres. Vers le sud cette épaisseur diminue considérablement, mais les marnes de la partie inférieure renferment toujours la faune caractéristique de l'étage, entre autres la *Waldheimia Egena (Terebratula humeralis)*, ainsi que l'a constaté M. Bertrand.

Faciès coralligène. — Le gisement astartien coralligène du Crozot étant situé à moins d'un kilomètre de notre carte, je dois tout d'abord le signaler, non seulement en raison de sa faune intéressante, mais surtout pour faire ressortir son exiguité, et réagir contre l'entraînement qui avait porté les géologues à en faire le type d'un sous-étage. Le fait est, que ce faciès des calcaires blancs, oolitiques ou non, s'intercale sous forme de lentilles plus ou moins étendues dans toute l'étendue de notre carte, aussi bien sur le territoire français que dans le Jura suisse, sans que néanmoins il soit possible d'établir pour lui un niveau stratigraphique spécial. Il s'en faut d'ailleurs de beaucoup que nous possédions des données suffisantes sur la nature et la composition de l'étage astartien dans les vastes régions du Jura français où ce terrain présente des affleurements plus étendus.

GROUPE JURASSIQUE MOYEN.

Ce groupe n'est indiqué dans notre carte que par une seule couleur et un seul signe, *J m*. Est-ce à dire qu'il n'ait qu'une importance aussi réduite? Nullement, car ainsi que j'espère le démontrer, il mérite une étude spéciale au point de vue paléontologique et stratigraphique. Il ne faut pas oublier en effet que la puissance des couches et leur développement superficiel obligent le géologue à modifier, réduire ou augmenter les subdivisions et, comme c'est ici le cas, à faire abstraction de caractères géologiques, d'ailleurs beaucoup plus importants.

Je fais donc rentrer dans le jurassique moyen ou oxfordien trois étages assez distincts, susceptibles eux-mêmes de subdivisions, soit au point de vue des faciès, soit à celui de la superposition des couches. Ce sont : le Pholadomyen, le Spongitien et le Callovien.

Mais ce n'est pas tout. Depuis que les observations géologiques se sont portées concurremment sur le Jura bernois et franc-comtois, la valeur ou l'importance de l'oxfordien comme étage du système jurassique a été fortement contestée, et il a bien fallu entrevoir le moment où cette division ne pourra plus être admise que comme un faciès particulier, devant, selon toute probabilité, être rattaché au Jurassique supérieur, c'est-à-dire au Malm, des géologues modernes. C'est ce qui me paraît résulter du travail récent de M. Rollier sur *les faciès du Malm jurassien*.

En ce qui concerne le parallélisme des étages supérieurs, jusque et y compris l'astartien (séquanien), le parallélisme s'établit assez aisément. Il n'en est plus de même des couches à Pholadomyes, à partir desquelles il faut admettre des faciès synchroniques et de nature variée, auxquels ont été appliquées diverses dénominations. D'après M. Rollier, les calcaires hydrauliques sont le faciès pélagique de l'oolite corallienne, qu'il appelle rauracienne, tandis que les couches de Birmensdorf (calcaire à scyphies) sont l'équivalent des couches du corallien à chailles siliceux. De la sorte, l'oxfordien se réduit à certaines couches marneuses du Jura bernois, aux marnes à fossiles pyriteux (là où elles existent), et, dans notre région, à la dalle nacrée, considérée comme équivalent des couches à *Ammonites macrocephalus*.

Je n'ai, pour ma part, rien à objecter contre le parallélisme des couches à pholadomyes et du spongitien et j'admettrais même l'expression de *faciès argovien ou rauracien* pour ces assises, mais en les considérant néanmoins et provisoirement comme partie supérieure de l'oxfordien, sans entrer en discussion sur leurs attributions définitives, qui, en tout état de cause, me paraissent encore bien confuses, en tant que l'auteur n'a pas parcouru et étudié personnellement une grande partie du territoire de notre carte. Je diviserai donc mon texte explicatif en deux sections, l'une consacrée aux

divisions admises dans mon *Jura vaudois*, l'autre à celles de la région franc-
comtoise dans laquelle on observe la série corallienne des anciens géologues.

a) *Oxfordien, faciès argovien.*

Malgré toutes mes recherches, les incertitudes que j'éprouvais autrefois subsistent encore actuellement sur l'expression qu'il convient d'adopter
pour les assises marno-calcaires du Jurassique moyen. Celle de *Pholadomyen*, proposée par Étallon, m'avait paru celle qui prêtait le moins à l'équivoque. Elle avait, de plus, l'avantage de rentrer dans la terminologie de
Thurmann, basée sur les fossiles caractéristiques, dont je venais de me
servir, et, tout bien considéré, je la maintiens encore dans ce travail.

Mais entre le pholadomyen et l'astartien, Étallon avait introduit une,
et même deux divisions, le *Zoanthairien* et le *Glypticien*, dont je crus devoir
faire mon *corallien inférieur,* lequel doit disparaître, aujourd'hui que la
présence des coraux ou polypiers a été constatée dans la plupart des étages
du système jurassique. J'ai d'autant plus de raisons de le faire, que c'est à
tort que j'avais parallélisé ce corallien marneux avec le *Terrain à chailles*
du Jura bernois, beaucoup plus ancien. D'ailleurs il faut dire que cette
zone fossilifère, d'épaisseur variable, est subordonnée partout aux calcaires
hydrauliques inférieurs, ou pholadomyen proprement dit, dont il est très
difficile de les distinguer.

Pholadomyen. — *Couches supérieures à polypiers.* M. Rollier a proposé de réunir ces couches à l'astartien, en se basant sur la faune du Mont
Chatelu. Il me paraît préférable, en raison des caractères lithologiques, aussi
bien que des caractères paléontologiques, d'en faire la partie supérieure du
pholadomyen. En effet, partout où j'ai observé cette assise, elle se compose,
non pas seulement des calcaires fossilifères, mollusques, polypiers, à
test résorbé, remplacé par une matière ochracée, pulvérulente, (Chatelu,
Saint-Sulpice, Sainte-Croix), mais encore de calcaires hydrauliques, en couches minces, séparées par des lits marneux. L'aspect et la nature des fossiles sont absolument différents de ceux de l'astartien. S'il y a des espèces
GÉOLOGIE — 34

communes, elles sont en petit nombre et peu caractéristiques, tandis que les nombreuses espèces de Pholadomyes cordiformes et flabellées, les Goniomyes, Arcomyes, etc., se retrouvent dans les couches inférieures dont nous allons nous occuper.

Couches inférieures des calcaires hydrauliques. — C'est le véritable oxfordien calcaire du Jura neuchâtelois et vaudois, que je considérais autrefois, à tort, comme l'équivalent de l'assise puissante des marnes oxfordiennes à fossiles pyriteux du Jura bernois.

En revanche, par ses caractères lithologiques, et par sa position, il correspond bien aux couches d'Effingen, avec lesquelles j'avais cru pouvoir les paralléliser. Toutefois, c'est en vain qu'on y chercherait la riche faune recueillie par M. Moesch dans le Jura argovien, et que M. Choffat a retrouvée à Châtelneuf et aux environs de Champagnole. Partout où j'ai observé ce terrain, il est caractérisé par ses couches calcaré-oschisteuses, alternant avec des assises marneuses, plus ou moins développées. Les fossiles y sont d'une rareté désespérante, et je ne puis indiquer, à part quelques acéphales *(Goniomya, Arca,* etc.), qu'une grande Ammonite du groupe de l'*A. plicatilis.* Mais il n'y a absolument rien de constant dans la succession et la composition des assises. C'est ainsi qu'à Saint-Sulpice on voit, sur un espace de 100 mètres, apparaître certaines couches calcaréo-siliceuses et ferrugineuses, qui finissent en coin et disparaissent complètement, pour reparaître un peu plus loin à un niveau différent.

Le Pholadomyen présente aussi, géographiquement, de grandes différences, quant à la puissance et à l'alternance des assises marneuses et marno-calcaires. A Beaulmes, les marnes l'emportent de beaucoup sur les calcaires, tandis qu'à Vallorbes on observe à peine une assise marneuse, et malgré une épaisseur de 100 à 150 mètres, je n'y ai découvert aucun fossile. En revanche leur abondance, dans les couches du Vaudioux près de Champagnole, a permis à M. Choffat d'en dresser des listes nombreuses et de distinguer les différentes assises des couches d'Effingen.

Spongitien. — Si nous poursuivons notre revue stratigraphique dans les limites adoptées jusqu'ici, nous rencontrons le faciès ou niveau des calcaires hydrauliques à scyphies, appelé *Spongitien* par Étallon, dénomination très convenable d'ailleurs, dès qu'il s'agit d'une étude régionale.

Rien, à première vue, dans la composition pétrographique, ne diffé-
rencie cet étage du précédent. Aussi, lorsque les fossiles viennent à manquer, est-il impossible de tracer une limite entre eux.

Le spongitien normal, caractérisé par sa faune d'ammonites, de brachiopodes, d'échinides, de spongiaires étalés en forme de champignons,
présente, aux environs de Saint-Claude, les mêmes caractères qu'à la Dent-
de-Vaulion, à Sainte-Croix, à Saint-Sulpice, à Noiraigue ou dans la chaîne
du Larmont. Mais, en revanche, il manque dans la région de la feuille
Lons-le-Saunier, où M. Bertrand ne fait qu'un seul étage des calcaires
hydrauliques.

Au point de vue paléontologique, la faune du spongitien est l'une des
plus intéressantes de notre Jura. En réunissant les listes des divers gisements, on arrive à constater l'existence de toutes les espèces indiquées par
M. Moesch à Birmensdorf, en particulier les nombreux brachiopodes, les
crinoïdes, les échinides. Il s'en faut pourtant de beaucoup que l'étage
présente, nulle part, une épaisseur considérable, celle-ci n'est que de quinze
à vingt mètres au plus.

Callovien. — Le callovien, tel que je le comprends ici, est constitué
par l'oolite ferrugineuse de Thurmann, le fer sous-oxfordien de Greppin. Il
se retrouve partout, quoique avec des caractères variés, au-dessous du
spongitien. La richesse de sa faune, l'abondance des fossiles, lui assurent, à
défaut de l'épaisseur des couches, une place à part dans la nomenclature
des terrains jurassiques et en font un point de repère précieux pour les
géologues jurassiens.[1]

Comme on le voit, je fais ici abstraction des marnes à fossiles pyriteux,
que je considère comme rentrant dans le faciès argovien et dont je parlerai
tout à l'heure.

J'ai fait connaître, dans mon *Jura vaudois et neuchâtelois,* les principaux affleurements de cette division de nos terrains, leurs caractères particuliers. Je n'y reviendrai que pour signaler le riche gisement de la Billaude
sur la ligne ferrée de Champagnole à Saint-Laurent, où le callovien est

---

[1] C'est par un oubli regrettable que, dans la légende de la carte, je n'ai pas indiqué :
Oxfordien et Callovien.

directement superposé à la dalle nacrée, et surmonté par les calcaires hydrauliques, ou couches d'Effingen.

b) *Oxfordien, faciès rauracien.*

Sous le nom de corallien, les géologues jurassiens comprenaient autrefois le calcaire à Nérinées, l'oolite corallienne, le calcaire corallien, et même
le terrain à chailles, (rangé par Thurman dans l'oxfordien).

L'analogie de ces différentes subdivisions avec les couches de l'astartien ne pouvait manquer de provoquer souvent des confusions assez fréquentes, aussi est-il arrivé souvent qu'on a signalé l'existence du corallien dans
notre région ou à ses confins. Dès lors, il m'a paru nécessaire de dire quelques mots de ce faciès, d'autant plus que M. Bertrand lui a conservé une
place dans la légende de ses feuilles de Pontarlier et de Lons-le-Saunier.

Corallien supérieur. — Il résulte tant de mes propres observations
que de celles de M. Bertrand, que dans le rayon de notre feuille le corallien supérieur, calcaire blanc à *Diceras arietina*, n'apparaît nulle part.
Pourtant, il suffit de se transporter à quelques kilomètres au nord, dans le
domaine de la feuille VI, pour rencontrer le gisement remarquable de
Gilley, qui s'interpose entre l'astartien et le terrain à chailles, ou corallien
marneux à fossiles siliceux, et je ne pouvais me dispenser de signaler le
fait.

Tout en inscrivant le corallien dans la légende de la feuille Lons-
le-Saunier, M. Bertrand dit que le terrain tend à perdre le faciès coralligène vers le sud. Il est représenté en haut par des calcaires compacts, en
bas par des calcaires marneux à *Cidaris florigemma*, *Pholadomya hemi-
cardia*, etc.

Corallien inférieur. — Ce sont précisément ces couches, qui, dans la
région de Boujeailles, Levier, Sept-Fontaines, paraissent remplacer le spongitien et ont provoqué l'embarras des géologues, qui les ont considérées,
en tout ou en partie, tantôt comme coralliennes, tantôt comme oxfordiennes. La suppression du corallien, comme étage distinct, me paraît donc

s'imposer d'autant plus naturellement, et il faut espérer qu'une entente prochaine interviendra à ce sujet, tant parmi les géologues jurassiens que parmi ceux qui étudient d'autres régions constituées par les terrains jurassiques.

Marnes oxfordiennes à fossiles pyriteux. — Un troisième faciès de l'oxfordien rauracien est celui des marnes à fossiles pyriteux, ou couches de Châtillon, de Marcou, que je considérais autrefois comme faisant partie du callovien. Je me range d'autant plus volontiers à l'idée de les faire rentrer dans l'oxfordien, dont elles étaient même autrefois le type, que, partout où cette assise se développe, c'est à l'exclusion du spongitien. C'est ce que M. Bertrand a d'ailleurs constaté dans sa notice sur la feuille Pontarlier. En revanche, dès que l'on a dépassé la région des calcaires hydrauliques et qu'on s'avance vers l'O., on rencontre le développement bien accusé de ce faciès si caractéristique des argiles à briques. Ainsi à Boujeailles, où l'on vient de quitter le faciès des calcaires hydrauliques, on peut recueillir en quantité l'*Ammonite Lamberti* et la série des espèces qui l'accompagnent partout. Il en est de même vers le nord, dans la région O. de la feuille VI.

Callovien. — Je n'ai rien à ajouter à ce que j'ai dit de cette division inférieure, dont les caractères sont les mêmes dans les deux faciès, argovien et rauracien.

GROUPE JURASSIQUE INFÉRIEUR.

En s'appuyant sur des arguments paléontologiques, M. Rollier fait rentrer dans l'oxfordien les couches d'oolite ferrugineuse des Crozettes, qui étaient pour moi le type du callovien. Il en résulterait que, dans le territoire de notre carte, ce terrain ferait défaut, ou bien serait représenté par la dalle nacrée seulement. C'est là une conclusion qui me paraît bien risquée, en tant que ce géologue n'a pas étudié les autres gisements de ce terrain dans le Jura neuchâtelois et vaudois. Il serait vraiment temps qu'on en finisse avec les arguments qui s'appuient sur la présence ou l'absence d'une espèce, telle que l'*Ammonites macrocephalus,* pour relever, abaisser, admettre, ou supprimer une division stratigraphique.

Pour ma part, je persiste à classer la dalle nacrée dans le jurassique inférieur dont elle constitue un faciès particulier, régional, qu'il serait inutile d'ériger en étage, puisque les fossiles font défaut ou ne sont représentés que par des débris broyés et triturés.

Dès lors, notre groupe jurassique inférieur ne comprendra que deux étages, le Bathonien et le Bajocien, comportant d'ailleurs des subdivisions plus ou moins nombreuses.

Bathonien. *Dalle nacrée.* — Des trois subdivisions pour le groupe oolitique, primitivement adoptées par Thurmann, Gressly et les géologues jurassiens, c'est celle qui présente les caractères les plus constants dans le Jura central. Aussi en avais-je fait l'un de mes sous-étages, et même cherché à la doter d'une faune à l'instar des autres sous-étages, en réunissant des espèces découvertes par-ci par-là, sans certitude de gisement. Dès lors survinrent les nombreuses dissertations de M. de Tribolet, et, d'autre part, je constatai, sur nombre de points, des passages au faciès marno-calcaire, qui me paraissent nécessiter l'abandon de ma première manière de voir.

Dans le Jura neuchâtelois et vaudois, partout où on observe le callovien, on voit succéder à cette assise caractéristique de marne, des couches ou dalles de calcaire très dur (que l'on appelle quelquefois, dans le pays, *pierre à feu)*. La texture en est généralement grossière, oolitique ou lumachellique, composée d'une multitude de débris de crinoïdes et d'échinides, bien reconnaissables à leur structure spathique et lamellaire.

Ces couches de couleur brun-roux, très ferrugineuses, ont une épaisseur de dix à vingt centimètres, et sont exploitées très activement comme pierre de maçonnerie.

Si la distinction entre le callovien et la dalle nacrée est facile, il n'en est pas de même du passage à la marne à discoïdées, qui se manifeste par l'apparition de couches marneuses de plus en plus fréquentes, et nullement par un changement de nature de la roche.

Le Bathonien apparaît dans la dislocation du Mont d'Or près de Jougne et au revers nord du Larmont. M. Bertrand y a reconnu le calcaire lumachellique roux, en petits bancs, c'est-à-dire la dalle nacrée, surmontant des couches marneuses pauvres en fossiles. Une seule teinte sert à les désigner. C'est aussi la disposition que j'ai retrouvée plus au nord, au Mont-Pouillerel.

Dans la région de la feuille de Lons-le-Saunier, ce même géologue établit en revanche trois divisions ou sous-étages : supérieur, moyen et inférieur. Chacun de ceux-ci occupe une superficie assez étendue, mais, à en juger par le texte explicatif de la carte, la dalle nacrée perd ses caractères distinctifs.

Marne à Discoïdées. Couches à ciment. — A mesure que nous descendons la série des assises, l'étendue des affleurements diminue, et nous nous trouvons dans le cas de donner à certaines observations locales la valeur de caractères généraux.

Ainsi en est-il de l'assise marno-calcaire que l'on avait voulu assimiler au *fullers-earth*, à la marne Vesulienne, etc. Tandis qu'elle est bien développée au Furcil près de Noiraigue, où elle est exploitée comme roche à ciment hydraulique et renferme une faune riche en fossiles du faciès vaseux, en brachiopodes, etc., elle se transforme complétement dans les chaînes du Chasseron, du Suchet et de la Dent de Vaulion. Les calcaires hydrauliques sont remplacés par de vraies marnes à *Rhynchonella varians,* très abondantes, à l'exclusion de tous autres fossiles. Il faut chercher ceux-ci dans des calcaires roux, marneux, grossiers. C'est là qu'on trouve abondamment les *Terebratula intermedia, Mytilus bipartitus,* etc. Autant que j'en puis juger, ces couches correspondent au niveau marneux à *Homomya gibbosa,* du Jura salinois.

Bajocien. *(Lédonien* de Marcou.) — Nous arrivons à l'étage le plus inférieur qui ait été reconnu dans le Jura neuchâtelois et vaudois. Enseveli sous la masse puissante des couches qui lui sont superposées, il n'apparaît que sur quelques points, à Brot-Dessous, au Chasseron, au Suchet et au Larmont, mais il présente des caractères assez constants par la présence d'une nappe de coraux, avec de nombreux brachiopodes, subordonnés à des calcaires compactes, lumachelliques, pétris de débris de crinoïdes, rappelant par leur aspect la dalle nacrée.

Il est à remarquer que ce faciès n'est point celui qui constitue le bajocien typique, caractérisé par une faune dans laquelle les polypiers font défaut, mais qui renferme des céphalopodes, et en particulier *Belemnites giganteus,* que nous trouvons dans le bathonien. Aussi avais-je d'abord adopté le nom de Lédonien, de Marcou, qui comporte une plus grande similitude de nature et de composition.

Le bajocien est très développé dans le Jura salinois, où il présente d'ailleurs une plus grande variété d'assises. C'est ainsi qu'il renferme, à la partie supérieure, des couches à *Ammonites Humphriesianus,* séparées par des nappes de polypiers, des calcaires oolitiques et spathiques à *A. Murchisonœ,* qui atteignent cinquante mètres de puissance.

Groupe liásique.

Le lias, avec une puissance de 120 mètres, apparaît dans la vallée de l'Angillon, au pied de la montagne de Fresse. Il se développe largement au N. de Pont-d'Héry, autour de Salins, et dans la grande dislocation à l'E. de Nans-sous-Sainte-Anne. M. Bertrand le divise en quatre assises, plus l'infralias. L'échelle de notre carte ne m'a pas permis d'indiquer ces différentes subdivisions.

5. Système triasique.

C'est encore dans les environs de Salins que nous trouvons les assises supérieures du Trias, c'est-à-dire les marnes irisées supérieures et les lignites de l'étage moyen, que je me borne à indiquer ici d'après la Notice explicative de M. Bertrand.

IV. OROGRAPHIE. DISTRIBUTION GÉOGRAPHIQUE

Aperçu général. — Le rapide exposé que nous venons de faire des caractères des terrains, de leur répartition dans le territoire de la carte, etc., serait insuffisant à faire connaître la structure interne et les formes extérieures des masses minérales qui en constituent la charpente. Il est aujourd'hui reconnu que c'est à la géologie que la géographie doit emprunter les données nécessaires aux facteurs et aux phénomènes qui ont contribué à donner au relief du sol son état actuel. Ces phénomènes, qui se sont manifestés simultanément ou indépendamment, sont de deux ordres. Les uns sont dus à l'*érosion aqueuse ou atmosphérique;* les autres ont eu pour cause les *actions mécaniques ou dynamiques.* Celles-ci semblent avoir depuis longtemps, du reste, cessé de se manifester d'une façon appréciable, au moins dans nos contrées.

C'est dans la plaine que les agents d'érosion et de destruction ont surtout manifesté leur action sur le relief et le modelé du sol. Dans toute cette région, les terrains se présentent en couches horizontales ou peu inclinées, tandis que dans le Jura, ils sont plissés, ondulés, redressés et même renversés et, en outre, sur certains points, affectés par des ruptures, failles, plis-failles, décrochements horizontaux, qui donnent naissance à une multitude d'accidents orographiques, en général bien caractérisés, pour lesquels il avait été proposé une nomenclature spéciale, dont j'ai parlé dans la sixième livraison des *Matériaux,* ce qui me dispense d'y revenir.

1. La plaine vaudoise.

Caractères généraux. — Pour bien comprendre la nature et le relief du territoire que nous appelons la *plaine,* il faut se souvenir que, au point de vue du relief continental, cette contrée est en réalité un *plateau*, traversé par des cours d'eau qui se déversent au nord et au sud, suivant une ligne de pente relativement forte. Il en résulte que ceux-ci, au lieu de former des dépôts d'alluvions, entraînent, annuellement, des masses considérables de matériaux, dont les uns se déposent dans les véritables plaines basses, les autres s'en vont à la mer.

En ce qui concerne notre territoire, il y a longtemps que ces phénomènes d'érosion ont cessé de se manifester en grand. Les vallées de la Venoge et de l'Orbe, autrefois sans doute bien plus profondes, sont maintenant en voie de comblement, ainsi que le bassin du lac de Neuchâtel, en sorte que nous pouvons, sans scrupules, conserver l'expression placée en tête de ces lignes et généralement usitée dans le pays.

Le Jorat d'Échallens. — La plaine vaudoise est très accidentée du reste. Nous venons d'en voir la cause. Un profil tiré des hauteurs du Jura vers la vallée de la Broie nous montrerait le maximum d'altitude entre Froideville et Thierrens, territoire constitué par les grès de la molasse marine, dont la dureté est relativement plus grande que celle des couches inférieures. Aussi voyons-nous de nombreux cours d'eau, la Carouge, la Bressonnaz, la Mérine, creuser profondément leur lit à travers ces assises pour se jeter, en dehors de notre territoire, dans la Broye.

Au revers opposé, le caractère change; le Talent, la Mentue, le Buron, circulent mollement, formant par-ci par-là des bas-fonds marécageux, jusqu'à ce qu'atteignant la vallée de l'Orbe, ils approfondissent leur lit, ce qui permet d'observer des coupes des diverses assises de la molasse.

Le pied du Jura. — Ici, ce ne sont plus des petits ruisseaux alimentés par les sources de la molasse qui modifient le relief du sol. Deux sources, le Veyron et la Venoge, que l'on s'étonne de ne pas voir plus volumineuses, n'ont pas même creusé leur lit jusqu'à la molasse, qui n'apparaît que dans la partie inférieure de leur cours. Il en est de même du Mujon, de la Brine et de l'Arnon, qui prennent naissance au pied des escarpements calcaires du Jura.

En revanche, deux rivières jurassiennes, le Nozon et l'Orbe, semblent avoir exercé une action destructive particulièrement intense sur les assises de la molasse, puisque nous voyons de vastes surfaces du terrain crétacé

mises à nu dans cette région. Je dis qu'elles *semblent* avoir détruit et
entraîné les matériaux des couches molassiques, car, en réalité, tout fait
supposer qu'ici elles n'ont jamais atteint une épaisseur aussi grande qu'ailleurs, et l'on entrevoit le fait que le Jura aurait déjà présenté un relief assez
prononcé avant le dépôt des couches tertiaires.

Vallée de l'Orbe, Mont-de-Chamblon, etc. — Ce qui semblerait constituer une preuve en faveur de l'idée que je viens d'émettre, c'est la présence
du Mont-de-Chamblon, et aussi du Mormont, au milieu de la dépression
formée par les vallées d'érosion de l'Orbe et de la Venoge. Si l'on tient
compte en outre des *pointements*, de Chévressy et de Goumoëns-le-Jux, en
plein territoire molassique, on entrevoit toute une série d'actions dynamiques, antérieures à la formation des dépôts molassiques, et dont il y a lieu
de tenir compte dans l'histoire de la formation du relief de la plaine suisse.

2. Le Jura.

Caractères généraux. — Si l'on jette les yeux sur notre carte (feuille
IX), on constate que cette région est affectée, à peu près vers son milieu, par
un accident qui modifie l'allure des chaînons dans toute sa largeur, du nord
au sud. Cet accident, dont nous aurons à rechercher les caractères, est d'ailleurs absolument indépendant des plissements et des failles ou plis-failles
qui concourent à donner aux chaînons leurs formes orographiques.

Un second accident, moins régulier et surtout moins apparent, mais
de direction à peu près semblable, se manifeste entre Saint-Laurent et
Salins, et circonscrit un parallélogramme dans lequel les chaînons et les
vallons présentent des caractères particuliers, ce qui m'engage à diviser
cette étude en deux sections.

a) RÉGION OCCIDENTALE.

Le Mont-Tendre, la vallée de Joux, le Mont-Rizoux. — Le Mont-
Tendre, dont notre carte ne présente qu'une partie seulement, est un large

chaînon, dont la partie médiane présente un pli synclinal étroit, occupé par les couches du néocomien. Son versant méridional est affecté par de nombreux accidents que les circonstances ne m'ont pas permis de visiter. Il se pourrait qu'on retrouve quelque part, à la Correntenaz ou aux Prés de Mollens, des lambeaux de néocomien.

Le versant septentrional, en revanche, est d'une régularité remarquable. Les trois étages du néocomien s'y présentent en gradins successifs et vont disparaître sous le quaternaire et les alluvions modernes.

La vallée de Joux est partagée en deux synclinales, non moins régulières par un anticlinal jurassique supérieur, très étroit, qui, se terminant en abrupt, constitue la rive gauche du lac.

Le Mont Rizoux, couvert de forêts et de pâturages, est un plateau, large de plusieurs kilomètres, à peine accidenté par des reliefs et des dépressions, si l'on excepte la Combe-des-Cives, vallée d'érosion, en partie remplie par le glaciaire jurassique. A son extrémité sud, la chaîne se subdivise en deux chaînons. Un vallon néocomien, celui de Morbier, aussi comblé par le glaciaire, les sépare.

Val de Mouthe-Rochejean. — Ce vallon est l'un des plus longs et des plus réguliers du Jura, car il prend naissance bien au delà des confins de notre carte vers le sud. Il se termine brusquement au nord par la rencontre du décrochement horizontal et la cluse de Pontarlier-Jougne.

Il est d'ailleurs, comme le précédent, divisé en deux synclinales, par un relèvement des couches jurassiques, bien visible au Maréchet et à Foncine, où l'on exploite le gypse purbeckien. Ailleurs, ce dédoublement est révélé par l'existence de deux bandes d'urgonien.

Ici encore nous rencontrons le glaciaire jurassique, très développé, quoique morcelé, et n'occupant que les dépressions du néocomien. De très petits lacs, des étangs, correspondent, selon toute apparence, à des barrages morainiques.

Notons, en passant, que c'est dans cette vallée, près de Mouthe, qu'apparaît la source du Doubs, à la base d'une paroi de couches verticales du portlandien. Celle-ci est l'émissaire du versant nord du Mont Rizoux, dont le point culminant est formé par le Gros-Crêt. (1422 m.)

Vals des Pontets, Remoray, Saint-Point, la Planée. — Vers l'extrémité nord du Val de Mouthe se présente une synclinale, qui met ce vallon en communication avec la vallée des lacs de Saint-Point et de Remoray. J'ai déjà signalé l'intérêt que présentait cette région par le développement des couches du groupe crétacé moyen. L'urgonien supérieur y est aussi très remarquable, aux Pontets, à Boujeons. On est surpris de trouver cette roche massive, compacte, formant des reliefs accusés au milieu des roches plus tendres, plus marneuses, du hauterivien et du valangien. L'entrecroisement des synclinales crétacées et des anticlinales jurassiques donne à cette partie de la carte un aspect tout particulier et, vu le peu d'amplitude des différentes cotes d'altitude, on serait disposé à considérer ces vallons comme ayant formé un seul bassin, dont l'érosion aurait isolé les différentes parties.

Le régime fluvial est caractérisé par la présence de plusieurs cluses, peu profondes, creusées à travers les massifs jurassiques. Outre les lacs de Saint-Point et de Remoray, entourés par des dépôts glaciaires, il existe plusieurs lambeaux d'alluvions modernes, résultant sans doute du remplissage de vallées d'érosion autrefois plus profondes.

Les Planches-en-Montagne, Mont de Saint-Sorlin, Montbeule. — Une chaîne irrégulière, sinueuse, sépare les vallons dont nous venons de parler de la vaste plaine de Mièges-Nozeroy. Elle est, dans sa partie méridionale, affectée par une dislocation qui, aux Planches, laisse apparaître le jurassique inférieur. Celui-ci disparaît aux Entre-Côtes, mais l'oxfordien continue à se montrer jusqu'au nord de Remoray. Plus loin, la chaîne se transforme en un large plateau, pour se terminer à la Cluse où elle est rejetée vers le nord par le grand décrochement horizontal.

Val de Mièges, Chaux d'Arlier. — La dislocation des Planches se poursuit vers le sud avec de nombreuses failles jusqu'à la Chaux du Dombief et au lac de Bonlieu. Ici apparaît, au contact du jurassique inférieur, le terrain crétacé du Val de Mièges qui, d'abord resserré dans une synclinale, s'élargit bientôt à la Chaux-des-Crotenay pour, ensuite, être divisé par l'érosion en nombreux lambeaux, les uns isolés au milieu du jurassique supérieur, les autres entourés par le vaste dépôt erratique qui recouvre les trois quarts de ce bassin; c'est à ce phénomène que l'on doit sans doute la mise à découvert du néocomien entre Syam et Conseau. Toute cette région ne présente d'ailleurs aucune dénivellation importante et se rattache au

plateau salinois. De nombreuses failles, non apparentes à l'extérieur, correspondent à l'extrême limite occidentale des couches crétacées. Ces accidents se manifestent surtout entre Bourg-de-Sirod et Courvières. Au nord,
les couches reprennent leur disposition régulière, mais c'est à peine si le
passage du crétacé au jurassique se trouve indiqué par un relief. Aussi
voyons-nous, à la gypserie de Bulle, le purbeckien s'étaler en couches peu
inclinées, au même niveau que le portlandien et le valangien.

La bordure crétacée qui reparaît ici, se maintient par Bulle, Chaffois,
Dommartin, Vuillecin, et va disparaître à la rencontre du grand décrochement horizontal vers la Vrine.

La zone comprise entre Bonnevaux et les Granges-Narboz présente un
relief plus accusé, mais le crétacé disparaît sous le glaciaire. Il n'est que
plus curieux de le revoir formant une synclinale étroite, entre Granges-de-
Dessus et Pontarlier.

Le Drugeon, dans son parcours entre la Rivière et le village de Doubs,
parcourt une vaste plaine d'alluvions modernes. Rappelons enfin la terrasse
de graviers post-glaciaires de Pontarlier et de son voisinage.

Plateau de Levier, Sombacourt. — Au nord de Cuvier, les couches
jurassiques, à peu près horizontales, se relèvent peu à peu en voûte régulière, pour former un chaînon, peu élevé du reste, qui sépare la grande
vallée de la Chaux-d'Arlier d'un synclinal resserré dans lequel le néocomien
reparaît entre Sombacourt et Goux [1]. Les relations et l'extension des divers
étages du portlandien, du ptérocérien et de l'astartien sont très difficiles à
saisir. Toutefois ce dernier étage me paraît acquérir une large extension
aux environs de Bugny. Entre ce village et Ouhans, une dislocation laisse
apparaître les couches plus anciennes de l'oxfordien qui vont se développer
dans la chaîne du Mont-Chaumont.

Dans la région de Chapelle d'Huin, Levier, Sept-Fontaines, les incertitudes sur les limites géologiques des étages ne font qu'augmenter, en
raison du caractère peu accusé du relief du sol, et aussi du développement
des couches marneuses de l'oxfordien supérieur à polypiers (anciennement

---

[1] C'est par erreur que, dans la carte, j'ai indiqué le cénomanien à l'extrémité de ce pli. On
constatera d'ailleurs d'autres erreurs, résultant du fait que je n'ai pu étudier suffisamment
cette région, comprise dans la feuille d'Ornans, qui n'a pas encore paru.

corallien inférieur). Aussi ne faut-il attribuer au coloriage de cette région dans notre carte qu'une valeur purement provisoire.

Environs de Champagnole. — L'absence de figuré orographique dans toute la partie nord de notre carte ne m'a pas permis de faire ressortir le caractère accidenté et pittoresque de cette région. D'une part, vers le sud, le plateau de Châtelneuf-Loulle, dominant la vallée de la Saime et de l'Ain, de l'autre, la plaine d'alluvions quaternaires de Champagnole, avec son îlot jurassique de Mont-Rivel, seul reste du puissant revêtement du jurassique supérieur enlevé par l'érosion. On s'attendait au moins à voir le territoire à l'ouest et à l'est, constitué par le même terrain, mais il n'en est rien; le bathonien prend ici une extension qui n'est interrompue que par la dislocation de la montagne de Fresse, au pied de laquelle l'Angillon coule sur les marnes du lias. Plus au nord, vers Boujeaille, Villiers-sous-Chalamont, à Supt, Montmarlon, les couches marneuses de l'oxfordien se superposent à ce puissant massif de calcaires, dans lequel, comme nous l'avons vu, il est possible de distinguer plusieurs assises que ne nous connaissons pas dans la région orientale de la carte.

Pont-d'Héry, Salins, Nans-sous-Sainte-Anne. — De cette région, je ne dirai que peu de chose, malgré le puissant intérêt qu'elle présente au point de vue géologique et orographique. Il faudrait d'ailleurs un volume pour indiquer les nombreux accidents qui la caractérisent, et qui mettent en contact de la façon la plus inopinée des terrains, tels que le lias et le trias, avec le jurassique supérieur. J'avoue d'ailleurs avoir quelque peine à comprendre certains réseaux de failles rectilignes, indiqués dans la carte de M. Bertrand aux environs de Géraise, Dournon, le Crouzet. Je renonce aussi à parler de la curieuse dislocation sud-ouest, nord-est, connue sous le nom de chaîne de l'Euthe, et de celle plus remarquable encore de Nans-sous-Sainte-Anne à Mouthier.

b) Région orientale.

Val de Vaulion. — Nous avons vu que le long rempart formé par la chaîne du Mont-Colombier, de la Dôle et du Mont-Tendre se terminait au-devant de la Dent de Vaulion. En réalité, c'est un dédoublement qui se produit, car le vallon élargi dans lequel le Nozon prend sa source est la continuation du pli synclinal des Amburnex. Tandis que le chaînon latéral de droite continue d'affecter la direction sud-ouest nord-est, celui de gauche s'élève brusquement vers le nord, où il est bientôt affecté par une profonde dislocation, au milieu de laquelle apparaissent les couches jurassiques inférieures, qui vont s'ensevelir sous les dépôts quaternaires de la vallée de l'Orbe. La voûte se referme ensuite, et s'infléchissant à l'est, vient rejoindre le chaînon précédent, circonscrivant ainsi le vallon de Vaulion, rempli par les trois étages du néocomien. Toutefois, une partie de ceux-ci ont été détruits par l'érosion et remplacés par la moraine profonde du glacier du Rhône, qui remonte jusqu'à la source du Nozon.

Val de Vallorbes, Ballaigues. — Le vallon synclinal de Vallorbes, prolongement probable de celui de la vallée de Joux, présente une série d'accidents qui démontrent, dans cette région, l'action énergique des phénomènes de dislocation et d'érosion. Il est indubitable que, dès le début de la période quaternaire, un cours d'eau très important a dû raviner profondément tous les terrains crétacés, et même une partie des terrains jurassiques qui occupaient le fond de ce bassin. Trois lambeaux seulement ont échappé à la destruction. L'un d'eux présente les couches verticales du néocomien, redressées au flanc du Mont-d'Or; on y retrouve même les couches du gault et de l'aptien, resserrées dans un pli synclinal fermé, très étroit, tandis qu'à Ballaigues les couches valangiennes, en partie recouvertes par la moraine du glacier du Rhône, ont été à peine dérangées de leur position. C'est de cette époque, sans doute, que date l'élargissement de la cluse profonde qui affecte l'extrémité de la chaîne de la Dent de Vaulion, au point où elle s'infléchit de nouveau vers le nord pour se souder à celle du Suchet.

A ce cours d'eau principal, qui prenait naissance quelque part au voisinage de la source de l'Orbe, venait s'en joindre un autre, descendant des hauteurs du Mont Suchet, et contribuant à l'approfondissement de la cluse.

Plus tard, celle-ci fut de nouveau comblée par les matériaux erratiques, tant du glacier du Rhône que des glaciers jurassiens, dont une partie ont disparu depuis l'avénement du système fluvial actuel.

Le Suchet, les Aiguilles-de-Beaulmes, Mont-Aubert. — Le Mont Suchet et les Aiguilles-de-Beaulmes présentent bien le type des soulèvements du second ordre de Thurmann. La simple inspection du figuré topographique et orographique de la carte, révèle à première vue l'âge et la position stratigraphique des assises jurassiques. Cependant, une étude plus attentive permet de reconnaître qu'ici encore le plissement est compliqué de failles, de plis-failles et de décrochements verticaux, qui mettent en contact des couches d'âge différent.

La large et profonde dépression qui sépare les deux arêtes de la montagne se referme brusquement au nord du village de Beaulmes, ne laissant qu'un étroit passage aux eaux de cette région. Mais bientôt reparaît un autre accident, bien caractéristique, la cluse de Covatannaz, qui interrompt momentanément la voûte régulière des couches du jurassique supérieur. De ce point, jusqu'à l'extrémité du Mont-Aubert, la chaîne se transforme en plateau, formé de jurassique, dont les couches, brusquement repliées, deviennent verticales et plongent sous le revêtement de terrain glaciaire du pied du Jura.

Le Chasseron, la Vaux, Creux-du-Vent. — La seconde chaîne du Jura vaudois prend naissance au versant nord des Aiguilles-de-Beaulmes et affecte aussitôt une direction vers le nord, nord-ouest. Bientôt elle s'ouvre, et on voit apparaître le jurassique inférieur, sur lequel est construit en partie le village de Sainte-Croix. Un vallon peu étendu, rempli par le glaciaire alpin, sépare cette chaîne de la précédente, puis apparaît le Mont-Chasseron qui est, comme le Suchet, l'un des plus beaux exemples des soulèvements du second ordre. Le crêt méridional, point culminant coupé à pic, présente la tranche des couches vers le nord, tandis que le revers opposé plonge vers le Val-de-Travers.

Une troisième crevasse, moins importante, celle de la Vaux, apparaît à

peu de distance à l'est, puis la voûte se referme et présente les caractères
d'un plateau accidenté, jusqu'au moment où un quatrième accident, le Creux-
du-Vent, cirque gigantesque, l'un des plus beaux du Jura, l'affecte profondément. Ici encore les phénomènes de dislocation et d'érosion se sont manifestés
avec une grande intensité. Le flanquement nord de la chaîne a disparu, tandis
que la montagne de Boudry, qui lui est opposée, présente le rempart de ses
couches calcaires coupées à pic, dominant les pittoresques Gorges de la
Reuse et le vallon resserré du Champ-du-Moulin.

Val d'Auberson, Granges de Sainte-Croix. — La chaîne, dont nous
venons d'esquisser les principaux caractères, circonscrit au nord-ouest plusieurs vallons ou plis synclinaux, dont les plus importants sont ceux d'Auberson, de la Côte-aux-Fées et le Val-de-Travers.

Le Val d'Auberson, à l'altitude moyenne de 1100 m. sur mer, présente en quelque sorte un centre de sédimentation en miniature de la
période crétacé et d'une partie de la période tertiaire: Sur quelques kilomètres carrés de superficie, on y rencontre les couches de nature variée
de toute la série néocomienne, de celle des grès-verts, de l'aquitanien
et de l'helvétien. Les divers étages superposés, de moins en moins
étendus à mesure qu'ils sont plus récents, sont caractérisés par des
faunes et des faunules, remarquables par l'abondance des individus et la
variété des espèces, ainsi, du reste, qu'on a pu en juger par notre étude
des terrains. Il ne faudrait pas croire pourtant que toutes ces couches
se sont déposées d'une façon régulière et constante. Ici encore on constate
de nombreux mouvements du sol, des dislocations, des érosions, qui ont
mis en contact des couches et des assises d'âge différent. Les discordances
de stratification et de superposition transgressive se manifestent sur plusieurs points, et nous ne pouvons douter que l'isolement du bassin ne résulte
de l'ablation des dépôts qui le reliaient autrefois à ceux que l'on rencontre
dans son pourtour, notamment aux vallées de Mouthe, de Saint-Point, du
Val-de-Travers, etc.

Côte-aux-Fées, Val-de-Travers. — Une petite chaîne surbaissée, celle
de la Vraconne, sépare le bassin d'Auberson de celui des Bolles ou de la
Côte-aux-Fées, qui est rempli par les couches du valangien et du hauterivien. On n'y a reconnu aucune trace de l'urgonien ni des grès-verts, soit

qu'elles ne s'y soient pas déposées, soit qu'elles aient disparu par érosion.

Il n'existe aucune solution de continuité entre les couches néocomiennes de la Côte-aux-Fées et celles du Val-de-Travers. Une même synclinale se poursuit des Bourquins par Buttes, Travers, les Œillons, le Champ-du-Moulin. Mais une série de profils en travers révélerait une singulière variété dans la disposition des assises, leurs relations et même leur superposition. J'en ai donné quelques-uns dans mon *Étude géologique sur l'asphalte*, et n'y reviendrai pas ici. Je noterai seulement quelques points particuliers.

Le Val-de-Travers n'est point, comme on le croirait d'abord, formé d'un seul pli synclinal. Il en existe au moins trois, qui sont séparés par deux anticlinales, lesquelles, il est vrai, ne sont pas toujours visibles. Celle qui est le mieux caractérisée apparaît au flanc nord de la chaîne du Chasseron et se poursuit jusqu'au voisinage du Creux-du-Vent. C'est le vallon des Rhuillières, dans lequel je n'ai reconnu jusqu'ici que le valangien et le hauterivien, resserrés dans un pli étroit, et séparés du vallon principal par un relèvement des couches jurassiques, analogue à celui qui divise la vallée du lac de Joux.

Un second accident du même genre fait apparaître le portlandien entre Buttes et Fleurier. La molasse et le crétacé, resserrés contre la chaîne de la Côte-aux-Fées, disparaissent au Pont-de-la-Roche, mais bientôt après l'urgonien reparaît, surmonté par les couches du gault, comprimées et formant à la Caroline cet accident que M. Desor proposait d'appeler une *Mait.* A Boveresse, le lambeau crétacé s'élargit et se relève vers le chemin des Sagnettes. Mais il est divisé par l'érosion en trois lambeaux dont l'un constitue un relief bien accusé au Mont de Couvet.

Revenons au vallon principal, dont le fond est rempli par les alluvions modernes, et les flancs en partie recouverts par le quaternaire. La partie inférieure, de beaucoup la plus intéressante de ce vallon, est constituée par le lambeau de la rive droite de la Reuse, entre Couvet, Travers et les Œillons. Ici, les terrains crétacés, urgonien, aptien, gault, ainsi que la molasse, redressés et comprimés contre la chaîne jurassique, ont échappé à l'érosion. L'urgonien supérieur, imprégné de bitume, transformé en asphalte, plonge vers le sud, révélant ainsi l'anticlinale du fond de la vallée, tandis que, sur la rive gauche, le lambeau asphaltique du Bois-de-Croix, peu étendu du reste, n'est surmonté par aucune assise plus récente.

Un peu au delà de Travers, la Reuse, quittant cette synclinale, s'engage dans une cluse accidentée et va poursuivre son cours, d'abord dans la vallée d'alluvions de Rosières; puis elle pénètre à Noiraigue dans les couches jurassiques inférieures (bathonien), exploitées comme carrières de ciment. De son côté, le synclinal crétacé se relève jusqu'aux Œillons, disparaît sous la grande moraine du glacier du Rhône, pour se montrer de nouveau au Champ-du-Moulin, formant une synclinale étroite, entre la chaîne du Creux-du-Vent et celle de la Tourne.

Les Verrières, les Bayards, la Brévine, les Ponts. — Il serait assez difficile de distinguer des chaînons dans la région qui sépare la vallée de la Reuse de celle du Doubs. Il l'est un peu moins en ce qui concerne les vallons, en raison de la présence des dépôts crétacés et tertiaires. Au reste, cette contrée qu'on a dès longtemps appelée les *Montagnes,* n'est en réalité qu'un vaste plateau, dont l'altitude moyenne est de 1000 à 1200 mètres au-dessus de la mer.

Les vallons présentent quelques particularités dont nous dirons d'abord quelques mots.

Celui des Verrières présente le mieux les caractères d'une synclinale crétacée régulière, resserrée entre deux chaînes jurassiques. Les trois étages redressés du néocomien ont échappé à l'érosion, qui a, en revanche, divisé la molasse en plusieurs lambeaux. Mais, à l'est des Verrières, aux Bayards, la physionomie du paysage change complètement. Un puissant dépôt de glaciaire jurassique remplit la synclinale, de telle sorte que le néocomien reparaît seulement au versant sud. Il est assez difficile de se rendre compte des causes qui ont pu accumuler sur ce point une pareille quantité de matériaux erratiques, étant donné le peu d'importance des reliefs de ce bassin.

Le vallon de la Brévine, beaucoup moins encaissé que celui des Verrières, renferme aussi les couches du crétacé inférieur, mais celles-ci, en. grande partie recouvertes par les dépôts quaternaires et les marais tourbeux, n'apparaissent un peu développées qu'au voisinage du village de la Brévine et occupent un espace beaucoup moins étendu que celui qui avait été indiqué dans la première édition de la carte. J'ai pu me convaincre que le purbeckien et le portlandien, en couches horizontales constituent le fond de la cuvette dans la partie sud-ouest, sans que rien indique qu'il y ait eu érosion des dépôts crétacés.

C'est dans ce vallon, fermé à ses deux extrémités, que l'on peut observer les plus beaux exemples de ces accidents connus sous le nom d'*emposieux,* dans lesquels les eaux superficielles disparaissent subitement et vont contribuer à l'alimentation des sources jurassiennes.

Un barrage établi au devant de l'un d'eux, afin de régulariser le débit de l'eau et de l'utiliser comme force motrice, a donné naissance au réservoir connu sous le nom de lac des Taillères.

Celui de la Brévine, dans lequel disparaissent les eaux du Cachot et de la Chatagne, est souvent obstrué par les limons tourbeux et se transforme en un lac temporaire, qui inonde la partie inférieure du village.

Notre carte ne renferme que l'extrémité sud-ouest de la longue vallée de la Sagne et des Ponts. Peu profonde, comme celle de la Brévine, elle s'élargit cependant davantage, et semble même être aussi un prolongement du Val-de-Travers. Ici encore, le crétacé et le tertiaire sont recouverts par des dépôts quaternaires, et de vastes marais tourbeux occupent le centre du bassin. Le valangien et le hauterivien apparaissent sur les deux versants, mais ne présentent qu'un faible développement. Il n'en est que plus remarquable de retrouver, au voisinage de l'un des entonnoirs, l'urgonien supérieur avec le gault et le cénomanien. On peut en conclure que, à bien des points de vue, il nous reste beaucoup à apprendre sur la structure géologique de la région des montagnes qui, bien plus que les vallées inférieures, a échappé aux phénomènes d'érosion et de dislocation.

Saint-Sulpice, Trémalmont, Combe-dernier. — L'uniformité générale du plateau des Montagnes est cependant rompue, sur divers points, par des accidents orographiques dont il convient de dire quelques mots.

Le plus important est le cirque de Saint-Sulpice, profonde crevasse qui sépare le plateau de la Côte-aux-Fées de celui des montagnes de Travers. On ne peut douter, après l'avoir visité, qu'il ne soit, comme celui du Creux-du-Vent, et bien d'autres dans le Jura, le résultat de l'érosion très ancienne d'une source, bien plus volumineuse que la Reuse actuelle, dont les eaux ont entrainé les masses énormes de roches jurassiques, crétacées et tertiaires, jusque dans les plaines basses, où elles ont formé les puissants dépôts des alluvions modernes. Et, qu'on le remarque bien encore, c'est dans ces profondes dépressions des vallées du Jura qu'on observe les puissants dépôts du glacier du Rhône. A Saint-Sulpice, ils ont pénétré par l'étroit défilé du Pont-de-la-Roche, et à une époque postérieure, les matériaux de la moraine ont, en partie, repris le chemin qu'ils avaient autrefois suivi. Aujourd'hui, malgré son volume considérable, la Reuse est capable, tout au plus, de déborder dans le Val-de-Travers et de modifier quelque peu les alluvions modernes qui en remplissent le fond.

Il n'est pas facile de comprendre, ou d'expliquer la différence de 400 mètres d'altitude entre l'affleurement de la dalle nacrée à Saint-Sulpice et celui des Sagnettes et de Trémalmont à quelques kilomètres, plus au nord.

Quoi qu'il en soit, nous voici maintenant en présence d'une dislocation anticlinale, mettant à découvert les couches de l'oxfordien et de la dalle nacrée, et interrompant l'uniformité du plateau constitué par les couches calcaires du ptérocérien et de l'astartien, qui ont été rompues par une dislocation.

Un troisième accident, analogue au précédent, et qui semble lui faire suite, apparaît au versant nord-ouest du vallon des Ponts. Ici l'érosion n'a pas atteint les couches inférieures à l'oxfordien, et bientôt la voûte se referme de nouveau, à la limite extrême de la carte.

Montagne du Larmont, Mont-Chatelu. — Le plateau des montagnes neuchâteloises est séparé de celui du département du Doubs par une chaîne assez importante, dont la partie sud-ouest seulement est figurée dans notre carte. C'est celle du Larmont, aussi appelée le Gros-Taureau, qui se prolonge au-delà de la feuille XI, et dont le Mont-Pouillerel est la continuation.

Dans sa partie sud-ouest, le Larmont présente une grande analogie avec le Mont Suchet, avec cette différence toutefois que le regard (suivant une expression de M. Desor) du premier est au sud, tandis que celui du second est au nord.

Les allures de ce chaînon sont du reste très variées, et une vaste superficie, formée des couches marneuses de l'oxfordien, succède à l'anticlinale simple du Larmont. Plus loin se présente un dédoublement qui donne lieu à deux combes parallèles, séparées par un crêt, le Mont-Chatelu, formé des couches du jurassique supérieur.

Vallons des Allemands, de Montbenoit. — Deux plis synclinaux, étroits et rapprochés, succèdent à la chaîne du Larmont vers le nord-ouest. Dans le vallon des Allemands, on retrouve les trois étages du néocomien et même, à l'extrémité sud-ouest, le gault et la molasse. Celui de Montbenoit, qui est parcouru par le Doubs, paraît ne renfermer que le valangien et le hautc-rivien.

Ni l'un ni l'autre ne présente de dépôts quaternaires quelque peu importants. Au delà, le jurassique supérieur constitue seul la superficie du sol.

V. HISTOIRE DE LA FORMATION DU SOL

Aperçu général. — Nous avons, dans les pages qui précèdent, fait connaître la nature des terrains qui constituent le sous-sol d'une bien minime partie du continent européen et même du territoire suisse, considéré dans son ensemble.

Nous avons également indiqué leur répartition à la surface, et constaté qu'aucune des divisions stratigraphiques ne se présente dans son état initial, que toutes conservent les traces de remaniements, de dislocations et d'érosions, qui les ont morcelées, réduites en lambeaux plus ou moins étendus, d'où résulte la grande variété dans les couleurs de la légende et de la carte.

Mais ce n'est pas tout. Ces terrains, formés au sein de nappes liquides, marines ou lacustres, renferment les vestiges, les témoins de créations disparues, de faunes, et aussi quelquefois de flores dont les formes variées accusent des changements répétés dans les formes organiques. Il m'a paru dès lors qu'un coup d'œil général sur les phénomènes qui se sont succédé dans cette région devenait un complément naturel de ce mémoire, aussi bien que de celui qui constitue la sixième livraison des *Matériaux pour la carte géologique de la Suisse*.

Une première question se présente à nous, celle de savoir à quelle époque et dans quelles conditions s'est produit le soulèvement du Jura. Il n'y a pas encore bien longtemps, en effet, que régnaient les idées les plus contradictoires. Pour Thurmann et Gressly, le relief actuel du Jura datait de la fin de la période jurassique. Pour Greppin, ce relief se rattachait à la fin de l'époque tertiaire. Adoptant la théorie des grands bouleversements, dus au refroidissement du globe, de d'Orbigny, ce géologue évoque « des phénomènes d'une violence extraordinaire », des cataclysmes, « des courants d'eau gigantesques, des dénudations, des ablations d'étages entiers de toute une contrée », qui auraient, selon lui, accompagné cette transformation de la géographie physique de notre région [1].

Une seconde question est celle de l'origine des sédiments calcaires qui, sur plusieurs centaines de mètres, constituent le Jura. Aucun des auteurs qui ont étudié cette chaîne de montagnes ne semble s'en être préoccupé, sinon M. Al. Vézian. Dans son livre remarquable sur *Le Jura;* il développe sa théorie de l'origine hydrothermale des sédiments calcaires. Ceux-ci, qui auraient surgi des profondeurs de la mer jurassique, seraient des *dépôts chimiques,* tandis que les sédiments argileux et sableux seraient d'*origine détritique.* Je n'insisterai pas sur les nombreuses objections que l'on peut faire à cette théorie, que rien dans ce que nous avons vu jusqu'ici ne confirme ou ne rend acceptable.

Il en est tout autrement des révélations qui se sont produites par les sondages et les draguages sous-marins, aussi bien que par les observations et les expériences de M. Fayol sur le bassin houiller de Commentry. En réalité, les sédiments calcaires proviennent du dépôt en eau tranquille, au fond des océans, des matières transportées par les courants sous-marins à des centaines de kilomètres de l'embouchure des cours d'eau. La chaux dont ils sont constitués provient elle-même, par dissolution chimique, des roches ou matières minérales quelconques qui constituaient les régions émergées de l'ère primaire. Pendant le transport, il s'est opéré un triage ou classement des substances minérales. Les éléments sableux ou argileux se sont déposés les premiers, c'est-à-dire non loin des rivages. Les éléments calcaires ont subi un transport plus lointain, et le plus souvent leur solidification a suivi de près leur précipitation.

Essayons maintenant d'esquisser, à grands traits, les phases successives de la formation des puissants dépôts de sédiments calcaires qui constituent la charpente du Jura.

Époque triasique. — Les couches triasiques, les plus anciennes qui soient indiquées dans notre carte, apparaissent aux environs de Salins. Ce sont incontestablement des dépôts formés au sein de lagunes saumâtres, peu pro-

---

[1] *Mat. p. la carte géol.*, 8ᵉ livr. p. 221-231.

fondes, par des eaux sur lesquelles l'action de la chaleur solaire opérait une concentration des éléments minéraux. Le sel, atteint par les sondages, le gypse, et même les marnes irisées, sont des roches halogènes, dépourvues d'organismes fossiles, ne nous révélant par conséquent rien de ce qui caractérisait la faune et la flore de cette période. Mais il n'est pas nécessaire de s'éloigner beaucoup pour trouver dans les grès du Keuper, dans le calcaire coquillier, formations plus ou moins synchroniques, les vestiges des animaux et des plantes qui ont vécu, soit dans les eaux, soit à la surface du sol émergé au début de la période secondaire.

Époque liasique. — Aux dépôts lagunaires du Trias, succèdent les dépôts fluvio-marins du Lias, constitués principalement par des argiles noires. Celles-ci renferment en abondance des fossiles appartenant au groupe des céphalopodes ammonitidés, à test mince, qui disparaît bientôt en ne laissant d'autre trace que le moule interne minéralisé et à l'état de sulfure de fer. Les Bélemnites, certains gastéropodes, entre autres de nombreux *Trochus*, dont le test est plus solide, résistent à la décomposition. Il faut y ajouter les huîtres à test très épais, d'une abondance remarquable dans la partie moyenne de ce groupe, et dont on a voulu faire une division particulière, le calcaire à gryphées.

Époque oolitique. — Aucun des affleurements de couches du jurassique inférieur, dans la région orientale de notre carte, ne présente le passage du lias au jurassique. Mais il suffit de s'avancer de quelques kilomètres au nord pour être éclairé sur ce point. Les travaux de percement du grand tunnel des Loges ont atteint le lias supérieur, et en particulier les couches du Marlysandstone, considérées par quelques géologues comme devant rentrer dans le Bajocien. Quel que soit le point de vue que l'on adopte, le fait est qu'il y a à ce niveau un faciès de transition entre les marnes du lias et les calcaires du Dogger ou jurassique inférieur.

Il en est de même à l'ouest, où les calcaires oolitiques de la zone à *Ammonites Murchisonœ*, renferment de minces lits de marnes grises ou bleuâtres.

Nous avons vu d'ailleurs que l'oolite subcompacte, pauvre en fossiles, passe au calcaire à polypiers, mais que cette zone coralligène ne se présente qu'à l'état de nappes isolées et d'étendue limitée. Ce n'est donc point un

récif, qui se serait formé à la suite d'un mouvement général du sol sous-
marin, tout au plus pourrait-il être question d'un commencement des phénomènes de ridement ou de plissement qui, plus tard, devaient aboutir à
l'émersion du sol et à l'apparition des chaînons avec leur relief si caractérisé. Dans ce cas même, on s'expliquerait aisément le fait de l'absence des
polypiers dans certains affleurements du Jura salinois, ainsi que le développement du faciès vaseux à céphalopodes.

Quant au passage du bajocien au bathonien, il est non moins difficile
à établir, en raison de la variété des caractères pétrographiques des différentes assises auxquelles on a appliqué les noms de marnes vésuliennes,
grande oolite, cornbrash, dalle nacrée, calcaire roux sableux. Ce ne sont,
en réalité, que des faciès de dépôts formés simultanément, les uns en eau
tranquille, tels que les marnes à *Ostrea acuminata*, les marnes à Discoïdées,
les autres en eau agitée, calcaires oolitiques, dalle nacrée, etc.

Époque oxfordienne. — Les nombreuses discussions qui se sont produites depuis quelques années sur la position qu'il faut attribuer au callovien dans la série jurassique, démontrent, selon moi, l'inutilité d'une solution absolue. Le callovien est une formation de transition, à faciès nombreux,
dans laquelle un grand nombre de formes organiques font leur apparition,
mais qui n'ont d'ailleurs, dans nos contrées, qu'une durée éphémère, à en
juger par le peu d'épaisseur des couches dans lesquelles on les rencontre.

Quoi qu'il en soit, l'abondance du fer dans les couches de ce niveau
accuse des changements assez importants dans la profondeur du bassin
jurassien et une certaine uniformité dans la sédimentation, au début de
l'époque oxfordienne.

Il n'en est plus de même dès que nous passons à l'étude des terrains
superposés à ce niveau, et nous nous trouvons en présence de formations
assez dissemblables pour avoir mis dans l'embarras les géologues appelés à
les étudier. C'est ici, en effet, que je me suis vu dans le cas de distinguer
dans l'oxfordien le *faciès rauracien* et le *faciès argovien,* le premier développé dans la région occidentale de notre carte, le second représenté dans
les dislocations de la Dent-de-Vaulion, du Mont Suchet, du Larmont, du
Chasseron.

L'argile, ou la marne à fossiles pyriteux, du faciès rauracien accuse incontestablement une récurrence des phénomènes de sédimentation du lias, et, au point de vue paléontologique, se relie de près aux marnes ferrugineuses du callovien. Dans l'assise qui lui succède, nous trouvons un renouvellement presque complet de la faune, résultant bien plus de la nature des sédiments minéraux, que de l'apparition de nouvelles espèces. Les zoophytes dont nous avons signalé la présence dans les couches du bajocien reparaissent ici en grande abondance, avec des formes, nouvelles peut-être, mais de même type, et également silicifiés. Des brachiopodes, des échinides, et un certain nombre de mollusques les accompagnent et confirment l'analogie des phénomènes de sédimentation.

Mais bientôt ce faciès marno-calcaire passe au faciès calcaire blanc, compacte ou oolitique, distingué pendant longtemps sous le nom de corallien, en raison de l'abondance des polypiers et des nérinées. On constate l'apparition d'une multitude de formes ou d'espèces nouvelles de zoophytes, d'échinides, mais il s'agit ici bien plutôt d'une modification dans la nature des sédiments, que d'un renouvellement de la faune ou d'un changement dans le relief sous-marin, puisque nous ne tarderons pas à constater la réapparition de dépôts coralligènes semblables à l'époque jurassique supérieure. Si maintenant nous passons à l'étude de la région caractérisée par le développement du faciès argovien, nous trouvons une grande uniformité dans la nature des sédiments, qui sont presque exclusivement composés de marnes et de calcaires marneux. L'assise inférieure du spongitien, avec ses éponges étalées en forme de champignon, ses brachiopodes, ses échinides, rappelle jusqu'à un certain point le terrain à chailles, mais elle s'en distingue par l'absence de la silice.

Nous avons vu que le passage du spongitien au pholadomyen n'était indiqué par aucun changement dans la nature pétrographique des couches. Ce n'est que peu à peu qu'on voit apparaître les fossiles du faciès vaseux, tels que les pholadomyes, puis le faciès particulier des bancs à coraux, avec une faune assez riche et variée dans certains gisements, comme au Chatelu et à Saint-Sulpice.

Époque jurassique supérieure. — Aux calcaires marneux de l'oxfordien supérieur succèdent les calcaires, également marneux, de l'astartien inférieur, qui ont avec eux les plus grands rapports pétrographiques, et même paléontologiques. Peu à peu, cependant, les couches minces, séparées par des marnes schisteuses, font place à des calcaires plus compactes, à polypiers empâtés dans la masse, alternant avec des marnes grossières, remplies d'oolites brunes, et renfermant une faune assez distincte de celle des assises inférieures. Puis apparaît le grand massif des calcaires compactes, stériles, au milieu desquels se présentent des lentilles de calcaire blanc, compacte ou oolitique, dont le faciès coralligène est très caractéristique, mais que nous ne pouvons distinguer comme sous-étage particulier, pas plus qu'il n'est possible de déterminer le point où l'astartien passe au ptérocérien, en raison de l'identité des caractères pétrographiques. Il arrive même que les fossiles font défaut et que les marnes calcaires sont remplacées par des dolomies sableuses friables, indices du soulèvement lent du fond de la mer et d'une sédimentation plus ou moins halogène.

Avec les bancs compactes du portlandien, formation calcaire fluvio-marine, apparaît une faune de reptiles crocodiliens et chéloniens, de poissons ganoïdes, susceptibles de s'accommoder à l'existence que comporte le mélange de l'eau douce et de l'eau salée, à l'embouchure des grands fleuves. A ce moment les couches dolomitiques prédominent presque exclusivement, soit sous leur forme friable et de feuillets calcaires minces, soit sous celle de calcaires celluleux, grossiers ou corgneules. Puis apparaissent les dépôts de marnes noires gypsifères, sans fossiles, passant aux calcaires lacustres du purbeckien, avec leur faune terrestre et nymphéenne si caractéristique.

Que le Jura ait commencé à ce moment à présenter un relief terrestre, émergeant au-dessus des régions encore ensevelies sous l'eau salée, c'est ce qui ne paraît guère discutable. Il le serait davantage sur le point de savoir, si, comme le pensait M. Maillard, une nappe lacustre s'étendait sur toute la surface comprise entre Bienne et Bellegarde, ou bien s'il existait, entre les différents chaînons en voie de formation, des bassins étroits et allongés, communiquant les uns avec les autres. C'est à l'avenir et à de nouvelles observations qu'il appartient de résoudre cette question.

Époque néocomienne. — Tout ce que nous avons vu jusqu'ici nous montre la grande uniformité dans la nature des sédiments qui se sont déposés dans notre région pendant la longue série des temps jurassiques. Nulle trace de roches conglomérées, de grès ou de sable, prouvant l'existence d'un rivage rapproché. Nul indice de dislocation accusant une interruption de la sédimentation. Tous les matériaux, quels qu'ils soient, présentent les indices d'une provenance lointaine, mais rien, dans leur nature ou leur manière d'être, ne nous révèle à quelles terres émergées ils ont été arrachés.

Ce qui, en revanche, paraît acquis par les observations dans les régions avoisinantes, au nord, au midi et à l'ouest, c'est un mouvement très lent d'exhaussement du fond de la mer jurassique ayant pour conséquence l'émersion du Jura bernois d'abord, puis du Jura franc-comtois, vaudois et neuchâtelois, à la fin du dépôt des couches du portlandien.

Cet exhaussement momentané du sol fut suivi d'un affaissement graduel, bien accusé par la formation des couches saumâtres du purbeckien, avec leurs mollusques, en partie marins, auxquelles succèdent les couches calcaires du valangien, dans lesquelles nous retrouvons bon nombre de formes de mollusques jurassiques, telles que les nérinées, les natices, les ptérocères. De nouveau, les sédiments dans lesquels nous trouvons ces fossiles sont de provenance lointaine et, n'étaient certaines particularités de la faune, on se croirait encore en présence d'une formation jurassique.

Avec le dépôt des marnes hauteriviennes pourtant, se manifestent des changements plus importants, soit dans la nature des roches, soit dans la faune. Tandis que les marnes accusent une formation vaseuse, peu profonde, en eau tranquille, les calcaires jaunes révèlent par la multitude de débris de coquilles, et surtout de lamelles spathiques d'échinides, une eau agitée, mais toujours peu profonde. La présence d'oolites miliaires, prodigieusement abondantes dans l'urgonien inférieur, corrobore ce fait et démontre une similitude d'origine.

Il est d'autant plus surprenant de retrouver dans les puissants massifs calcaires de l'urgonien supérieur une récurrence du faciès jurassique et valangien inférieur, c'est-à-dire la réapparition des mollusques tels que les Caprotines dans des calcaires compactes ou saccharoïdes, ainsi que des nappes de polypiers. Mais je ne saurais m'arrêter à évoquer les phénomènes qui ont pu contribuer à ces transformations pétrographiques et biologiques, non plus qu'à toute la question de l'origine et de la formation des gisements de bitume et d'asphalte dans l'urgonien du Jura.

Époque des grès-verts. — C'est avec le dépôt des couches de l'aptien que nous constatons, pour la première fois, une discordance de superposition, ou, si l'on veut, une disposition transgressive des assises crétacées. Tandis qu'à Sainte-Croix, au Val-de-Travers, le passage de l'urgonien à l'aptien a lieu par transition insensible, dans le bassin de Nozeroy, dans ceux de la région du lac de Saint-Point, dans celui de Mouthe, en revanche on n'observe aucune trace des couches et de la faune aptienne. Le gault, lorsqu'il existe, se superpose immédiatement à l'urgonien, et tout porte à penser qu'il y a eu, sur ces points, interruption de la sédimentation. Le fait est d'autant plus probable que, partout, la nature des sédiments change de nature. Au lieu de roches calcaires, nous observons des sables siliceux, des argiles très pures, dont il ne m'est pas possible de déterminer la provenance. Le renouvellement total de la faune semblerait même ici donner raison aux partisans de la distinction absolue des étages, moyennant toutefois que ceux-ci renoncent à séparer les sables à fossiles phosphatés des argiles à pyrites.

Mais dès qu'il s'agit du passage du gault au cénomanien, nous retrouvons dans le grès-vert supérieur du Val d'Auberson (Vraconien de Renevier) un faciès de passage très remarquable, qui me paraît démontrer une fois de plus l'inutilité des tentatives d'établir des limites absolues entre les étages.

La nature crayeuse des sédiments du cénomanien annonce cependant une modification profonde dans l'origine des sédiments qui constituent les diverses assises des grès-verts. La disposition transgressive des couches, qui s'accuse toujours davantage, à mesure que nous voyons le cénomanien reposer, à Souaillon par exemple, directement sur l'urgonien, accuse des mouvements de plus en plus fréquents du sol sous-marin, et l'émersion successive de certaines régions du territoire jurassien, précédant la retraite définitive de la mer crétacée.

Époque éocène. — Rien, jusqu'à présent, n'est venu révéler quoi que ce soit sur l'état de notre pays, pendant qu'ailleurs se formaient les dépôts du crétacé supérieur. Le sol émergé se couvrit-il de végétation, ou bien demeura-t-il à l'état d'aridité complète? Aucun géologue ne semble encore avoir abordé cette question, aussi éviterai-je de me prononcer. Dans tous les cas je ne crois nullement à une émersion par soulèvement ou exhaussement brusque, pas plus que je n'admets la moindre dislocation des assises jurassiques et crétacées. Il est possible que des phénomènes d'érosion se soient manifestés, mais les matériaux ont dû être transportés au loin, car nous ne retrouvons aucune trace des dépôts qu'ils auraient formés.

Grâce aux découvertes récentes, à la vallée du Joux, aux environs d'Orbe, de la Sarraz, nous sommes moins ignorants au sujet du commencement de la période tertiaire.

Les dépôts lacustres stratifiés, les dépôts sidérolitiques éocènes, nous révèlent l'apparition d'une végétation capable de fournir à la faune d'animaux vertébrés de cette époque les aliments nécessaires à son développement. Tout se tient et tout s'enchaîne dans la nature. Pour que les animaux, mollusques et vertébrés terrestres dont on a découvert les restes, aient pu être entraînés et ensevelis dans les sédiments, il a fallu l'établissement d'un régime fluvial, alimenté, soit par les eaux atmosphériques, soit par les sources hydrothermales et minérales. Il me semble dès lors oiseux de discuter sur le point de savoir si le remplissage des crevasses a eu lieu de bas en haut ou de haut en bas. Il n'y a pas si longtemps d'ailleurs que les dépôts de cet âge ont été observés avec soin, et je ne doute pas que l'avenir nous ménage encore bien des surprises à ce sujet.

Époque molassique. — La molasse de la plaine, autant qu'il est permis d'en juger, repose partout sur l'urgonien. Les matériaux dont elle est composée proviennent des Alpes, ainsi que le prouvent les nombreuses paillettes de mica, les sables siliceux et les grains de glauconie, qui en constituent les éléments. Toutefois, au voisinage du Jura, ses caractères subissent de notables changements, et l'intercalation de couches calcaires, de marnes et même de conglomérats, accuse un apport notable de sédiments empruntés au Jura, ainsi que l'a démontré M. Schardt dans son étude sur la molasse rouge.

La plus grande partie des assises de cette molasse est d'origine nymphéenne, mais aucun des affleurements étudiés jusqu'ici ne nous a fourni des documents de quelque importance sur la faune et la flore de cette époque, aquitanienne ou langhienne. C'est en dehors de notre territoire, aux environs de Lausanne, de Vevey, qu'il faut aller chercher les témoins de la vie organique de cette époque, ensevelis dans les couches de marne molassique du Tunnel, de La Borde, de Riantmont, dans les couches à lignites de Paudex-Belmont, dans les marnes de Rivaz. J'ai déjà dit la cause à laquelle j'attribuais la rareté des vestiges de mollusques dans les sédiments.

Il en serait de même au sujet du passage de l'albien argilo-siliceux de la molasse d'eau douce, savoir la prompte décomposition de leur test. Je ferai en outre observer que toute la partie du bassin voisine du Jura devait être en communication avec la mer, à en juger par la présence du gypse au milieu des couches aquitaniennes. Aussi le grès coquillier des environs d'Estavayer, du Jorat, d'Échallens, n'indiquerait-il pas autre chose qu'un léger affaissement du sol sous-lacustre. L'état de conservation du test des mollusques, et leur abondance prouveraient, à mon point de vue, qu'à ce moment les cours d'eau venaient du Jura, tandis qu'à Berne, où ils sont aussi très abondants et privés de leur test, les sédiments seraient de provenance alpine.

Dans le Jura, l'histoire de la formation de la molasse se présente sous un aspect assez différent. Nous ne nous trouvons plus en effet en présence de dépôts occupant une vaste superficie. Ce sont bien encore des couches nymphéennes qui constituent l'assise inférieure, mais les sédiments dont elles se composent varient suivant les bassins où on les étudie. Le plus important est incontestablement celui d'Auberson, où les bancs calcaires alternent avec les couches sableuses, et qui a fourni les restes d'une faunule intéressante. Mais au Val-de-Travers, la prédominance des sables et des grès siliceux coïncide avec la rareté ou l'absence des fossiles dans l'aquitanien.

Ceux-ci reparaissent, il est vrai, dans la molasse marine, dans le Val d'Auberson, aux Verrières, à Saint-Laurent, et, tout près de notre région, au Locle et à la Chaux-de-Fonds, dont les couches sont sableuses, vertes, analogues à celles de la molasse du plateau. Je crois pourtant qu'il ne faut pas considérer ceux-ci comme provenant des Alpes, mais bien du remaniement des sables du gault, ce que confirme d'ailleurs la présence de fossiles remaniés de ce terrain dans presque tous les gisements de molasse du Jura.

Quant à l'extension de cette mer helvétienne, elle ne peut avoir été générale, et je me représente toujours les couches comme formées dans des golfes ou fiords, aux rivages surbaissés, communiquant les uns avec les autres et peu profonds.

Dans presque tous les vallons du Jura où l'on observe la molasse marine, elle est surmontée par des marnes rouges ou blanches, dans lesquelles on n'a trouvé jusqu'ici que des moules internes d'helix et, quelquefois, des brachiopodes remaniés du néocomien. C'est là un indice bien probant du voisinage de la terre ferme, plutôt que de l'existence de bassins d'eau douce, car, nous retrouverions dans ces marnes d'autres mollusques aquatiques, les Lymnées, les Planorbes, etc. Ce n'est qu'au Locle, et peut-être à Morteau, aux Ponts, que nous observons des couches lacustres avec la faune de l'étage oeningien, mais nous n'avons pas à nous en occuper ici.

Formation du relief jurassien. — Dans l'exposé qui précède, j'ai toujours appuyé mes démonstrations par des *preuves positives*. Pour chacune des époques de la formation du sol de notre région, nous possédons dans les couches sédimentaires et les fossiles qu'elles renferment, les archives authentiques et les caractères qui nous permettent d'en faire l'histoire. Ces documents vont maintenant nous faire défaut, car on n'a jusqu'ici reconnu l'existence d'aucun dépôt correspondant à la phase principale de l'exhaussement du sol, celle qui a eu pour conséquence l'apparition des chaînes jurassiques et le soulèvement de la molasse de la plaine suisse. Nous entrons, en un mot, dans le domaine des conjectures et des hypothèses, aussi chercherai-je à être aussi bref que possible dans cette partie de mon travail.

La grande période de sédimentation s'est terminée dans le Jura central avec le dépôt des couches lacustres de l'oeningien, qui, dans la vallée du Locle, où elles sont concordantes avec celles de la molasse marine, ont été redressées et renversées de la même façon. Celles du grès coquillier de la plaine vaudoise dont la faune d'animaux vertébrés et invertébrés présente un cachet méditerranéen bien prononcé, sont au contraire restées horizontales, mais elles sont à une altitude de 900 à 1000 mètres au-dessus de l'Océan. Elles ont donc été soulevées, car rien ne porte à admettre une dépression aussi énorme des mers actuelles.

Quelle a été la cause de ce phénomène qui, tout aussi bien que ceux de la sédimentation, a dû se produire avec une extrême lenteur ? — C'est ce que je ne puis songer à rechercher ici. Je me borne à rappeler ce que j'ai dit du creusement des vallées, de la dénudation des couches crétacées aux environs de la Sarraz, etc. Le soulèvement et l'érosion ont dû se manifester simultanément, et l'intensité du phénomène a dû s'accroître à mesure que le relief acquérait une plus grande amplitude.

A ce moment, les deux fleuves les plus importants de l'Europe centrale, le Rhône et le Rhin, ont pris naissance. La ligne de partage des eaux devait se trouver au voisinage du Mormont. Les matériaux provenant de l'érosion étaient entraînés, d'une part vers la Méditerranée, de l'autre vers la mer du Nord, en sorte qu'il serait inutile d'en chercher des traces dans nos contrées.

S'il est assez facile de se rendre compte du soulèvement de la molasse et de la formation des vallées d'érosion, il n'en est pas de même en ce qui concerne la formation des divers chaînons du Jura et de l'exhaussement plus considérable de cette région. Ici encore, renonçant à chercher les causes du phénomène, je me bornerai à en indiquer les effets ou les conséquences.

Le premier résultat du ridement ou du plissement du Jura, a dû être la rupture d'une partie des anticlinales qui avaient pris naissance pendant l'époque crétacée, et la formation de crevasses longitudinales étroites et allongées dans la direction des chaînons. Au début, les couches calcaires du jurassique supérieur furent seules atteintes, mais cela suffit pour donner accès à l'action des agents atmosphériques et pour favoriser l'agrandissement des crevasses, devenues plus tard nos combes et nos cirques.

Les eaux, réunies dans les dépressions synclinales ou les vallons, y commençaient d'autre part leur action destructive au milieu des assises tertiaires et crétacées, et ainsi s'établissait un régime fluvial dont les conditions ne différaient de celui qui existe actuellement que par l'intensité résultant des phénomènes dynamiques dont nous venons de parler.

Mais, toutes les anticlinales n'étaient pas rompues ; un certain nombre d'entre elles restaient à l'état de voûte entière, au moins en apparence. Je dis en apparence, car en réalité les masses calcaires rigides étaient plus ou moins fracturées, disloquées, et donnaient par conséquent aussi accès aux eaux atmosphériques, qui après avoir rempli les vides souterrains, devaient revenir à la surface, absolument comme nos sources jurassiennes actuelles.

Les divers accidents orographiques dont nous venons de parler, c'est-à-dire les chaînons se soudant les uns aux autres à leurs extrémités, il

devait en résulter la disposition des vallons en bassins fermés et l'apparition
de nappes lacustres plus ou moins étendues ou profondes.

Mais c'est ici qu'interviennent des accidents d'un autre ordre. Je veux
parler des cassures ou des ruptures, plus ou moins perpendiculaires, à la
direction des chaînons, auxquelles nous avons donné les noms de cluses,
de ruz, etc. Ceux-ci, en raison de la disposition non redressée des strates,
ont offert une beaucoup plus grande résistance à l'érosion que les combes,
mais ils ont néanmoins livré un passage étroit aux cours d'eau qui se diri-
geaient, les uns à l'est vers la plaine suisse, les autres à l'ouest et au nord
vers la Saône.

Les vallons n'ont du reste pas tous été mis en communication directe
avec les plaines basses. Dans la partie élevée et centrale de la chaîne, que
nous avons appelée les Montagnes, la rupture ne s'est pas opérée assez profondément pour que les bassins communiquent les uns avec les autres. Toutefois, ils ne sont pas restés immergés. Les eaux pénétrant à la faveur des
dislocations rencontraient dans leur parcours souterrain les assises imper-
méables de l'oxfordien et, revenant à la surface sous forme de sources, pro-
voquaient la chute des masses disloquées du jurassique supérieur, agrandis-
saient localement les cluses et les ruz, et donnaient naissance aux *cirques*,
qui ne sont autre chose que des cluses, élargies dans leur partie médiane.

Autant qu'il est possible d'en juger, la phase d'exhaussement de notre
région a pris fin avant l'apparition des phénomènes dont nous aurons maintenant à nous occuper. Du moins, il n'a jusqu'ici été observé aucun fait
certain qui démontre l'action des forces souterraines dans le relief du sol.
En revanche, les actions extérieures acquerront une intensité inconnue jusqu'ici, et auront pour conséquence de réduire la hauteur des montagnes et
de combler les dépressions du sol.

Époque glaciaire. — Il n'est pas douteux que le soulèvement des
Alpes ait commencé longtemps avant celui du Jura, c'est-à-dire à la fin de
l'époque éocène. Toutefois, c'est à l'époque miocène qu'il s'est accentué
d'une façon plus énergique. Ce changement important dans la géographie
physique de l'Europe centrale, devait avoir, et eut pour conséquence une
condensation bien plus considérable des vapeurs atmosphériques, la chute
de pluies abondantes et, finalement, la transformation de celles-ci en neiges

qui couvrirent les sommets, d'abord temporairement, puis d'une façon permanente. Ainsi prit naissance le *régime glaciaire* qui devait pendant une longue période de siècles se développer puis, peu à peu, s'atténuer et aboutir à l'état physique actuel de nos Alpes.

Le Jura, malgré la moindre élévation de ses chaînes, devait aussi voir apparaître à la surface le régime nivéal, précurseur du régime glaciaire, sans que toutefois les phénomènes aient acquis le caractère grandiose des glaciers alpins. Nous pouvons admettre que c'est à ce moment que les phénomènes d'érosion et de dénudation acquirent leur plus grande intensité, et que le déblaiement des vallées ouvrit le chemin par lequel devaient pénétrer les diverses ramifications du glacier du Rhône, lorsqu'il rencontra la barrière de la première chaîne du Jura.

Une conséquence immédiate de cet envahissement du grand glacier quaternaire, fut la suppression du régime fluvial qui venait de s'établir, ou tout au moins sa transformation profonde. Les cours d'eau qui débouchaient vers la plaine ne pouvant plus s'écouler dans cette direction, il est possible que ce soit à ce moment que se creusèrent les vallées d'érosion du Jura français, l'Ain, le Doubs, la Loue, etc., mais je ne fais ici qu'émettre une supposition.

C'est à cette phase initiale de l'époque glaciaire que nous avons rapporté les roches alpines des hauts plateaux du Jura, qui s'y rencontrent à l'état disséminé, sans former de moraines proprement dites. Le glacier n'a dû en effet occuper cette région que pendant un laps de temps assez court. Sa retraite a été marquée par des oscillations, qui ont donné lieu à des accumulations de blocs et de matériaux, auxquels on a pu donner le nom de *moraine frontale*. Celle-ci ne pouvait se former que pendant l'arrêt momentané, le *stationnement* du glacier aux flancs du Jura.

Cette retraite du grand glacier n'avait du reste point pour conséquence la disparition totale de la neige, des névés et de la glace dans les vallons du Jura. De petits glaciers isolés se maintenaient dans les dépressions des vallons, des combes et des cirques. Des moraines, formées des matériaux tombés des hauteurs, vinrent se déposer à leur extrémité et témoignent, aujourd'hui encore, de ce fait que le Jura a eu ses glaciers propres, alors que le grand glacier du Rhône n'avait pas encore opéré sa retraite définitive.

Ce sont les matériaux de ces moraines qui, conjointement avec ceux du grand glacier, ont formé les dépôts stratifiés de différente nature que nous observons dans les vallées inférieures, et qui ont comblé les profondes vallées d'érosion de la phase initiale de l'époque glaciaire. La réapparition du régime fluvial, hydrologique et hydrographique, allait, à son tour, superposer à ces dépôts les alluvions modernes, de façon à rendre impossible toute distinction stratigraphique.

Époque actuelle. — Si je conserve encore l'expression d'époque actuelle, c'est bien plutôt pour me conformer à un usage depuis longtemps admis, que par des raisons scientifiques. En réalité, les phénomènes qui s'accomplissent de nos jours sont à peu près semblables à ceux qui ont marqué le début de l'époque quaternaire. La phase glaciaire n'a été qu'un épisode de l'histoire physique de la région dont j'ai essayé d'esquisser les principaux caractères. Aujourd'hui, comme autrefois, les phénomènes d'érosion correspondent aux phénomènes de sédimentation, mais ils présentent un caractère plus local, et n'ont plus celui de transport lointain. Nulle part ils ne modifient d'une manière sensible le relief du sol, sinon peut-être aux flancs des montagnes formées de parois verticales de calcaire, où se forment des talus d'éboulis, bien plutôt que des éboulements. Ces éboulis, remaniés par les torrents, se transforment ordinairement en cônes de déjection et se recouvrent de végétation.

Ailleurs, dans les hautes vallées du Jura, les dépôts tourbeux, dont l'origine quaternaire paraît incontestable, s'accroissent peut-être encore, mais d'une façon très lente, et on peut prévoir leur disparition totale, par suite de l'exploitation à laquelle ils donnent lieu.

Qu'il se forme encore des dépôts de sédiments au fond de nos lacs, c'est ce que les intéressantes recherches de M. Forel sur le Léman nous ont démontré d'une façon bien positive. D'autre part, celles de M. Schardt sur les accidents survenus à Montreux, à Vevey, à Morges, nous révèlent la grande variété des dépôts formés, soit par l'alluvion lacustre, soit par les cours d'eau à leur embouchure.

Enfin, l'abaissement du niveau des eaux du lac de Neuchâtel et de la plaine du Seeland a fait connaître les dépôts lacustres des palaffites, avec la faune des animaux vertébrés, contemporains de l'homme de l'âge de la pierre, et les curieuses sculptures des galets de la grève par les larves d'insectes aquatiques.

Mais, de tous les dépôts modernes, le plus généralement répandu est celui de l'humus, ou terre végétale, qui constitue, en quelque sorte, l'épiderme des terrains de tout âge et de toute nature. Si l'origine en est facile à expliquer à la surface des terrains meubles, tels que le quaternaire, la molasse, etc., il n'en est pas de même pour les vastes plateaux calcaires du jurassique supérieur, où nous le voyons remplir souvent de profondes dépressions. Pour ma part, je l'envisage comme formé par les résidus minéraux, provenant de la dissolution des roches calcaires par les agents atmosphériques. Le fer, l'alumine et la silice ont résisté à la dissolution, tandis que le carbonate de chaux, pénétrant dans les fissures des roches, a été entraîné par les eaux, ou bien précipité à l'état de stalactites et de dépôts tuffacés, aux flancs des ravins ou des vallées jurassiennes. Ainsi se continue, journellement, l'œuvre de désagrégation et de reconstitution des masses minérales qui, en apparence semblent immuables et indestructibles.

Résumé. — Le Jura, actuellement terre ferme, fut jadis le fond de la mer. Autrefois *centre de sédimentation,* il est devenu, vers la fin de la période secondaire, *centre de soulèvement,* et a commencé à acquérir son relief. Mais bien des oscillations ont précédé son exaltation maximale. Et, à peine celle-ci était-elle atteinte que des phénomènes d'un autre ordre se manifestaient et avaient pour conséquence de modifier profondément les reliefs primitifs et de préparer l'état de choses actuel. Celui-ci n'est d'ailleurs que transitoire et, chaque jour, l'œuvre de ces transformations lentes, graduelles, invisibles, se poursuit, en vertu des lois immuables de la physique du globe. Ainsi, de plus en plus, la théorie qui attribuait à des cataclysmes et à des révolutions violentes les formes de nos rochers jurassiques, les dépôts diluviens de nos plaines molassiques, doit disparaître, et faire place à celle plus logique, plus saine, plus conforme à la réalité des faits, de l'évolution harmonique des formes du sol terrestre, aussi bien que de la vie organique, qui semble avoir atteint l'apogée de son développement avec l'apparition de l'homme, être intelligent et pensant, capable de concevoir le passé, le présent et l'avenir de notre planète.

VI. EXPLICATION DES PLANCHES.

Ne pouvant, comme je l'aurais désiré, consacrer un chapitre à l'étude orogénique de la région qui fait le sujet de ce mémoire, il m'a paru intéressant d'y joindre quelques vues phototypiques, reproduisant les dislocations remarquables de l'une des chaînes du Jura central, celle du Larmont-Pouillerel. Déjà dans un opuscule publié en 1857, sur les renversements des terrains stratifiés dans le Jura, j'avais tracé quelques profils, montrant que les soulèvements en voûte n'étaient pas toujours aussi réguliers que ne le faisaient croire les coupes géologiques de MM. Thurmann, Gressly, etc. J'y suis également revenu dans la sixième livraison des *Matériaux*. Enfin, depuis quelques années, on a signalé, dans le Jura et dans les Alpes, des exemples très remarquables d'accidents de ce genre, et présenté à leur sujet diverses théories que je ne puis m'arrêter à discuter ici.

Les planches placées en regard de chaque phototypie pourraient, au besoin, servir de légende explicative, cependant je crois devoir ajouter quelques indications sur l'extension et l'allure des accidents orographiques de cette région.

Planche I.

Cette phototypie représente l'extrémité d'un plissement secondaire, très surbaissé, au moment où il vient disparaître sous les alluvions tourbeuses du vallon du Locle, à l'endroit nommé le Jet-d'eau. C'est une voûte avec double repli du calcaire valangien couché sur la molasse marine qui est aussi renversée. A droite, c'est-à-dire au nord, le portlandien des Roches Houriet est également renversé. Dans le prolongement figuré sur l'esquisse, il tend à reprendre la disposition verticale.

Au début de l'exploitation, on n'apercevait qu'un seul pli anticlinal, mais au cours des travaux, il s'en est découvert un second, séparé par un synclinal, que les matériaux accumulés rendent un peu indistinct.

On remarquera en outre, au centre du cliché, une surface de glissement et de frottement, accusant nettement l'intensité des actions mécaniques qui ont agi sur ce point.

Planche II.

La planche II fait, en quelque sorte, suite à celle qui précède. Nous nous trouvons ici en présence des couches massives de l'astartien calcaire, encore renversées vers le vallon du Locle. Elles semblent s'enfoncer directement dans le sol, mais en réalité on les voit, un peu plus loin, se raccorder avec les calcaires hydrauliques, la dalle nacrée, etc., qui sont superposés à l'oolite inférieure, dont les couches calcaires horizontales sont interrompues par la cluse de la Rançonnière, au-devant de laquelle nous voyons l'usine hydro-électrique du Locle.

Le crêt, ou flanquement opposé, semble aussi présenter une disposition normale, mais, ainsi que l'indique le croquis, il y a, ici encore, un renversement bien accusé, du jurassique supérieur sur le valangien.

Enfin, à l'arrière-plan, on distingue vaguement le versant régulièrement incliné des couches calcaires du portlandien, formant la synclinale régulière du Doubs à Villers-le-lac.

Planche III.

Avec notre troisième planche, nous revenons dans le vallon du Locle, mais en tournant le dos à notre première vue. Les curieux contournements des couches jurassiques supérieures porteraient à croire qu'on a devant les yeux un paysage des Alpes calcaires, et je crois pouvoir me dispenser de toute explication et de tout commentaire. Le Col-des-Roches doit être visité par tout géologue préoccupé des questions relatives à l'orogénie du Jura. Aucune description ne remplace la vue de ces rochers tordus, brisés, affectant les directions les plus imprévues et les plus bizarres.

Ainsi que l'indique notre croquis, c'est non loin de là qu'on a reconnu la présence du purbeckien à gypse et de la molasse, renversés sous le portlandien.

Planche IV.

Nous voici de nouveau transportés en face des couches du jurassique inférieur, vues sous un aspect différent de celui de la planche II. La petite voûte de l'oolite subcompacte est surmontée par les couches de la grande oolite, coupées en tranchée par le régional des Brenets, et surmontées elles-mêmes par les calcaires marneux du bathonien. Plus haut, un peu à gauche, apparaissent les grandes dalles de l'oxfordien calcaire, en discordance avec la dalle nacrée.

Enfin, tout à fait à gauche, le jurassique supérieur très renversé forme la colline du Châtelard, que traversent les tunnels de la route et de la voie ferrée. A l'extrémité de tous les deux on a traversé la molasse marine renversée sous le portlandien, dont les bancs calcaires sont perforés par les mollusques lithophages.

———~~~———

TABLE

TABLE 309

LISTE ALPHABÉTIQUE DES AUTEURS

cités dans la Bibliographie, avec les numéros de leurs publications.

Scheuchzer, 3, 4.
Schnetzler, 445.
Schardt, 620, 635, 664. 692, 696, 710, 711,
731, 732, 832, 875. 876, 896, 919,
938.
Sinner, 779.
Soret, 482.
Studer, B. 28, 61, 70, 190. 468.
Studer, Th. 716, 757.
Studer et Escher, 402,
Stébler, 475, 476.

Thurmann, 35. 43, 58, 64, 166, 181,
230.
Thury, 344.
Thoulet, 893.
Tournier, 793.
Tribolet, G. de. 235, 236, 237, 253, 254,
291.
Tribolet, M. de, 489, 503, 504, 505, 506,

509, 510, 512, 524, 527, 552, 553, 559,
568, 573, 575, 577, 580 a, 581, 582, 602,
609, 610, 611, 612 a, 613, 614, 697, 715,
737, 747, 758, 839.
Tripet, F. 520, 949.
Troyon, 336.

Venetz, 30, 109, 334.
Vézian, 490, 545, 563, 628, 773.
Vionnet, 282, 424, 425, 446, 656.
Voltz, 45, 58.
Vogt, 556.
Vuillemin, 262 a.
Vouga, 381, 407, 491, 554, 666.

Waagen, 380.

Zollikofer, 175, 322, 345.
Zwahlen, 433.

ERRATA

Pages 23, ligne 22. Au lieu de Barjan, lire *Bayan*.
— 26, — 10. En remontant, au lieu de 89, lire *75*.
— 27, — 12.   —   —   305, lire *486*.
— 32, — 17. Ajouter *p. 297*.
— 34, — 8. En remontant, au lieu de Fournier, lire *Tournier*.
— 37, — 10.   —   —   XXVII, lire *XXVIII*.
— 38, — 5. Au lieu de 21, lire *30*.
— — — 3. En remontant, ajouter *p. 32*.
— 40, — 15. Au lieu de 242, lire *77*.
— 200, — 10. Au lieu de *tennibatus*, lire *tenuilobatus*.
— 201, — 21. Ajouter *(699)*.
— 214, — 26.   —   *(957)*.
— 237, — 12.   —   *(851)*.
— 227. — 15.   —   *(906)*.
— 228, — 4.   —   *(415)*.

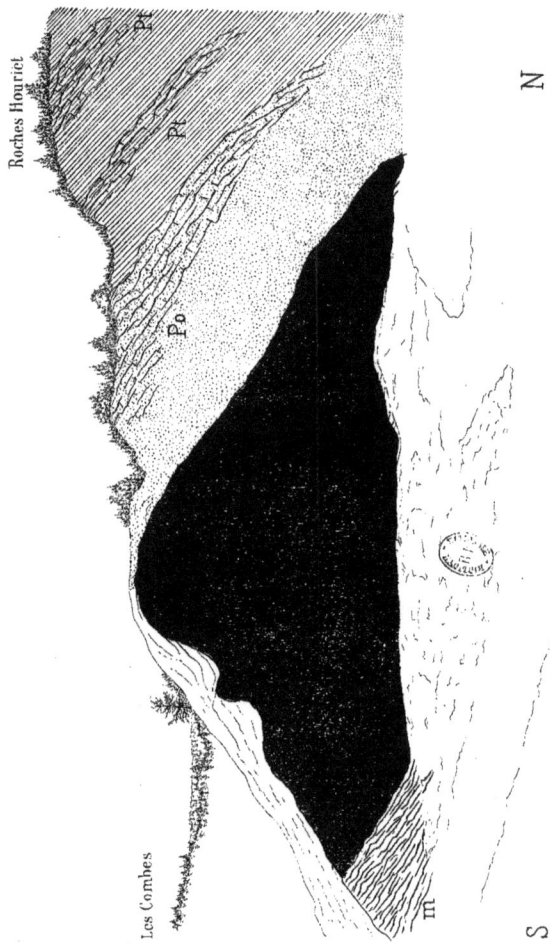

Pl. I.

Vue prise au Jet-d'eau, près du Col-des-Roches, Locle.

m. Molasse marine renversée – V. Valangien – Po. Portlandien – Pt. Ptérocérien

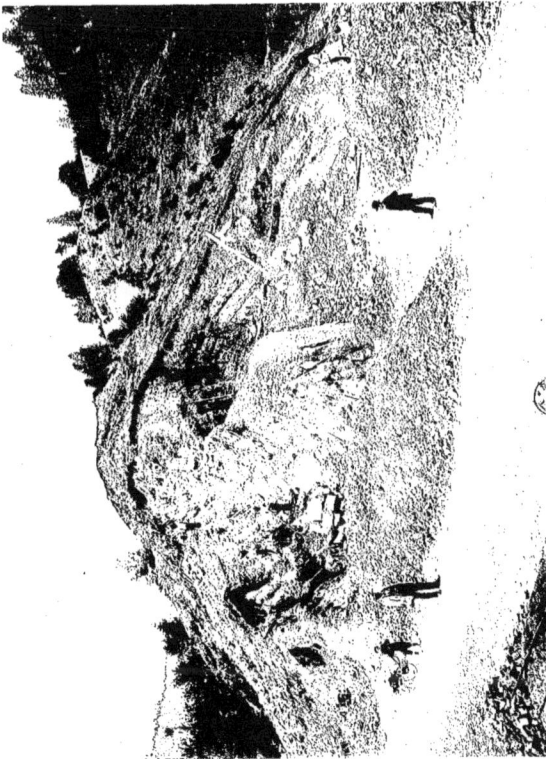

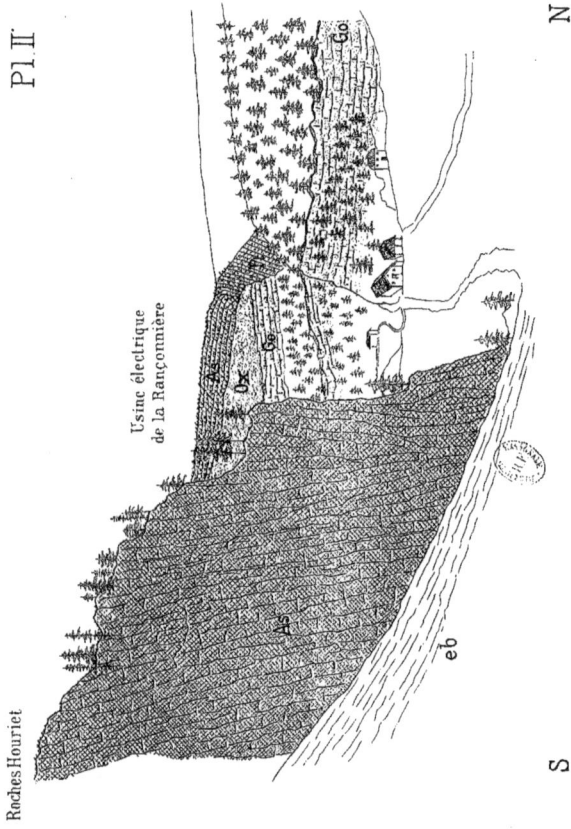

Pl. II

Roches Houriet

Usine électrique
de la Rançonnière

S

N

La Rançonnière

eb. Eboulis - Pt. Ptérocérien - As. Astartien - Ox. Oxfordien - Go. Grande Oolite

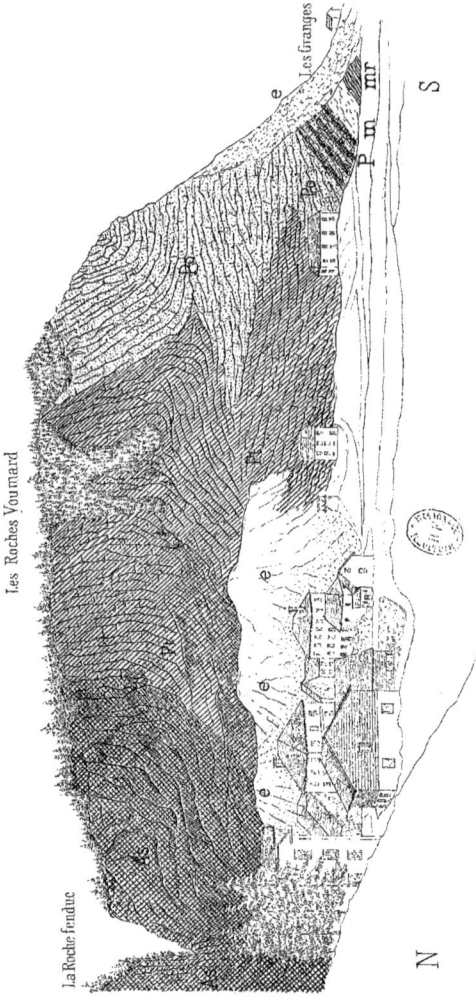

Pl. III.

Les Roches Voumard

La Roche fendue

Les Granges

N

S

Vue des Roches Voumard prise du Moulin du Col-des-Roches.

e. Eboulis-mr.Marne rouge-m.Molasse-P.Gypse purbeckien-Po.Portlandien-Pt.Ptérocérien-As.Astartien

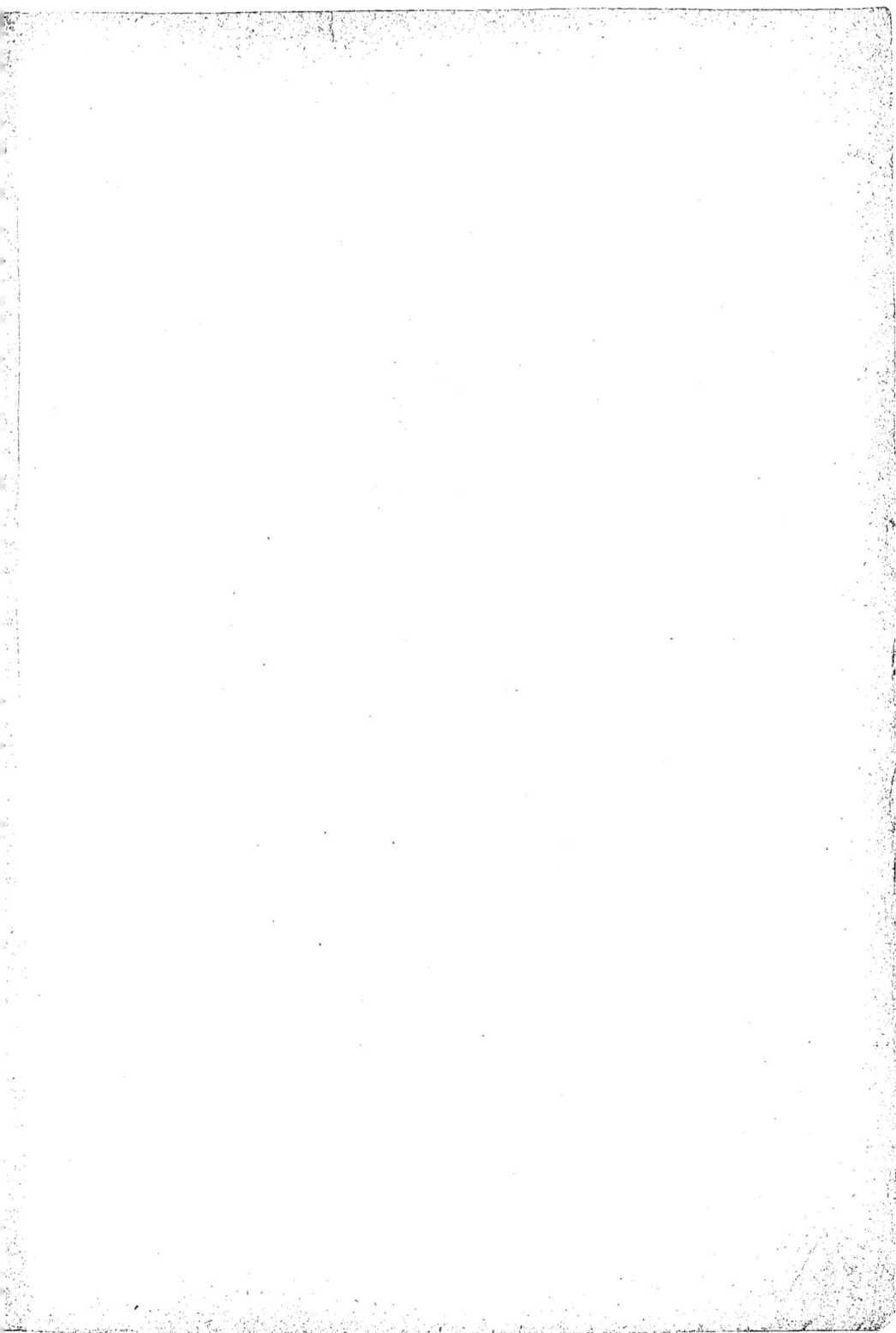

Pl. IV

29 avril 3

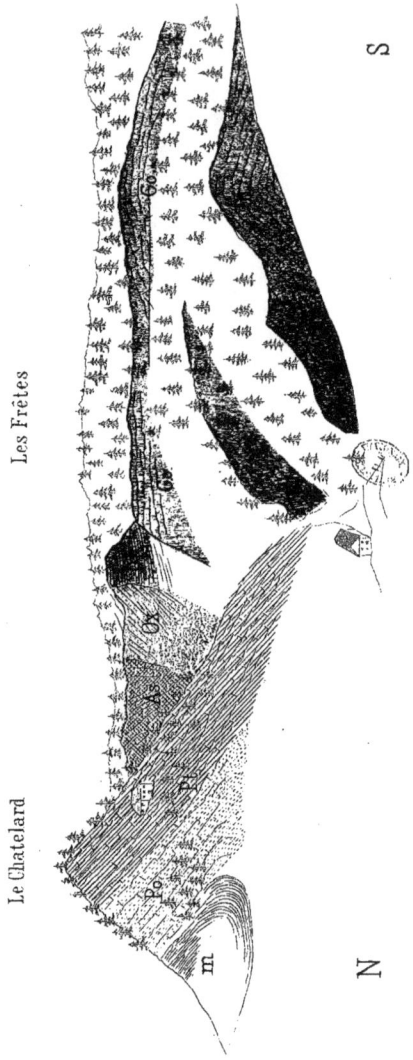

Le Chatelard   Les Frêtes

N   S

Vue du Chatelard et des Frêtes.

m. Molasse renversée - Po. Portlandien - Pt. Ptérocérien - As. Astartien - 0x. Oxfordien

Dn. Dalle nacrée - Go. Grande Oolite - Oi. Oolite inférieure.

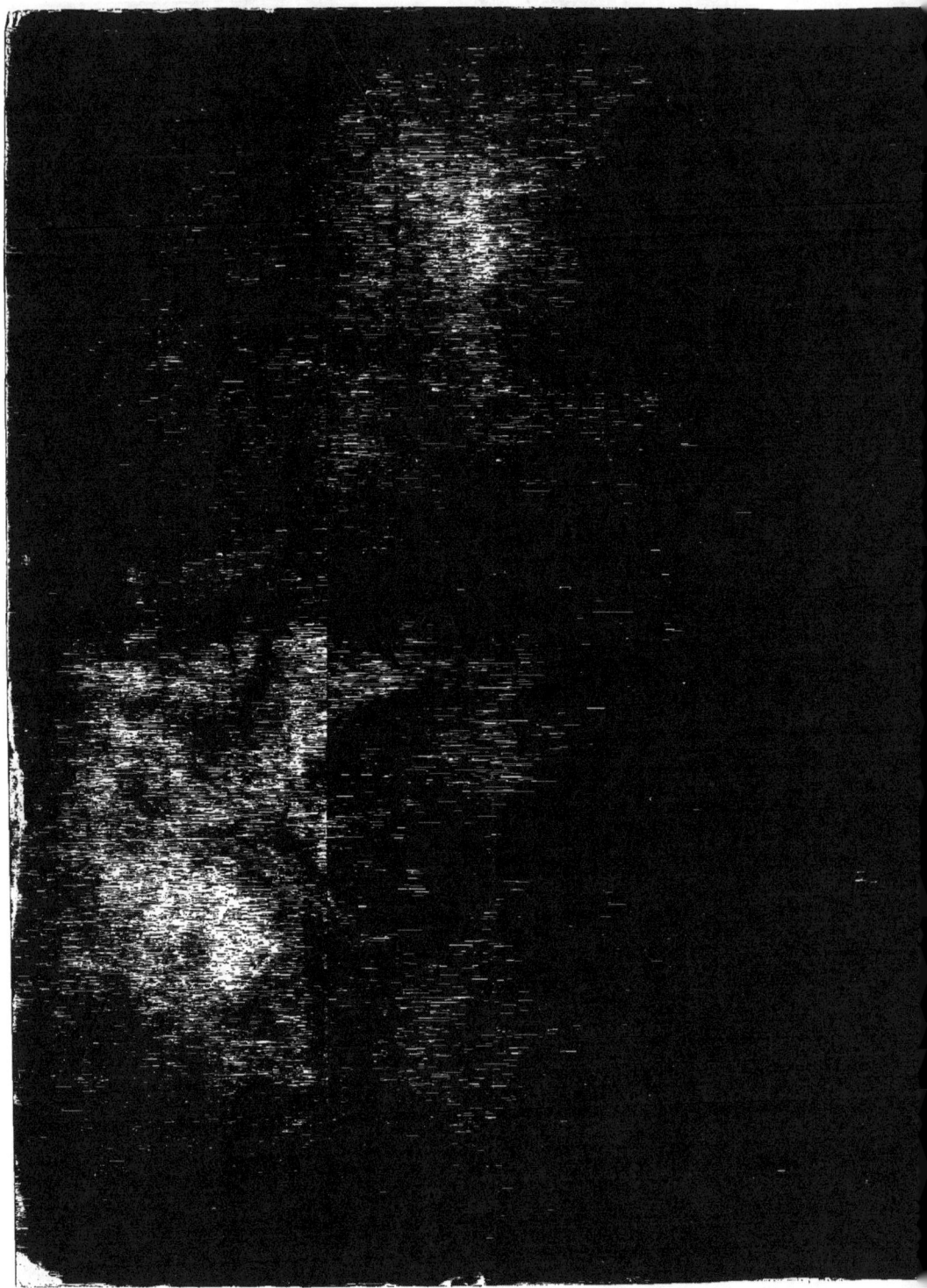